Haru Hamanaka

Erkenntnis und Bild

Wissenschaftsgeschichte der Lichtenbergischen Figuren um 1800

Lichtenberg-Studien

Herausgegeben von
Stefan Brüdermann und Ulrich Joost

Band XVI

Haru Hamanaka

Erkenntnis und Bild

Wissenschaftsgeschichte der Lichtenbergischen Figuren um 1800

WALLSTEIN VERLAG

Gedruckt mit Unterstützung der
Alexander von Humboldt-Stiftung
und der Hosei-Universität.

Inhalt

Einleitung

Zu Beginn des Frühjahrs 1777 entdeckte Georg Christoph Lichtenberg durch Zufall eine elektrische Erscheinung, die nach ihm benannt werden sollte. Unmittelbar nach der Fertigstellung seines Elektrophors, eines elektrischen Instruments, das aus einem Fundament aus nichtleitenden Materialien wie Harz und einem Deckel aus leitenden Materialien besteht, war sein Zimmer in Göttingen »noch voll von feinstem Harzstaub, der beim Abhobeln und Glätten des Fundaments bzw. der Grundfläche des Instruments aufgestiegen war«. Lichtenberg bemerkte, dass sich der Staub »an den Wänden und auf den Büchern abgesetzt hatte und oft bei Luftzug zu meinem großen Verdruß auf den Schild [d.h. den Deckel] des Elektrophors herabfiel«.

> Als ich aber später des öfteren den Schild an der Zimmerdecke hängen ließ, geschah es, daß der auf der Grundfläche liegende Staub diese nicht, wie zuvor den Schild, gleichmäßig bedeckte, sondern sich nun an mehreren Stellen zu meinem großen Vergnügen in kleinen Sternen anordnete, die anfangs matt und schwer zu erkennen waren, die aber, als ich mit Eifer mehr Staub darauf streute, sehr deutlich und sehr schön wurden und häufig getriebener Arbeit glichen.[1]

So schildert Lichtenberg die Entdeckungsszene des elektrischen Phänomens, das er die »Staubfiguren« oder die »elektrischen Figuren« nannte und das später auch »Lichtenbergische Figuren«, »Lichtenberg'sche Figuren« oder »Lichtenberg-Figuren« genannt werden sollte. Gemeint sind die Figuren, die feiner Staub nach einer elektrischen Entladung auf der Oberfläche einer Isolatorplatte bildet und die je nach der Ladungsart der Elektrizität – positiver oder negativer – unterschiedliche Formen annehmen, wie Lichtenberg bald bemerkte. Lichtenberg, der zwei Jahre zuvor zum ordentlichen Professor der Göttinger Universität ernannt worden war und dessen Interesse sich mitt-

1 »Sub initium veris anni 1777, cum post recens finitum Electrophorum, omnia in cubiculo adhuc plena erant pulveris resinosi subtilissimi, qui inter dolandum et radendum instrumenti fundamentum seu basin ascenderat et in parietibus ac libris postea subsidens, agitatione aëris facta, saepe in clypeum Electrophori magno meo incommodo decidebat. Sed quum postea clypeum saepe e laqueari cubiculi suspensum tenerem, evenit, ut pulvis ille in basi subsidens, non uti ante clypeum, illam aequabiliter obtegeret, sed in quibusdam partibus nunc summo meo gaudio in stellulas coiret, pallidas ad initio ac hebetes, sed largius de industria adsperso pulvere, distinctas, pulcherrimas, ac operi caelato saepe non dissimiles«. Lichtenberg 1997a, S. 150f. Einfügung von H. H.

lerweile von der Mathematik und Astronomie hin zur Physik verschob,[2] begeisterte sich für dieses bis dahin nicht bekannte Phänomen und befasste sich in diesem und den folgenden Jahren mit seiner Untersuchung. Er hielt in der Sozietät der Wissenschaften Vorträge über die Staubfiguren, publizierte Abhandlungen über sie und demonstrierte die Experimente auch vor den Teilnehmern seiner Vorlesung. Sein Stolz auf die Entdeckung ist z.B. daran zu erkennen, dass er 1783 in einem Brief die anerkennenden Worte von Jean André Deluc zitierte, die ihm der Schweizer Naturforscher gewidmet hatte: »Ihre Sterne werden Dereinst noch in der Nacht der Elecktricität leuchten«.[3]

Die Lichtenbergischen Figuren fanden also in der Fachwelt Beachtung und wurden im späten 18. und in den folgenden Jahrhunderten weiter erforscht. Die Forschungsgeschichte der Lichtenbergischen Figuren ist seit dem Ende des 19. Jahrhunderts mehrmals geschrieben worden. Es ist aber charakteristisch für die Historiografie der Forschung zu den Lichtenbergischen Figuren, dass dort das erste halbe Jahrhundert nach ihrer Entdeckung eine Lücke bildet: Während die Entwicklung der Forschung zu diesem elektrischen Phänomen seit der Mitte des 19. Jahrhunderts ausführlich dargestellt wird, werden nur wenige Untersuchungen aus der Zeit bis ungefähr 1840 erwähnt. In Hermann Oberbecks Überblick über die Untersuchung der Lichtenbergischen Figuren von 1894 werden neben Lichtenbergs eigenen Abhandlungen acht Studien aus der Zeit bis 1800 genannt, auf die aber eine Arbeit von 1846 folgt.[4] In der Literaturübersicht zu den Lichtenbergischen Figuren von Wilhelm Holtz (1905) finden sich außer denjenigen von Lichtenberg nur zwei Arbeiten aus der Zeit bis 1788, auf die ebenfalls die von 1846 folgt.[5] Sowohl Karl Przibram in seiner Beschreibung der Geschichte der elektrischen Figuren (1927) als auch Yuzo Takahashi in dem zum 200. Jubiläum der Entdeckung der Lichtenbergischen Figuren geschriebenen Bericht (1979) nennen abgesehen von Lichtenbergs Abhandlungen nur drei Arbeiten zu den Staubfiguren, die bis 1788 veröffentlicht wurden, bevor sie mit den Studien über die fotografisch hergestellten Lichtenbergischen Figuren ab 1840 (bei Takahashi) bzw. 1851 (bei Przibram) fortfahren.[6]

Die Vernachlässigung der frühen Arbeiten über die Lichtenbergischen Figuren zeigt sich auch in der Bibliografie. In der Lichtenberg-Bibliografie

2 Promies 1999, S. 57.

3 Lichtenbergs Brief an Franz Ferdinand Wolff, 13.7.1783, Bw 2, S. 655. Delucs Lob steht in seinem Brief an Lichtenberg vom 8.2.1781, Bw 2, S. 160 (deutsche Übersetzung auf S. 168).

4 Oberbeck 1894, S. 2 f.

5 Holtz 1905, S. 319.

6 Przibram 1927, S. 392; Takahashi 1979, S. 8. Przibram nennt hier *Neue Ideen über die Meteorologie* von J. A. Deluc von 1797, das aber zuerst 1787 publiziert wurde. Vgl. Deluc 1787-88. Zu den fotografischen Lichtenbergischen Figuren vgl. unten III. Teil, 3. Kap.

von Rudolf Jung (1972) fehlt sämtliche Literatur zu den Lichtenbergischen Figuren zwischen 1780 und 1860.[7] Zwar haben Bernd Achenbach und Ulrich Joost zwischen 1994 und 2002 Jungs Bibliografie ergänzt; ihre Nachträge enthalten aber immer noch nicht sehr viel Literatur zu den Lichtenbergischen Figuren aus dem ersten halben Jahrhundert nach ihrer Entdeckung.[8]

Diese Lücke in der Beschreibung der Forschungsgeschichte der Lichtenbergischen Figuren sowie in der Bibliografie erweist sich schon bei einem flüchtigen Einblick in die physikalischen Schriften um 1800 als unbegründet. Sie bezeugen klar, dass die Lichtenbergischen Figuren damals nicht nur ihren Entdecker und eine kleine Zahl von Naturforschern beschäftigten, sondern dass sie in der zeitgenössischen Naturforschung auf breite Aufmerksamkeit stießen. Die Staubfiguren kommen in zahlreichen Schriften zur Natur- und Elektrizitätslehre des späten 18. und frühen 19. Jahrhunderts zur Sprache. In den physikalischen Zeitschriften, Wörterbüchern und Lehrbüchern und auch in den populärwissenschaftlichen Schriften um 1800 sind viel mehr Darstellungen der Staubfiguren zu finden, als bisher in der Forschungsgeschichtsschreibung und Bibliografie aufgeführt worden sind. Die Lichtenbergischen Figuren gehörten zu ihrer Entdeckungszeit sicherlich zu den wichtigen Themen sowohl des akademischen als auch des populären Wissens.

Die vorliegende Arbeit macht es sich zur Aufgabe, diese Lücke in der Historiografie und Bibliografie der Forschung zu den Lichtenbergischen Figuren zu füllen und die epistemische Bedeutung der Lichtenbergischen Figuren um 1800 herauszuarbeiten, indem sie die Entdeckung und die zeitgenössische Rezeption dieser elektrischen Erscheinung anhand der historischen Quellen rekonstruiert und die frühe Phase ihrer Untersuchung näher betrachtet. Es geht also um die Wissenschaftsgeschichte der Lichtenbergischen Figuren um 1800. Dabei gilt das besondere Interesse der Arbeit zwei Hauptthemen: einerseits der Kontextualisierung der frühen Forschung zu den Lichtenbergischen Figuren in Wissensdiskursen und Wissenskultur der Zeit; andererseits der Betrachtung des epistemischen Potenzials der Bildlichkeit der Staubfiguren in ihrer frühen Erforschung.

Die Vernachlässigung der frühen Forschung zu den Lichtenbergischen Figuren in der Historiografie und Bibliografie lässt sich vor allem dadurch erklären, dass dabei die wissenschaftlichen Maßstäbe der jeweils eigenen Zeit angelegt wurden. In den neueren Darstellungen der Staubfiguren wird die

7 Jung 1972, S. 120-125.

8 Achenbach/Joost 1999, S. 348-352. Joost erklärt in seinem Aufsatz von 2000 die Bedeutung der Lichtenbergischen Figuren für die Elektrizitätsforschung ihrer Entdeckungszeit und erwähnt auch die zeitgenössische Rezeption, wobei er einige wichtige Hinweise gibt, z. B. auf die Rezeption der Staubfiguren in England. Als ein Teil eines Zeitschriftenartikels über Lichtenberg als Physiker verzichtet seine Darstellung allerdings auf ausführliche Literaturangaben. Vgl. Joost 2000, S. 80-82.

Bedeutung von Lichtenbergs Entdeckung in erster Linie darin gesehen, dass er damit die Rolle eines Vorläufers späterer Entwicklungen in Wissenschaft und Technologie spielt. Typische Diskurse lauten z. B.: Die Lichtenbergischen Figuren ebneten der modernen Plasmaphysik den Weg, was wiederum zur Erfindung des Klydonografen, eines Apparats zur Aufzeichnung von Hochspannungsentladungen, führte, und Lichtenbergs Experimente bildeten auch die Basis für die Erfindung der Xerografie.[9] Mathematiker sehen in der Struktur der Lichtenbergischen Figuren das Konzept der Fraktale, das erst in der zweiten Hälfte des 20. Jahrhunderts formuliert wurde.[10] Diese positiven Einschätzungen implizieren aber zugleich, dass die Entdeckung und Untersuchung der Staubfiguren von Lichtenberg sonst nicht bemerkenswert sei, geschweige denn die Arbeiten seiner Zeitgenossen, weil sie zur Entwicklung der Wissenschaft und Technologie wenig beigetragen hätten.

Der Eindruck, dass die frühe Forschung zu den Lichtenbergischen Figuren nur wenige bedeutende wissenschaftliche Erträge geliefert hätte, ist als solcher nicht ganz falsch. Lichtenberg erwartete zwar von den Staubfiguren weiter reichende Erkenntnisse über die Elektrizität, konnte selbst aber weder eine schlüssige physikalische Erklärung dieses Phänomens vorweisen noch mit seiner Hilfe neue Eigenschaften der Elektrizität erschließen; der vorläufig einzige Ertrag der Figuren war, dass man ein zuverlässigeres Mittel zum Erkennen von positiver und negativer Elektrizität erhielt. Lichtenberg erhoffte sich von den Staubfiguren »eine neue Methode, die Natur und Bewegung der elektrischen Materie zu erforschen«[11] – eine Hoffnung, die er in seinen beiden ersten Abhandlungen über die Figuren wiederholt äußert.[12] Aber er bekennt dort gleichzeitig, dass ihm die Ursache des Phänomens noch nicht vollständig erklärbar sei,[13] und beendet nach einigen Jahren seine Untersuchungen. Die wissenschaftliche Bedeutung der Lichtenbergischen Figuren war also für ihren Entdecker nicht ersichtlich, und dies gilt auch für die frühe Forschung zu den Staubfiguren im Allgemeinen. Erst im 20. Jahrhundert wurde die Entstehung der Lichtenbergischen Figuren auf Grundlage der Atomphysik als die durch Entladung ausgelöste Ionisierung von Gas in der Umgebung des Isolators erklärt.[14]

Aber Lichtenberg und die zeitgenössischen Naturforscher untersuchten nicht nur die elektrophysikalischen Eigenschaften der Staubfiguren. Sie beschäftigten sich mit den Figuren auf verschiedene Weise: Sie beschrieben die

9 November 1777: Discovery of Lichtenberg Figures 2012. Zur Rezeptionsgeschichte der Lichtenbergischen Figuren vgl. auch Brix 1999.

10 Peitgen/Jürgens/Saupe 1992, S. viii-x.

11 Vgl. die Titel seiner Abhandlungen über die Staubfiguren (Lichtenberg 1997a u. 1997b).

12 Lichtenberg 1997a, S. 146 f., 150 f., 164 f.; Lichtenberg 1997b, S. 172-175.

13 Lichtenberg 1997a, S. 164 f.; Lichtenberg 1997b, S. 184 f., 196 f.

14 Vgl. Merrill/Hippel 1939.

Staubfiguren ausführlich, bildeten sie mit verschiedenen druckgrafischen Mitteln ab, pressten sie aber auch unmittelbar auf Papier, um sie so darauf zu übertragen, d.h., sie druckten sie ab. Darüber hinaus verwendeten sie die Staubfiguren als Schrift- und Bildmedium, d.h., sie schrieben bzw. zeichneten mit ihnen Schriftzüge und Bilder, und sie betrachteten die Figuren nicht nur als Zeichen der positiven und negativen Elektrizität, sondern entwarfen auch wissenschaftliche Zeichen für die beiden Ladungsarten, die mit den Staubfiguren in schematisierter Form identifizierbar waren. Alle diese Beschäftigungen nahmen von Lichtenberg ihren Ausgang, und seine Zeitgenossen folgten ihm oder entwickelten seine Versuche und Überlegungen auf eigene Weise weiter. Sie scheinen zwar aus heutiger Sicht nicht immer wissenschaftlich zu sein, waren aber wohl – so eine These dieser Arbeit – Formen der Wissensproduktion um 1800, denn man arbeitete damals mit Eifer und Ernst daran.

Der Zeitraum um 1800 gilt wissenschaftshistorisch als ein Zeitalter des Übergangs und der Umschichtungen. Was man heute unter dem Begriff der Wissenschaft versteht, verdankt sich – so haben die Arbeiten zur europäischen Wissenschaftsgeschichte dieser Epoche gezeigt – zum großen Teil den epistemologischen, disziplinären und institutionellen Umbrüchen und Umstrukturierungen, die seit dem späten 18. Jahrhundert in verschiedenen Bereichen mit unterschiedlicher Intensität stattfanden und sich im Laufe des 19. Jahrhunderts durchsetzten.[15] Die Lichtenbergischen Figuren wurden eben in diesem Zeitalter des Übergangs und der Umschichtungen in der europäischen Wissenschaftsgeschichte entdeckt und den ersten Untersuchungen unterzogen, auf die verständlicherweise die heutige Vorstellung von der Wissenschaft nicht ohne Weiteres angewendet werden kann. Im Folgenden wird deshalb erstens Gewicht darauf gelegt, die frühe Untersuchung der Lichtenbergischen Figuren nicht an den Kriterien der modernen Auffassung der Wissenschaft zu messen und als unwesentlich zu beurteilen, sondern sie im Kontext von Wissensdiskursen und Wissenskultur der Epoche zu betrachten und die epistemische Bedeutung dieses elektrischen Phänomens für diejenigen, die sich damit als Erste auseinandersetzten, zu erschließen.[16]

Dabei soll zweitens beachtet werden, dass die Erforschung der Lichtenbergischen Figuren Wissen über eine bestimmte Art von Bildern generiert und zugleich diese Bilder zur Wissensgenerierung nutzt. Die oben genannten Beschäftigungen mit den Lichtenbergischen Figuren, die für den Zeit-

15 Turner 1987; Cunningham/Williams 1993; Breidbach/Ziche 2001; Breidbach/Burwick 2012. Zur Wissenschaftsgeschichte des 18. Jahrhunderts vgl. auch Rousseau/Porter 1980; Clark/Golinski/Schaffer 1999; Porter 2003.

16 Zur Bedeutsamkeit der Kontextualisierung für die Wissenschaftsgeschichte vgl. Henry 2008, S. 18.

raum um 1800 charakteristisch sind, weisen darauf hin, dass es sich um Bilder mit besonderen Eigenschaften handelt. Die Lichtenbergischen Figuren sind nämlich Bilder,

- die aus feinem Staub bestehen,
- die durch Elektrizität hervorgebracht werden,
- die je nach der Art der elektrischen Ladung eine charakteristische Form annehmen,
- die sich aber auch von Menschen arrangieren und manipulieren lassen.

In jüngerer Zeit schenken sowohl die Wissenschaftsgeschichtsschreibung und die Wissenschaftstheorie als auch die Kunst- bzw. Bildwissenschaft den Bildern und Visualisierungsverfahren in der Wissenschaft zunehmendes Interesse. Während in der Wissenschaftsforschung die visuelle Darstellung im Zuge der Neuorientierung auf die Praxis und die Repräsentation in der Wissenschaft mehr Beachtung findet,[17] interessieren sich Kunsthistoriker einerseits zunehmend für das Verhältnis zwischen Kunst und Naturwissenschaft und erweitern andererseits ihren Arbeitsbereich auf die nicht-künstlerischen, u.a. wissenschaftlichen bzw. technischen Bilder. Für die Bildwissenschaft, die sich im deutschsprachigen Raum seit etwa 2000 als fachübergreifende Wissenschaft für das Phänomen Bild entwickelt, gehören die wissenschaftlichen Bilder zu den wichtigen Themen, und mittlerweile entsteht eine Fülle von Fallstudien dazu.[18]

Die wachsende Aufmerksamkeit für Bilder und Visualisierungen in der Wissenschaft, die als Teil des in den letzten Jahrzehnten im kulturwissenschaftlichen Diskurs als *iconic* bzw. *pictorial turn* bezeichneten Prozesses zu beobachten ist,[19] hat sich in zahlreichen Publikationen niedergeschlagen, die seither zum Thema der wissenschaftlichen Bilder sowie der Bildgebungsverfahren und Visualisierungspraxen in den Wissenschaften erschienen sind.[20] Dabei gilt das Interesse dieser Forschungsrichtung in erster Linie

17 Golinski 2005, S. 145-161.

18 Vgl. Schade/Wenk 2011, S. 46-53, bes. S. 49f. und mehrere der in Anm. 20 (unten) genannten Werke.

19 Die Formel *iconic turn*, mit der 1994 der Kunsthistoriker Gottfried Boehm zur methodischen Schärfung der Analyse von Bildern aufrief (Boehm 1994), oder der Ausdruck *pictorial turn*, mit dem 1992 der Literatur- und Kulturwissenschaftler W.J.T. Mitchell die kulturgeschichtliche Wende hin zum Visuellen beschrieb (Mitchell 1992), werden inzwischen viel zitiert und häufig gleichsam als die Schlagworte der sich etablierenden Bildwissenschaft benutzt. Einen umfassenden Überblick über den *iconic turn* bietet Bachmann-Medick 2006, S. 329-380.

20 Um nur einige aus Sammelbänden und Zeitschriften sowie aus einzelnen Arbeiten, die eine allgemeine Reflexion zu dem Thema enthalten, zu nennen: Latour 1986; Lynch/Woolgar 1990; Mazzolini 1993; Baigrie 1996; Pang 1997; Jones/Galison 1998; Hentschel/Wittmann 2000; Holländer 2000; Shea 2000; Heintz/Huber 2001; Nikolow/Bluma 2002; Bildwelten des Wissens 2003ff.; Kemp 2004; Beyer/Lohoff 2005; Breidbach 2005; Heßler 2005; Köchy

dem epistemischen Wert der Bilder und Visualisierungsverfahren: Die wissenschaftlichen Bilder und die bildgebenden Verfahren trügen nicht bloß als Illustrations- und Dokumentationsmittel sowie als Verbreitungsinstrument des Wissens zum Prozess der Erkenntnis bei, sondern sie seien vielmehr selbst ein konstitutives Moment des Wissens. »Bilder der Naturwissenschaften geben die Ergebnisse, die sie darzustellen haben«, so die Herausgeber des Bandes *Das Technische Bild*, »nicht passiv wieder, sondern sie prägen und erzeugen diese genuin aus ihrer eigenen Sphäre. Die Transformation von Beobachtungen, Ergebnissen und Erkenntnissen in Bilder besitzt eine aktive Teilhabe an der Konstitution von Wissen«.[21] Zur Diskussion stehen also verschiedene Formen der bildlichen Darstellung – z. B. Skizzen und Zeichnungen, Illustrationen, Fotografien, Diagramme, Modelle, Karten, Tabellen, computergenerierte Bilder – und verschiedene Visualisierungstechniken – z. B. Röntgentechnik, Sonografie (Ultraschall), Rastertunnelmikroskopie, Magnetresonanztomografie – in wissenschaftlicher Praxis und wissenschaftlichen Publikationen, deren Bedeutung und Funktion in der Wissensformation und -kommunikation intensiv erörtert werden.

Auch die Lichtenbergischen Figuren finden im Rahmen des neuerdings zunehmenden Interesses an den wissenschaftlichen Bildern und Visualisierungstechniken Beachtung. Sie wurden in letzter Zeit in mehreren Ausstellungen, Büchern und Essays zum Thema der wissenschaftlichen Bildproduktion als ein charakteristisches Beispiel dafür dargestellt.[22] Dabei geht es in erster Linie um die Visualisierung von etwas Unsichtbarem, nämlich der Elektrizität, und der ästhetische Aspekt der Figuren wird betont. Demgegenüber näherte man sich um 1800 der Bildlichkeit der Lichtenbergischen Figuren auch unter verschiedenen anderen Aspekten: Die Staubfiguren wurden von den Naturforschern des späten 18. und frühen 19. Jahrhunderts nicht nur als Bilder betrachtet, die durch die Elektrizität hervorgebracht werden und die somit die Elektrizität visualisieren; man beschrieb, wie gesagt, diese Bilder mittels der Sprache und stellte von ihnen weitere Bilder wie die Abbildung und den Abdruck her; man zeichnete ferner mit ihnen Bilder und Schriftzüge und konzipierte wissenschaftliche Zeichen, die ihnen grafisch ähnlich sind. In der Wissenschaftsgeschichte der Lichtenbergischen Figuren um 1800 geht es also nicht allein um die Staubfiguren als Visualisierung einer unsicht-

2005; Maar/Burda 2005; Heßler 2006; Pauwels 2006; Daston/Galison 2007; Schnettler/Pötzsch 2007; Bredekamp/Schneider/Dünkel 2008; Heßler/Mersch 2009; Hüppauf/Weingart 2009; Nortmann/Wagner 2010.

21 Bredekamp/Schneider/Dünkel 2008, S. 8.

22 Beyer/Lohoff 2005, S. 128; einfach komplex 2005, S. 11, 56, 64 f.; Kemp 2005; Keller 2008, Essay von Marie-Sophie Corcy (o.S.) und Taf. 112-114; Wilder 2009, S. 11 f., 116 f. Außer bei Beyer/Lohoff geht es nicht um die Staubfiguren, sondern um die auf fotografischem Weg hergestellten Lichtenbergischen Figuren.

baren Erscheinung, sondern auch um verschiedene Formen des praktischen Umgangs mit diesen Bildern in der Wissensproduktion. Die vorliegende Arbeit will die frühe Forschung zu den Lichtenbergischen Figuren anhand dieser Beschäftigung mit ihnen als Bildern betrachten und differenzierter, als das bisher geschehen ist, über die epistemische Bedeutung ihrer Bildlichkeit reflektieren.

Die folgende Darstellung der Wissenschaftsgeschichte der Lichtenbergischen Figuren um 1800 gliedert sich in drei Teile: Im ersten Teil wird die Bedeutung der Entdeckung der Staubfiguren, die Lichtenberg als die Visualisierung der Elektrizität hoch schätzte, vor dem zeitgenössischen Hintergrund erörtert. Im Zentrum der Diskussion steht das Spannungsverhältnis zwischen dem visuell-theoretischen und dem körperlich-praktischen Wissen im späten 18. Jahrhundert. Der zweite Teil skizziert die Rezeption der Lichtenbergischen Figuren bis 1840, um die Unzulänglichkeiten der bisherigen Beschreibung der Forschungsgeschichte zu beheben und einen Überblick über die Verbreitung und die Charakteristika des Wissens über dieses elektrische Phänomen um 1800 zu geben. Im dritten und umfangreichsten Teil wird die Untersuchung der Staubfiguren durch Lichtenberg und seine Zeitgenossen unter fünf Aspekten – Beschreibung, Abbildung, Abdruck, Medium, Zeichen – betrachtet und die epistemische Bedeutung der Lichtenbergischen Figuren im zeitgenössischen Kontext diskutiert. Durch diese Betrachtungen und Erörterungen soll gezeigt werden, welche Rolle die Lichtenbergischen Figuren als Bilder mit einzigartigen Eigenschaften bei der Formation von Wissen um 1800 spielten, als das moderne Konzept von Wissenschaft erst im Entstehen begriffen war.

I. Entdeckung

Entdeckung einer neuen Erscheinung

Nachdem Lichtenberg gegen Frühlingsanfang des Jahres 1777 die neue elektrische Erscheinung entdeckt hatte, brachte er sie bald in die Öffentlichkeit. Von der Entdeckung der Staubfiguren wurde zum ersten Mal am 3. Mai von seinem Lehrer und Kollegen Abraham Gotthelf Kästner in der Versammlung der Königlichen Sozietät der Wissenschaften in Göttingen berichtet; der Mathematik- und Physikprofessor trug aus dem ihm von seinem ehemaligen Studenten übergebenen Promemoria vor, weil dieser wegen einer Unpässlichkeit nicht persönlich anwesend sein konnte. Lichtenberg selbst las seine erste Abhandlung über die Staubfiguren am 21. Februar 1778 in der Sozietät vor; am 19. Dezember folgte die zweite. Alle drei Vorträge wurden in den *Göttingischen Anzeigen von gelehrten Sachen* protokolliert;[1] die beiden in lateinischer Sprache verfassten Abhandlungen erschienen in der Zeitschrift der Sozietät.[2] 1781 veröffentlichte Lichtenberg in der von ihm und Georg Forster herausgegebenen Zeitschrift *Göttingisches Magazin der Wissenschaften und Litteratur* einen Aufsatz, den er als Anmerkungen über den Aufsatz des italienischen Naturforschers Tiberius Cavallo entwarf, welcher damals in England eine Erklärung der Entstehung der Figuren versuchte.[3] Lichtenberg machte auch im Kompendium *Anfangsgründe der Naturlehre* von Johann Christian Polykarp Erxleben, das er nach dem Tod des Verfassers zwischen 1784 und 1794 durch Anmerkungen und Zusätze bearbeitete, Bemerkungen über die Staubfiguren.[4]

1 [Kästner] 1777; [Lichtenberg] 1778 u. 1779.

2 Lichtenberg 1777 u. 1778. Sie wurden auch jeweils als selbstständige Sonderdrucke publiziert. Die erste Abhandlung wurde 1780 ins Französische übersetzt, und 1806 wurde die erste deutsche Übersetzung der beiden Abhandlungen in Lichtenbergs *Vermischten Schriften*, der ersten posthum herausgegebenen Ausgabe seiner Schriften, veröffentlicht. Vgl. Lichtenberg 1780, 1806a u. 1806b. Die deutsche Übersetzung der ersten Abhandlung (Lichtenberg 1806a) ist in SB 3, S. 24-34 wiederabgedruckt (Lichtenberg 1992). Weitere deutsche Übersetzungen befinden sich in Lichtenberg 1956 und LS (Lichtenberg 1997a u. 1997b). Ich zitiere die beiden Abhandlungen nach Lichtenberg 1997a und 1997b.

3 Lichtenberg 1781. Vgl. Cavallo 1780.

4 Erxleben 1784, S. 464; 1787, S. 439; 1791, S. 465; 1794, S. 480. In Lichtenberg 2005, dem Nachdruck seines annotierten Handexemplars von Erxleben 1787, finden sich auf S. 547 Lichtenbergs Bemerkungen zu den Staubfiguren sowie eine Transkription seiner handschriftlichen Marginalien dazu.

So weit die Äußerungen Lichtenbergs über die elektrischen Figuren, die er zu seinen Lebzeiten veröffentlichte. Er thematisierte auch in den Briefen und – allerdings nur selten – in den Notiz- und Tagebüchern die Staubfiguren und seine diesbezüglichen Versuche.[5] Auch unter den von ihm nachgelassenen wissenschaftlichen Aufzeichnungen finden sich Notizen zu den Staubfiguren.[6] Ferner zeichneten die Teilnehmer an seinen Kollegien an der Göttinger Universität die Vorlesungen auf, in denen die Lichtenbergischen Figuren ebenfalls behandelt wurden.[7]

Unter den öffentlichen und privaten Bemerkungen Lichtenbergs zu den Staubfiguren sind die ersten beiden Abhandlungen, die er in der Sozietät der Wissenschaften vortrug, von besonderer Bedeutung, weil es sich hier um die ersten öffentlichen Äußerungen über die Figuren von ihrem Entdecker selbst handelt. Lichtenberg betont in diesen Abhandlungen die Neuheit seiner Entdeckung und verspricht sich von ihr einen Beitrag zur Natur- und besonders zur Elektrizitätsforschung: Sie ist »eine Erscheinung, die, wie mir scheint, neu ist und von der ich überzeugt bin, daß sie durch die Untersuchungen von Physikern, die geübter und mit einem größeren Apparat an Instrumenten ausgerüstet sind als ich, einen nicht geringen Gewinn der Physik überhaupt bringen und einen Weg zur genaueren Erforschung der Natur der elektrischen Materie eröffnen könnte«.[8] Er selbst will in seiner Abhandlung »ihren Nutzen bei der Erforschung und Entdeckung neuer Eigenschaften der elektrischen Materie« aufzeigen.[9] Die Zuversicht, dass mit den Staubfiguren ein neues Mittel der Elektrizitätsforschung entdeckt worden ist, offenbart sich schon im Titel der Abhandlungen: *Über eine neue Methode, die Natur und Bewegung der elektrischen Materie zu erforschen*. In welchem Sinne aber waren die Lichtenbergischen Figuren neu in der Elektrizitätsforschung zu ihrer Entdeckungszeit, so dass sie den Entdecker einen hohen wissenschaftlichen Wert erwarten ließen?

5 Bemerkungen in den *Sudelbüchern*: J 1817 u. 1818, in den Tagebüchern: SK 82 in SB 1-2. Für die Bemerkungen in den Briefen vgl. das Sachregister in Bw 5, 2, S. 477-479 (»Lichtenbergfiguren«).

6 Lichtenberg 2010, S. 268 f.

7 Rogier 2004, S. 113-116; Gamauf 2008, S. 504; Dyckerhoff 2011, S. 118 f.

8 »phaenomenon […]; ut mihi videtur, novum, quodque a physicis me exercitatioribus et majori instrumentorum apparatu instructis investigatum, haud parvo rei physicae emolumento, ad naturam fluidi electrici penitius inspiciendam viam sternere posse, persuasum habeo«. Lichtenberg 1997a, S. 146 f.

9 »[…] illiusque denique utilitatem in investigandis ac detegendis novis materiae electricae adsectionibus adseruero«. Lichtenberg 1997b, S. 174 f. Vgl. auch S. 184 f.

Visualisierung der Elektrizität

Bevor Lichtenberg in der ersten Abhandlung die Situation beschreibt, in der er 1777 durch Zufall die neue Erscheinung entdeckte, widmet er mehrere Seiten einleitenden Reflexionen.[10] Er sieht die Bedeutung der Staubfiguren darin, dass mit ihnen der Elektrizitätsforschung eine neue Möglichkeit der Visualisierung von Elektrizität zur Verfügung gestellt wird. Er weist hier auf die beschränkte visuelle Zugänglichkeit der Elektrizität hin, die ein Hindernis für die Entwicklung ihrer Erforschung bedeute:

> Denn es stellt sich für den Fortschritt bei diesen Untersuchungen als kein geringes Hindernis heraus, daß sich die elektrische Materie entweder, wie die magnetische, unserem Blick gänzlich entzieht oder da, wo sie sichtbar ist, mit einer solchen Geschwindigkeit und, was außer jedem Zweifel zu stehen scheint, unter beträchtlicher Begleitung von Unsichtbarem bewegt, so daß außer der Stelle und der Gestalt des Funkens selbst – die ich nur für einen kleinen Teil der gesamten Erscheinung halte – meistens gar nichts deutlich beobachtet werden kann.[11]

Die an sich unsichtbare Elektrizität wurde im 18. Jahrhundert anhand ihrer optischen Erscheinungsformen beobachtet. Die Funken, die bei einer Entladung zwischen einem elektrisierten und einem nicht-elektrisierten Körper entstehen, waren die auffälligste visuelle Erscheinung der Elektrizität. Neben dem Blitz gehörten die künstlich erzeugten Funken nicht nur zum spektakulärsten Teil der elektrischen Versuche, sondern sie wurden auch von den Wissenschaftlern aufmerksam beobachtet: Sie versuchten festzustellen, aus welchem Körper die Funken kommen, und maßen die Länge der Funken mit dem zu diesem Zweck entwickelten »Funkenmesser«.[12]

Die elektrischen Funken sind aber eine flüchtige Erscheinung, die sich nicht fixieren lässt: »Man hat es hier nicht mit einer Materie zu tun, deren Schnelligkeit eher ein bewundernder Amateur denn ein echter Beobachter mit der Schnelligkeit eines Blitzes vergleichen würde«, so Lichtenberg, »vielmehr ist der Blitz selbst Gegenstand der Betrachtung«. Eine Alternative fand

10 Die Einleitung dient nicht bloß der Rhetorisierung und Spannungssteigerung, wie Stefan Metzger interpretiert; vielmehr geht es hier um Lichtenbergs eigene wissenschaftsgeschichtliche Reflexion über die Staubfiguren. Vgl. Metzger 2002, S. 618.

11 »Etenim haud exiguo ad progressum in his disquisitionibus impedimento accidit, ut materia electrica, aut se, magneticae instar, oculorum sensui penitus subducat, aut ubi conspicua est, tanta cum velocitate, et quod extra omne dubium esse videtur, cum magno invisibilium comitatu, ita feratur, ut, praeter locum et figuram ipsius scintillae, quam exiguam tantum partem totius phaenomeni esse existimo, saepissime nihil distincte observari possit«. Lichtenberg 1997a, S. 146-149.

12 Gehler 1787-96, 2. Teil, S. 337.

man in den »Spuren« der Elektrizität: »Mit Recht haben sich daher die Physiker immer bemüht, von einer Erscheinung, von der sie kein Bild festhalten konnten, wenigstens die Spuren aufs sorgfältigste zu beobachten«: vom Blitzschlag durchbohrte Gefäße, geschmolzene Metalldrähte und Münzen, den sichtbaren Weg von Blitzen von der Spitze des Schornsteins bis in die Küche, durch elektrische Entladung erzeugte Flecken auf polierten Körpern oder Löcher in Papier.[13] Viele der hier genannten Beispiele finden sich z. B. in *The History and Present State of Electricity* (3. Aufl., 1775) von Joseph Priestley,[14] dessen Namen Lichtenberg auch nicht versäumt zu erwähnen: »[U]nd unter den vortrefflichen Erfindungen und neuen Beobachtungen des berühmten Priestley nimmt die der Ringe, die er durch das Schlagen seiner großen elektrischen Maschine auf polierte Metallplatten erzeugte, nicht den geringsten Platz ein«[15] – die sogenannten »Priestleyschen Ringe«, die der englische Naturforscher 1766 entdeckte (Abb. 1).[16]

Die Lichtenbergischen Figuren gehören ebenfalls in diese Reihe der Spuren der Elektrizität. Als eine sichtbare Hinterlassenschaft der Elektrizität visualisieren die Spuren etwas von dieser Erscheinung, was ohne sie nicht greifbar wäre.[17] Anders als die elektrischen Funken sind die Spuren Bilder, die sich einer dauerhaften Betrachtung anbieten. Der Unterschied zwischen den Spuren und den Funken erschöpft sich darin aber noch nicht. Die Elektrizität wurde im 18. Jahrhundert nicht nur optisch, sondern mit verschiedenen Sinnen erfahren. Im Kapitel über die Elektrizität in Erxlebens *Anfangsgründen der Naturlehre* findet sich außer dem Abschnitt über »Das elektrische Licht«,[18] in dem es auch um die Funken geht, auch ein Abschnitt über »Andere Wirkungen der Elektricität auf unsere Sinne«.[19] Hier sind mehrere Beispiele dafür angeführt, wie Elektrizität mit dem Geruch, dem Geschmack und dem Gefühl empfunden werden kann: »Ein jeder elektrisirter Körper gibt einen Geruch von sich als wenn Harnphosphorus verbrennt«; »[f]ängt man den aus der Spitze eines elektrisirten Körpers strömenden Feuerpinsel mit der Zunge auf, so schmeckt er säuerlich zusammenziehend«; »es ist als ob man das

13 Lichtenberg 1997a, S. 148 f. Zitate im Original: »Non de fluido hic agitur, cujus rapiditatem cum fulguris celeritate quis admirator magis quam ingenuus observator forte compararet, sed fulgur ipsum est quod spectatur. Physici itaque phaenomeni, cujus speciem fixam reddere non poterant, vestigia saltem summa cum cura observare merito semper studuerunt«.

14 Vgl. Priestley 1775, Bd. 2, S. 215-359.

15 »Pristlaei praeclara inventa ac observationes novas non ultimum locum occupat illa annulorum, quos, laminas metallicas politas tormento suo electrico ingenti verberans, produxit«. Lichtenberg 1997a, S. 148 f.

16 Priestley 1775, Bd. 2, S. 260-276.

17 Zu Spuren als einer wissenschaftlichen Visualisierung vgl. Rheinberger 2007, S. 298-307; auch Krämer 2007, S. 26 f.

18 Erxleben 1794, S. 481-485.

19 Ebd., S. 487-498.

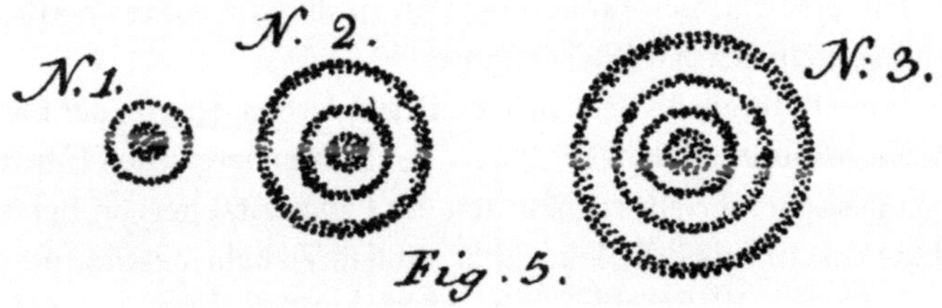

Abb. 1: Priestleysche Ringe.

Gesicht in Spinnewebe hielte«, wenn man »das Gesicht dem Leiter einer Elektrisirmaschine, oder auch nur einer geriebenen Glasröhre nähert«.[20] Ferner wird die »elektrische Erschütterung«,[21] nämlich der elektrische Schock, ausführlich beschrieben: Wenn man den Draht der Leidener Flasche elektrisiert und mit der Hand berührt, »so lockt man nicht allein einen lebhaften Funken heraus, sondern man empfindet auch eine beträchtliche Erschütterung in dem Körper, insbesondere in den Gelenken der beiden Arme«.[22] Auch mehrere Personen, die in einer Reihe einander an den Händen fassen, können die Erschütterung gleichzeitig empfinden – ein unterhaltsames Experiment, das im 18. Jahrhundert beliebt war.[23]

Die Elektrizität war also im 18. Jahrhundert ein Gegenstand der fünf Sinne und des ganzen Körpers.[24] Dass auch Lichtenberg damit vertraut war, bestätigen seine Zusätze und Anmerkungen in Erxlebens Kompendium. Und die elektrischen Funken waren keine Ausnahme. Sie wurden nicht bloß mit dem Auge, sondern auch mit dem Ohr, mit der Hand und dem ganzen Körper erfahren. Bei der Entstehung der Funken »hört man einen Knall, dessen Stärke sich nach der Größe des Funkens und dem Grade der Elektricität selbst richtet«. »Erweckt man diesen Funken mit dem Finger, so empfindet man einen kleinen Stich« – eine Bemerkung, die Lichtenberg ergänzt: »doch wohl nur bey kleinen Maschinen, denn bey großen erschüttert dieser Funke den ganzen Körper und schmelzet Goldblättchen«.[25] Der »erschütternde Funken«[26] kann »selbst kleine Thiere (auch große, wenn der Apparat stark genug ist. L.) tödten«, wie Lichtenberg in Klammern verschärfend hinzufügt, und, wenn sie schwächer sind, auf den menschlichen Körper als ein »Heilungsmittel«

20 Ebd., S. 487 f.
21 Ebd., S. 487.
22 Ebd., S. 489.
23 Ebd., S. 490. Zur Popularität dieses Experiments vgl. Hochadel 2003, S. 51 f.
24 Zu diesem Aspekt vgl. Borgards 2005, S. 92 f.
25 Erxleben 1794, S. 483. Vgl. auch Gehler 1787-96, 2. Teil, S. 335-339. Lichtenberg beschreibt in der Einleitung zur ersten Abhandlung die Wirkung der mit seinem großen Elektrophor erzeugten Funken als einen Komplex aus optischen, akustischen und körperlichen Empfindungen. Lichtenberg 1997a, S. 146 f.
26 Erxleben 1794, S. 494.

wirken.[27] Die elektrischen Funken werden in der Tat »unter beträchtlicher Begleitung von Unsichtbarem«[28] erfahren.

Vor diesem Hintergrund hebt sich die Besonderheit der von der Elektrizität hinterlassenen Spuren und insbesondere der Lichtenbergischen Figuren unter den zeitgenössischen Erfahrungsformen der Elektrizität hervor. Bei den Spuren wird die Erkenntnis der Elektrizität auf das Visuelle beschränkt und von anderen sinnlichen Wahrnehmungen abstrahiert, welche das 18. Jahrhundert kannte. Überdies ist Lichtenberg der Ansicht, dass die Staubfiguren den anderen Spuren der Elektrizität überlegen sind, sowohl an »Schönheit« als auch an »vielfacher Verwendbarkeit« für die Elektrizitäts- und Naturforschung:

> An vielfacher Verwendbarkeit deswegen, weil sie erstens den Forschern eine leichte Methode liefern, die Natur dieser Materie zu untersuchen, ähnlich jener, mit der sie die Bewegung der magnetischen Materie erforschen, dadurch daß sie auf den Magneten Feilstaub streuen. Zweitens weil sie zeigen, daß in elektrisierten Körpern, besonders in eigenelektrischen, Veränderungen geschehen, die den Physikern bislang verborgen waren; um nicht zu reden von dem Dienst, den sie bei der Erklärung von anderen Naturerscheinungen leisten werden.[29]

In diesem Zusammenhang kann man sich auch an das Charakteristikum der Staubfiguren erinnern, anders als die anderen Spuren je nach Ladungsart (positive oder negative Elektrizität) deutlich unterschiedliche Formen zu zeigen, so dass sie eine differenziertere visuelle Erkenntnis der Elektrizität ermöglichen. Die Lichtenbergischen Figuren waren eine neue Erscheinung in der Elektrizitätsforschung der zweiten Hälfte des 18. Jahrhunderts, weil sie sich als Spuren der Elektrizität, die ausschließlich optisch erfahren werden, von anderen damals bekannten sinnlichen Erkenntnisweisen der Elektrizität unterscheiden und als eine Verfeinerung der Spuren die visuelle Erkenntnis der Elektrizität präzisieren. Aus diesem Grund erwartet Lichtenberg, wie er in einem Brief an Jean André Deluc bemerkt, von den Figuren, dass »diese

27 Ebd., S. 496. Zur medizinischen Elektrizität im 18. Jahrhundert vgl. Hochadel 2003, S. 60-66.

28 Lichtenberg 1997a, S. 148 f. Vgl. S. 21, Anm. 11.

29 »Exprimenta [...] modo commemorata et pulchritudine et usus varietate antecellere mihi persuadeo [...]; usus varietate dico, primum quia eruditis methodum praebent facilem in naturam fluidi hujus inquirendi, similem illi, qua fluidi magnetici motum investigant, limaturam ferri magneti inspergentes; deinde quod monstrant in corporibus idioelectricis potissimum, electricitate imbutis mutationes accidere, quae physicos adhuc latuerunt; ut nihil dicam de usu, quae in explicandis aliis naturae phaenomenis praestabunt«. Lichtenberg 1997a, S. 148-151.

Methode, das bisher in der Elektrizität Unsichtbare sichtbar zu machen, manche Entdeckung hervorbringen wird«.[30]

Das Auge genießt in der abendländischen Diskussion über die Sinne ein Privileg. In der Hierarchie der Sinne steht seit der Antike zumeist der Gesichtssinn an der Spitze; danach folgen das Gehör, der Geruch und der Geschmack, und dem Gefühl wird der letzte Platz zugewiesen.[31] Obwohl diese Rangordnung nicht unumstritten bleibt, wird die Überlegenheit des Sehens bis weit in die frühe Neuzeit hinein prinzipiell nicht in Frage gestellt,[32] und im 18. Jahrhundert, im Zeitalter der Aufklärung, erlangt das Auge eine entscheidende Bedeutung als das Organ der Erkenntnis: Als der klarste und vernünftigste Sinn erschließt es das Geheimnis der Natur und lässt die Wahrheit an den Tag kommen.[33] In diesem Kontext erweisen sich nun die Lichtenbergischen Figuren als eine dem aufklärerischen Diskurs über die sinnliche Erkenntnis willkommene Erscheinungsform der Elektrizität. Als eine verfeinerte Form der auf das Visuelle spezialisierten Wahrnehmung der Elektrizität stellen sie die Wirkung der Elektrizität dem Naturforscher vor Augen und eröffnen einen neuen Zugang zum Wissen von dieser Erscheinung – »einen Weg zur genaueren Erforschung der Natur der elektrischen Materie«.[34]

Im 18. Jahrhundert entstanden aber auch Kontroversen um den Vorrang des Gesichtssinns, wobei vor allem der Tastsinn bzw. die Hand mit dem Auge in Konkurrenz trat. Das sogenannte Molyneux-Problem, das Gedankenexperiment nämlich, ob ein Blindgeborener, der durch den Tastsinn zwischen Kubus und Kugel unterscheiden kann, nach der Heilung nur durch den Gesichtssinn die beiden Gegenstände wiedererkennen könnte, veranlasste unter Philosophen eine heftige Debatte über Wahrnehmung und Erkenntnis, in der es in Wirklichkeit vor allem um das Verhältnis von Auge und Hand ging. Im Verlauf der Molyneux-Debatte, die das ganze Jahrhundert über aktuell blieb, widmete Johann Gottfried Herder 1778 in seiner Schrift *Plastik* der Hand ein leidenschaftliches Plädoyer, indem er in ästhetischer Hinsicht den Gesichtssinn abwertete und den Tastsinn rehabilitierte.[35]

Das Molyneux-Problem machte gleichzeitig klar, dass die Hand neben dem Tastsinn auch die Praxis verkörpert. Der zunächst philosophisch-spekulativ formulierte Diskurs über die Sinne wurde auf eine medizinisch-praktische

30 »I do not doubt but this method of rendering the invisiblle hitherto, in Electricity visible will be productive of some discoveries«. Brief an Deluc, 2.6.1778, Bw 1, S. 838. Zitat nach der deutschen Übersetzung, S. 840.

31 Jütte 2000, S. 73.

32 Ebd., S. 77.

33 Utz 1990, S. 9-11. Utz beruft sich hier unter anderem auf Michel Foucault (*Die Geburt der Klinik*).

34 Lichtenberg 1997a, S. 146 f. Vgl. S. 20, Anm. 8.

35 Utz 1990, S. 19-21. Zum Molyneux-Problem vgl. auch Welsh/Dongowski 2001, S. 8-10; Mülder-Bach 2001, S. 44.

Grundlage gestellt, als der englische Arzt William Cheselden 1728 von einer erfolgreichen Staroperation berichtete: Die Wissenschaft legte nun »in der Praxis Hand ans Auge«.[36] Wenn die Augenheilkunde im 18. Jahrhundert durch die Operation von Blinden auf den Aspekt der Hand als Organ der Praxis ein Licht wirft, so ist auch für die Elektrizitätslehre jener Epoche die instrumentell-experimentelle Wissenschaftspraxis, auf die die Wissenschaftsgeschichtsforschung und die Wissenschaftstheorie in den letzten Jahrzehnten aufmerksam gemacht haben, von nicht geringer Bedeutung.[37]

Vor dem Hintergrund der Diskussion über das Verhältnis von Auge und Hand im 18. Jahrhundert ist nun die Frage, wie die Visualität der Lichtenbergischen Figuren zu ihrer Entdeckungszeit mit der Wissenschaftspraxis für dieses elektrische Phänomen zusammenhängt. Im Folgenden soll Lichtenbergs eigene Praxis der Erforschung der Staubfiguren rekonstruiert und die Rolle der Hand in der Elektrizitätsforschung im 18. Jahrhundert näher betrachtet werden, um die Entdeckung der Staubfiguren als einer neuen visuellen Erkenntnisform der Elektrizität im zeitgenössischen Kontext differenzierter zu erörtern.

Instrument als Handarbeit

Lichtenberg beginnt die Einleitung seiner ersten Abhandlung nicht mit Überlegungen zu den Staubfiguren selbst. Bevor er sich dem »Hauptgegenstand«[38] der Abhandlung zuwendet, thematisiert er zunächst den Elektrophor – ein Instrument, das mit Hilfe der elektrischen Influenz die Trennung elektrischer Ladungen und die Erhaltung hoher elektrischer Spannung über einen längeren Zeitraum ermöglicht. Das 1762 vom Deutschschweden Johann Carl Wilcke und, unabhängig von ihm, 1775 von Alessandro Volta entwickelte Gerät interessierte Lichtenberg so sehr, dass er beschloss, »einen Elektrophor von beträchtlicher Größe zu bauen«. Die Wirkung des Elektrophors von beinahe zwei Metern Durchmesser, den er sich bauen ließ, enttäuschte ihn nicht.[39]

Die Reflexion über den Elektrophor zu Beginn von Lichtenbergs erster Abhandlung weist auf die Bedeutsamkeit dieses Instruments für seine Entdeckung und Untersuchung der Staubfiguren hin. Lichtenberg beobachtete die Figuren 1777 zum ersten Mal an seinem großen Elektrophor, der einen

36 Utz 1990, S. 20.

37 Zum wachsenden Interesse an Praxis und Experiment in der Wissenschaftsforschung seit den 1980er Jahren vgl. Pickering 1992; Biagioli 1995; Hentschel 2000; Golinski 2005, S. 133-145.

38 »ad primarium hujus scriptionis argumentum«. Lichtenberg 1997a, S. 146f.

39 Lichtenberg 1997a, S. 142-147. Zitat S. 144f.: »[N]otabilis magnitudinis Electrophorum construendi animum induxi«.

Durchmesser von etwa 190 cm hatte. Obwohl er später die Figuren auf einer einfachen Tafel aus Isoliermaterial hervorbrachte, blieb der Elektrophor bei seinen Versuchen ein notwendiger Apparat. Er erfand sogar eine Variante des Elektrophors, den »doppelten Elektrophor«, mit dem man die positive und die negative Elektrizität gleichzeitig auf demselben Apparat erzeugen kann, und beschreibt seine Herstellungs- und Gebrauchsweise in seiner ersten Abhandlung, wo er ihn als ein zum Experiment der Staubfiguren geeignetes Gerät vorstellt.[40] Der Elektrophor spielte für Lichtenberg also eine wesentliche Rolle bei der Erforschung der Staubfiguren.

Die Geschichte der experimentellen Wissenschaften seit dem 17. Jahrhundert ist mit der der Instrumente eng verbunden. Neben den optischen Instrumenten wie Fernrohr und Mikroskop veränderten Thermometer, Barometer oder Luftpumpe den Modus der Beobachtung und Behandlung der Natur und brachten neue Erkenntnisse. Auch die Entwicklung der Elektrizitätslehre im 18. Jahrhundert ist ohne Erfindung und Verbesserung von Geräten wie der Elektrisiermaschine, der Leidener Flasche, dem Elektrometer und auch dem Elektrophor undenkbar. Die Relevanz der Instrumente in der Experimentalphysik bedeutet auch die ihrer Hersteller. Die Mechaniker arbeiteten bei der Herstellung, Verbesserung und Verwendung der wissenschaftlichen Geräte eng mit den Wissenschaftlern zusammen. Sie sind also konstitutive Teilnehmer am Prozess der Erzeugung von Wissen, und die Zusammenarbeit von Wissenschaftlern und Mechanikern förderte nicht wenig die Elektrizitätsforschung im 18. Jahrhundert.[41]

Das gilt auch im Falle Lichtenbergs. Der Professor der Experimentalphysik in Göttingen, der für seine Forschung und Lehre eine umfangreiche Instrumentensammlung aufbaute,[42] äußerte einmal, dass er »gewiß in der gantzen Stadt am meisten einen Mechaniker nöthig« habe.[43] Sein großer Elektrophor wurde vom Göttinger Mechaniker Johann Andreas Klindworth hergestellt. Dieser arbeitete seit etwa 1776 für Lichtenberg und verfertigte und reparierte mehrere Instrumente für ihn. Er unterstützte Lichtenberg auch bei seiner experimentalphysikalischen Vorlesung als Assistent.[44] Lichtenberg schätzte Klindworth als Instrumentenmacher sehr: Er nennt ihn in seinen

40 Lichtenberg 1997a, S. 154-159.

41 Zum Thema wissenschaftliche Instrumente und Instrumentenmacher vgl. Gooding/Pinch/Schaffer 1989, S. 29-114; Weigl 1990; Meinel 2000; Baird 2004; besonders zu Instrumenten und Instrumentenmachern im 18. Jahrhundert: Hackmann 1979; Turner 2003; zu denjenigen in der Elektrizitätsforschung: Hochadel 2003, S. 73-85, 220-233.

42 Behrendsen 1907, S. 104, 117-120; Weber 1992. Zu Lichtenbergs Sammlung physikalischer Instrumente im I. Physikalischen Institut der Universität Göttingen vgl. Die historische Sammlung 1986; Beuermann/Minnigerode 2001, S. 182 f.

43 An Heinrich August Wrisberg, 3.9.1791, Bw 3, S. 945.

44 Behrendsen 1907, S. 117-120; Weber 1992, S. 342-345; Hochadel 2003, S. 229-231.

Briefen »einen unserer Besten Mechanicker«[45] und »einen sehr geschickten Künstler«[46] und lobt eine von ihm verfertigte Uhr als »ein wahres Meisterstück«.[47]

Die Würdigung ist aber keine einfache Lobrede. Der Universitätsprofessor versucht, die Sphäre des Mechanikers von seiner eigenen abzugrenzen, indem er ihn als einen Mann der Hand identifiziert. Es ist nur die handwerkliche Geschicklichkeit, die Lichtenberg an der Arbeit Klindworths preist: »Was Klindworthen diese grose Süperiorität giebt, ist, daß er mit Uhrmachen anfieng, daher wurde ihm die gröste Gnauigkeit in der Ausarbeitung mechanisch«.[48] Klindworth sei zwar »der vollkommenste Arbeiter in Deutschland von denen ich Sachen gesehen habe, und zwar beyweitem«,[49] doch »[e]in Erfinder ist er nicht, aber ein Arbeiter, wo er nachahmen kan, der seines gleichen vielleicht in Deutschland nicht hat«.[50] Er setze »keinen Zweifel in Klindworths Geschicklichkeit und zu mal in eine Fertigkeit desselben, was er sieht gut nachzumachen«.[51] Durch Unterscheidung von Erfinder und Arbeiter bzw. Nachahmer schließt er den Mechaniker von der Sphäre der Kopfarbeit aus, der er selbst angehört. Er verweist Klindworth sogar ausdrücklich in die Sphäre der körperlichen Arbeit, wenn er sagt, dass der Mechaniker in seinem Kolleg alle Experimente macht, »die einige Anstrengung des Körpers erfordern«.[52]

Die Verteilung der Rollen von Wissenschaftler und Mechaniker auf Kopf und Hand bezeichnet den Versuch der Etablierung der Physik als einer akademischen Wissenschaft in den letzten Jahrzehnten des 18. Jahrhunderts. Die Abwertung des praktischen und die Aufwertung des theoretischen Wissens ist ein wesentlicher Aspekt davon.[53] Aber die Bedeutsamkeit des Elektrophors für die Entdeckung und Untersuchung der Lichtenbergischen Figuren belegt, dass das handwerklich-praktische Wissen von Klindworth beim Instrumentenbau für die Erforschung der Staubfiguren unentbehrlich war. Von welcher Art das für den Mechaniker spezifische Wissen ist, das bei der Herstellung des Elektrophors mitwirkte, lässt sich aus einem Text von Klindworth erfahren.

45 An Friedrich Wilhelm Herschel, 20.10.1785, Bw 3, S. 126.
46 An Gottfried Große, 14.7.1787, Bw 5,1, S. 98.
47 An Johann Andreas Schernhagen, 30.10.1780, Bw 2, S. 116.
48 An Franz Ferdinand Wolff, 10.2.1785, Bw 3, S. 41. Vgl. auch den Brief an denselben, 4.12.1783, Bw 2, S. 787.
49 An Franz Ferdinand Wolff, 10.2.1785, Bw 3, S. 40f. Vgl. auch den Brief an denselben, 30.6.1782, Bw 2, S. 369.
50 An Franz Ferdinand Wolff, 4.12.1783, Bw 2, S. 787.
51 An Heinrich August Wrisberg, 3.9.1791, Bw 3, S. 944.
52 An Franz Ferdinand Wolff, 10.2.1785, Bw 3, S. 41.
53 Vgl. Hochadel 2003, S. 249-308.

Klindworth veröffentlichte 1781 im *Magazin für das Neueste aus der Physik und Naturgeschichte* die Beschreibung des großen Elektrophors, den er für Lichtenberg angefertigt hatte.[54] Im 18. Jahrhundert veröffentlichten Mechaniker Beschreibungen ihrer Instrumente, in denen sie die neuen oder nachgebauten Instrumente und die damit möglichen Experimente vorstellten, um auf die eigene Arbeit aufmerksam zu machen.[55] Klindworths Beschreibung des Elektrophors wurde von der zeitgenössischen Fachwelt anerkannt: Sie wird in den physikalischen Wörterbüchern um 1800 aufgeführt,[56] und auch Lichtenberg erwähnt sie in Erxlebens Kompendium.[57] Wenn man sie aber mit der Beschreibung des doppelten Elektrophors von Lichtenberg in seiner ersten Abhandlung über die Staubfiguren vergleicht, wird das für den Text des Mechanikers Charakteristische sichtbar.

Klindworth beschreibt nacheinander die Herstellungsweise der einzelnen Bestandteile des Instruments: Form bzw. Teller (Klindworth nennt sie »Tafel«) aus mit Metallfolie überzogenem Holz; Kuchen aus Harz, das geschmolzen und in die Form gegossen wird; Deckel bzw. Schild (»Scheibe« oder »Teller« bei Klindworth) aus Zinn, der genau auf den Kuchen passt und mit seidenen Schnüren abgehoben werden kann.[58] So weit stimmt die Beschreibung Klindworths prinzipiell mit derjenigen Lichtenbergs überein. Aber es fällt im Text des Mechanikers auf, dass er den Herstellungsprozess des Harzkuchens viel ausführlicher erläutert als der Wissenschaftler: das Harz in einem Kessel über schwachem Feuer nach und nach schmelzen; mithilfe eines zuvor erhitzten durchlöcherten Löffels Unreinheiten aus dem Harz entfernen; es so lange über »etwas wenigem Feuer« stehen lassen, bis die Luftblasen »etwas nachlassen« und die Feuchtigkeit verdunstet ist; das Harz unter Mitarbeit von drei Personen in die Form gießen, die in der Sonne »etwas erwärmet« und nach einer Setzwaage gerichtet worden ist; die Blasen durch die Hitze von Plätteisen vertreiben, ohne das Harz zu berühren – alle diese Verfahren seien erforderlich, um einen ebenen und glatten Harzkuchen zu fertigen: »Wenn man auf diese Art verfährt, so bekömmt man eine Harzplatte, die so eben und glatt wie ein Spiegel ist«. Er gibt auch Anweisungen, wie man im Harzkuchen später entstandene Risse mit Hilfe von glühenden Eisen reparieren und »der Tafel ihre vorige Schönheit wieder geben« kann.[59]

54 Klindworth 1781.
55 Vgl. Hochadel 2003, S. 222 f.
56 Gehler 1787-96, 1. Teil, S. 820 u. 831 f.; Fischer 1798-1827, 2. Teil, S. 110.
57 Erxleben 1794, S. 504.
58 Zur Bezeichnung der Bestandteile des Elektrophors im 18. Jahrhundert vgl. Goldt 1999, S. 142 f.
59 Klindworth 1781, S. 37 f.

Während Lichtenberg in seiner Abhandlung in Bezug auf den Harzkuchen lediglich die Bestandteile der Harzmischung erklärt,[60] beschreibt der Mechaniker die manuellen Verfahren eingehend. Dabei tauchen in seinem Text mehrere Ausdrücke auf, die einen unbestimmten, subjektiven Sachverhalt darstellen: über »etwas wenigem Feuer«, »etwas nachlassen«, »etwas erwärmet«. Sie verweisen auf implizites Wissen bzw. »tacit knowledge« des Mechanikers, das Wissen also, das er verinnerlicht hat und das er sprachlich nicht vollkommen artikulieren kann. »Craftwork establishes a realm of skill and knowledge perhaps beyond human verbal capacities to explain«, so formuliert der Soziologe Richard Sennett ausdrücklich; »much of the knowledge craftsmen possess is tacit knowledge – people know how to do something but they cannot put what they know into words«.[61]

Dasselbe gilt auch für die Beschreibung des hervorzubringenden Zustands der Harzplatte. Es ist die Glattheit des Harzkuchens, d.h. die taktile Vollkommenheit des Instruments, der Klindworth bei der Herstellung des Elektrophors die größte Aufmerksamkeit schenkt. Sie ist aber eine Eigenschaft, die er ebenfalls nicht mit begrifflicher Sprache beschreiben kann, sondern nur mit bildlicher: »wie ein Spiegel«. Dies ist der einzige bildlich-metaphorische Ausdruck in seinem Text. Es handelt sich auch hier um implizites Wissen des Handwerkers, das seinem Körper eingeprägt und schwer zu verbalisieren ist. Klindworth weiß, wie glatt der Harzkuchen sein soll, aber er kann es nicht mit Worten sagen, außer mit bildlichen. Die Grenzen der Sprache werden durch das Bild überwunden.[62]

Es ist bemerkenswert, dass dieses handwerkliche, implizite Wissen von Klindworth nicht nur zur Untersuchung der Staubfiguren von Lichtenberg mittels des Elektrophors, sondern auch zur Entdeckung der Figuren beitrug. Lichtenberg beobachtete die Staubfiguren zum ersten Mal 1777 unmittelbar nach der Fertigstellung seines großen Elektrophors. Sein Zimmer war »noch voll von feinstem Harzstaub, der beim Abhobeln und Glätten des Fundaments bzw. der Grundfläche des Instruments aufgestiegen war«. Als er den Schild des Elektrophors an der Zimmerdecke hängen ließ, bedeckte der Staub die Grundfläche des Instruments nicht gleichmäßig, sondern ordnete sich an mehreren Stellen sternförmig an.[63] Die hier geschilderte Situation weist darauf hin, dass der Arbeitsraum des Wissenschaftlers nicht streng von dem des Mechanikers getrennt war: Klindworth beschäftigte sich mit dem Abhobeln

60 Lichtenberg 1997a, S. 154f.

61 Sennett 2008, S. 94f. Zum Begriff »tacit knowledge« vgl. Polanyi 1958 u. 1966.

62 Vgl. Sennett 2008, S. 95. Er weist auch auf die Wirksamkeit der Metapher in der schriftlichen Anweisung handwerklicher Arbeiten hin. Ebd., S. 189-192.

63 Lichtenberg 1997a, S. 150f. Zitat: »[O]mnia in cubiculo adhuc plena erant pulveris resinosi subtilissimi, qui inter dolandum et radendum instrumenti fundamentum seu basin ascenderat«.

und Glätten des Fundaments des Elektrophors in Lichtenbergs Zimmer. Die Lichtenbergischen Figuren wurden sogar als Nebenprodukt der Arbeit von Klindworth entdeckt, der sich darum bemühte, den Harzkuchen des Elektrophors glatt zu machen – »wie ein[en] Spiegel«. An der Entdeckungsszene der Lichtenbergischen Figuren zeigt sich die Bedeutung, die das Wissen des Mechanikers für die Erforschung der Staubfiguren hat, am anschaulichsten.

Experiment als Handwerk

Die Beteiligung der Hand an der Erforschung der Lichtenbergischen Figuren beschränkt sich nicht auf die Herstellung des Instruments, sondern schließt auch das Experimentieren mit ein. Lichtenberg sieht, wie oben erwähnt, in der Visualität der Staubfiguren nicht nur einen wissenschaftlichen Wert – »vielfache[ ] Verwendbarkeit« –, sondern auch einen ästhetischen. Und die »Schönheit« der Figuren, worin sie die anderen Spuren der Elektrizität übertreffen, könnte sie ihm zufolge zum Gegenstand der Schaulust machen, welche die Taschenspieler bedienen: Die Staubfiguren übertreffen die anderen Spuren der Elektrizität deshalb an Schönheit, weil »sie, auch wenn sie nicht zur Klasse der glänzenden elektrischen Erscheinungen gehören, doch mit diesen um den Siegespreis streiten könnten, so daß ich nicht daran zweifle, daß meinen kleinen Maschinen – was keine geringe Empfehlung ist – dereinst die Taschenspieler unter ihren Steinen und Bechern einen Platz einräumen werden«.[64]

Das Wissen von der Elektrizität wurde im 18. Jahrhundert nicht in die Stube der Naturforscher eingesperrt. Elektrizität war eine »öffentliche« Wissenschaft.[65] In der Aufklärung unterhielt und belehrte die öffentliche Demonstration von physikalischen Experimenten ein breites Publikum. Das öffentliche Experiment besaß eine relevante Funktion hinsichtlich der Formung und Vermittlung des Wissens, und Elektrizität war eines der beliebtesten Themen dieser populärwissenschaftlichen Darstellung. In der zweiten Hälfte des Jahrhunderts wurden elektrische Schauexperimente in adligen und bürgerlichen Gesellschaften, in Gasthäusern und auf Jahrmärkten vorgestellt und erfuhren große Popularität. Die umherziehenden Taschenspieler bzw. Demonstratoren der elektrischen Versuche trugen also viel zur

64 »Pulchritudine, quia, licet non ad genus lucidorum phaenomenorum electricorum pertineant, cum lucidis tamen ipsis de palma contendere possent, ita ut (quae sane non levis commendatio est) machinulis meis aliquando inter calculos et acetabula sua praestigiatores locum assignaturos esse nullus dubitem«. Lichtenberg 1997a, S. 148-151.

65 Hochadel 2003.

Popularisierung des Wissens von diesem Modethema der Physik im 18. Jahrhundert bei.[66]

Umso mehr bemühten sich in den letzten Jahrzehnten des Jahrhunderts die akademischen Wissenschaftler darum, sich von den Schaustellern abzugrenzen und die Physik als institutionelle und professionelle Wissenschaft herauszubilden.[67] Dabei berief man sich wieder auf die Verteilung der Rollen auf Kopf und Hand, was der Fall Lichtenbergs ebenfalls gut exemplifiziert. Die reisenden Schausteller der physikalischen Experimente tauchten auch im Umkreis von Lichtenberg auf. Er vertrieb im Januar 1777 den amerikanischen Taschenspieler Jacob Philadelphia aus Göttingen, indem er ihm in einem anonym geschriebenen satirischen Anschlagzettel Betrügereien vorwarf.[68] Etwas freundlicher verhielt er sich gegenüber Martin Berschitz, der 1782 nach Göttingen kam und Lichtenberg besuchte.[69] Lichtenberg verteidigte den umherziehenden Schausteller physikalischer Kunststücke und Instrumentenmacher gegen den Vorwurf, »ein Mittelgeschöpf von Philadelphia und dem seeligen Käsebier«, dem Straßenräuber, zu sein: »Er hat eine grose Fertigkeit, und seine Instrumente sind gut«. »Er macht einige recht herrliche Versuche«. Lichtenberg empfahl ihn in seinem Kolleg, schenkte ihm Geräte, gab ihm Ratschläge[70] und stellte ihm auch ein Zeugnis aus.[71]

Hier wiederholt sich das Verhalten Lichtenbergs, das er auch gegenüber Klindworth, dem Mechaniker, an den Tag legte. Lichtenberg lobt Berschitz ebenfalls nur für die handwerkliche Geschicklichkeit – diesmal auch die beim Experimentieren – und schließt ihn von der Sphäre der Kopfarbeit gänzlich aus: »Aber nun muß ich doch auch sagen, daß Handgriffe abgerechnet dieser H. B. ein gantz unüberschwenglich unwissender Mensch ist«.[72] »Er ist der gröste Ignorant und der unüberschwenglichste Windbeutel, den man sich dencken kan«.[73] Der Professor betont die Ungelehrtheit von Berschitz auch mit der Parodie seiner orthografischen Fehler.[74] Ferner weist er den Schausteller metaphorisch der Sphäre der Hand zu: Berschitz sei in Wien

66 Hochadel 2003, S. 187-220. Vgl auch Schaffer 1983 u. 1993; Stafford 1994, bes. S. 170-190.

67 Hochadel 2003, S. 249-306.

68 Lichtenberg: Anschlag-Zeddel im Namen von Philadelphia. In: SB 3, S. 253-255. Vgl. dazu SB, Kommentarbd. zu Bd. 3, S. 101-105 und Hochadel 2003, S. 258f.

69 Vgl. Hochadel 2003, S. 250-273.

70 An Johann Daniel Ramberg, 8.4.1782, Bw 2, S. 303.

71 An Johann Albert Heinrich Reimarus, 2.5.1782, Bw 2, S. 317.

72 An Johann Daniel Ramberg, 8.4.1782, Bw 2, S. 303. Vgl. auch den Brief an Georg Ebell, Ende Mai? 1782, Bw 2, S. 338f.

73 An Johann Albert Heinrich Reimarus, 2.5.1782, Bw 2, S. 317f.

74 An Franz Ferdinand Wolff, 1.8.1782, Bw 2, S. 393; an Johann Andreas Schernhagen, 1.8.1782, Bw 2, S. 393.

»Handlanger« beim Experimentalphysiker Joseph Franz gewesen,[75] und er möge wohl »unter der Hand« bei einem Experiment betrogen haben.[76]

Der physikalische Demonstrator galt Lichtenberg also als die Figur, die das Handwerkliche des Experiments verkörpert, und deswegen musste sich der Wissenschaftler von ihm unterscheiden.[77] Die zuletzt angeführte Bemerkung Lichtenbergs trifft einen Kernpunkt der Bedrohung, die die Experimentalphysiker im 18. Jahrhundert in den wissenschaftlichen Schaustellern sahen.[78] Barbara M. Stafford weist darauf hin, dass man in der frühen Neuzeit eine Analogie zwischen dem Experimentieren und der Taschenspielerei sah, weil es bei beiden auf die geschickten Handgriffe ankommt, die aber die Zuschauer betrügen können: »The accusation of ›juggling‹ threatened such professions as medicine, experimental science, and the applied and fine arts that depended specifically on manual skill«.[79]

Der Verdacht auf Scharlatanerie bestätigt aber auch die Mitwirkung des impliziten Wissens in der Experimentalphysik wie im Handwerk. »Juggling was a manual trade«, so Stafford, »much like experimental science [...], weaving, furniture making, or silversmithing [...]. It, too, depended on a mechanical dexterity difficult to put into words«.[80] Die Experimentalphysik lässt sich insofern mit dem Handwerk in eine Reihe stellen, als es sich bei beiden um das Wissen handelt, das in der neueren wissenschaftsgeschichtlichen Forschung außer als »tacit knowledge«[81] auch als »body techniques«,[82] »bodily skills«[83] oder »gestural knowledge«[84] bezeichnet wird. Fallstudien zur historischen Wissenschaftspraxis haben herausgearbeitet, dass die experimentellen Wissenschaften in der Tat dem Geschick des Handwerkers nicht wenig verdanken. Simon Schaffer zeigt z. B., dass manche elektrischen Versuche im frühen 18. Jahrhundert von der manuellen Geschicklichkeit (»knack«) von

75 An Johann Andreas Schernhagen, 17.10.1782, Bw 2, S. 448. Die Verspottung verschärft sich, weil Lichtenberg auf die Ungelehrtheit von Franz selbst aufmerksam macht. Zu Joseph Franz vgl. Hochadel 2003, S. 52.

76 An Franz Ferdinand Wolff, 13.7.1783, Bw 2, S. 657.

77 Kästner vertritt die Ansichten der akademischen Naturforscher seiner Zeit: »Wäre es einerley: Physik lehren und die Handarbeit beym Experimentiren thun, welcher Lehrer der Physik könnte sich mit einem Taschenspieler oder Aequilibristen vergleichen?« Kästner 1783, S. 363.

78 Hochadel 2003, S. 293-295.

79 Stafford 1994, S. 103.

80 Ebd., S. 133.

81 Zur Rezeption des von Michael Polanyi geprägten Begriffs »tacit knowledge« in der Wissenschaftsgeschichte vgl. Biagioli 1995; Shapin/Lawrence 1998, S. 7; Hentschel 2000, S. 42; Sibum 2000, S. 67-69.

82 Schaffer 1997, S. 458.

83 Biagioli 1995, S. 71.

84 Sibum 1995a, S. 76 u. ö.; Sibum 1995b. Vgl. auch Sibum 2000, S. 68.

Experimentatoren abhingen, die beruflich als Färber tätig waren: »The similarity of dyers' techniques and those of early electrical work is striking«.[85]

Die Voraussage Lichtenbergs, dass die Staubfiguren künftig in das Repertoire der Taschenspieler gehören werden, deutet schon darauf hin, dass die Figuren auch mit dem Handwerklichen im Experiment zu tun haben müssen. Als Experimentator kann aber Lichtenberg selbst am handwerklichen Wissen im Experiment nicht unbeteiligt bleiben; bemerkt er doch in der Einleitung zur ersten Abhandlung, dass die Figuren durch die Untersuchungen von Physikern, die nicht nur »mit einem größeren Apparat an Instrumenten ausgerüstet«, sondern auch »geübter« sind als er, zur Physik beitragen werden.[86] Zwar erwähnt Lichtenberg in seinen Publikationen die manuelle Fertigkeit im Experiment der Staubfiguren nicht mehr, hinterlässt aber in den privaten Schriften eine Spur davon.

Lichtenbergs Briefe zeigen, dass er sich seit Ende 1776 für den Elektrophor interessierte.[87] Er schreibt am 24. Februar 1777 an seinen Freund Johann Andreas Schernhagen begeistert von der Wirkung seines kleineren Elektrophors,[88] und am 27. Februar, d.h. kurz vor der Entdeckung der Staubfiguren, teilt er ihm die Herstellungs- und Verwendungsweise des Instruments mit.[89] Dabei illustriert er den Text mit Handzeichnungen, die seine Beschreibung ergänzen und veranschaulichen. Darunter ist aber auch eine Zeichnung, die den Text weder ergänzt noch veranschaulicht, sondern einen Sachverhalt darstellt, der mit Worten nicht beschrieben wird. Im Anschluss an die Beschreibung der Herstellungsweise des Instruments erläutert Lichtenberg die Art, wie man den Harzkuchen des Elektrophors reiben muss, um ihn zu elektrisieren: »Wenn dieses alles fertig ist, so wird das Pech im Kasten mit einem *trocknen* Stück Hasenfell überrieben, wie man will, in die Runde, [Zeichnung] und auch so, [Zeichnung]«[90] (Abb. 2). Während Lichtenberg die Kreisbewegung des Hasenfells auf dem Harzkuchen mit Worten (»in die Runde«) schildert und diese mit der Zeichnung veranschaulicht, drückt er die zweite Reibungsart nicht verbal, sondern ausschließlich durch eine Zeichnung aus. Wie Klindworth die Glattheit des Harzkuchens mit Hilfe bildlicher Sprache darstellt, nimmt Lichtenberg das Bild im wörtlichen Sinne zu Hilfe, um das nicht zu verbalisierende Wissen zu vermitteln – das implizite Wissen des

85 Schaffer 1997. Zitat hier S. 464. H. Otto Sibum weist auch darauf hin, dass beim Experiment für die Determination der mechanischen Äquivalenz der Wärme von James Prescott Joule in der ersten Hälfte des 19. Jahrhunderts sein praktisches Wissen als Brauer eine entscheidende Rolle spielte. Sibum 1995a, 1995b. Vgl. auch Sibum 2003.

86 Lichtenberg 1997a, S. 146f. Vgl. S. 20, Anm. 8.

87 An Johann Andreas Schernhagen, 18.11.1776, Bw 1, S. 647; an Georg Heinrich Hollenberg, 21.11.1776, Bw 1, S. 649.

88 An Johann Andreas Schernhagen, 24.2.1777, Bw 1, S. 703f.

89 An Johann Andreas Schernhagen, 27.2.1777, Bw 1, S. 707f.

90 Ebd., S. 707, Hervorhebung im Original.

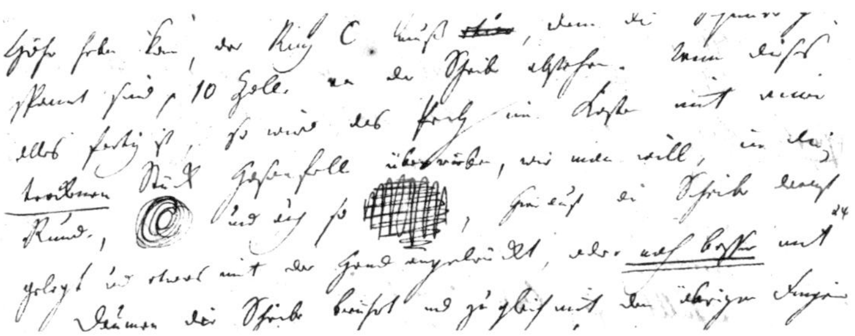

Abb. 2: Lichtenbergs Zeichnung der Reibungsart des Harzkuchens des Elektrophors.

Experimentators bei der Handhabung des Instruments. Die Grenzen der Sprache werden bei ihm ebenfalls durch das Bild, diesmal im eigentlichen Sinne, überwunden.[91] Die Zeichnung ist besonders wirkungsvoll, da hier die Bewegung der Hand Lichtenbergs, die mit der Feder auf der Oberfläche des Papiers zeichnet, diejenige seiner Hand wiederholt, die mit dem Hasenfell die Oberfläche des Harzkuchens reibt.

Hand als Instrument

Lichtenberg illustriert nicht nur die Briefe; er versieht auch seine beiden Abhandlungen über die Staubfiguren mit mehreren Abbildungen. Eine der Tafeln zur ersten Abhandlung stellt die Anweisung zum Instrumentenbau und die Versuchsanordnung dar (Abb. 3). In diesem Bild ist eine Hand zu sehen, die den Deckel des Elektrophors an Schnüren hält (Fig. 4). Die abgeschnittene Hand, die die Instrumente bedient und die Experimente vorführt, taucht in der Ikonografie der experimentellen Wissenschaften im 18. Jahrhundert häufig auf. Während in den Illustrationen zu physikalischen Schriften des 17. Jahrhunderts der Experimentator als eine vollständige Person dargestellt wurde, ist er im 18. Jahrhundert symbolisch in Form einer Hand repräsentiert.[92] Die Reduzierung des Experimentators auf die Hand drängt den handwerklichen Aspekt der experimentellen Wissenschaften in den Vordergrund.

91 Vgl. Sennett 2008, S. 95.

92 Wiesenfeldt 2001, S. 109, 111. John L. Heilbron weist darauf hin, dass die Hände ein Relikt der Putti sein können, die in den wissenschaftlichen Illustrationen des 17. und frühen 18. Jahrhunderts als Assistenten dargestellt sind. Vgl. Heilbron 2000, S. 5-20. Aber wie die Bilder der aus dem Himmel kommenden Hände zeigen, zu denen Heilbron die Putti in Beziehung setzt (S. 17-19), könnten die experimentierenden Hände in den physikalischen Illustrationen auf die Hand Gottes zurückgehen, die in der christlichen Kunst des Mittelalters und der frühen Neuzeit häufig zu sehen ist.

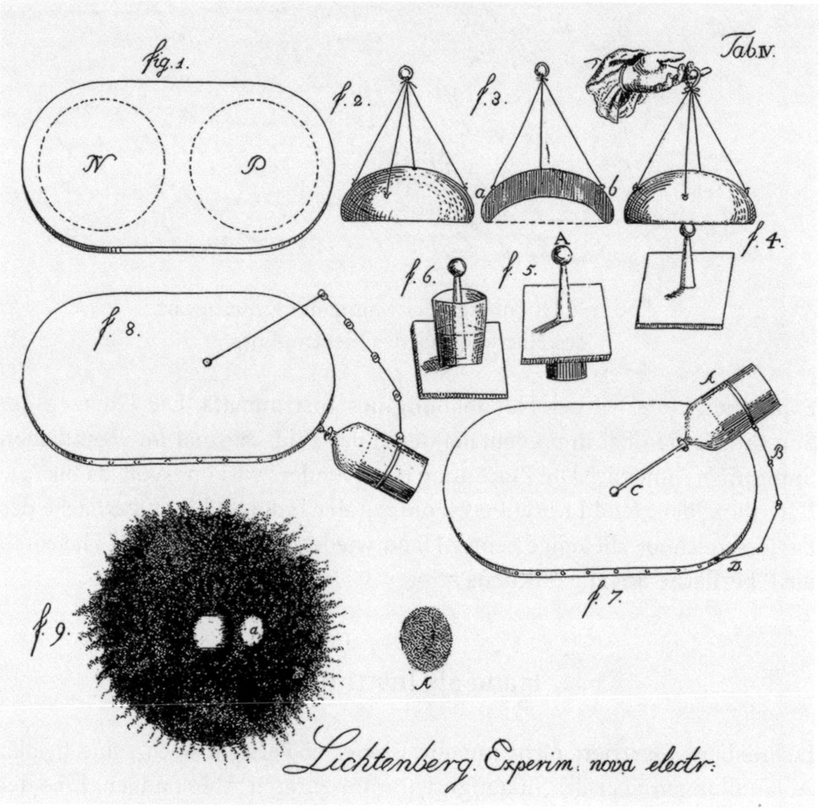

Abb. 3: Abbildung zur ersten Abhandlung von Lichtenberg.

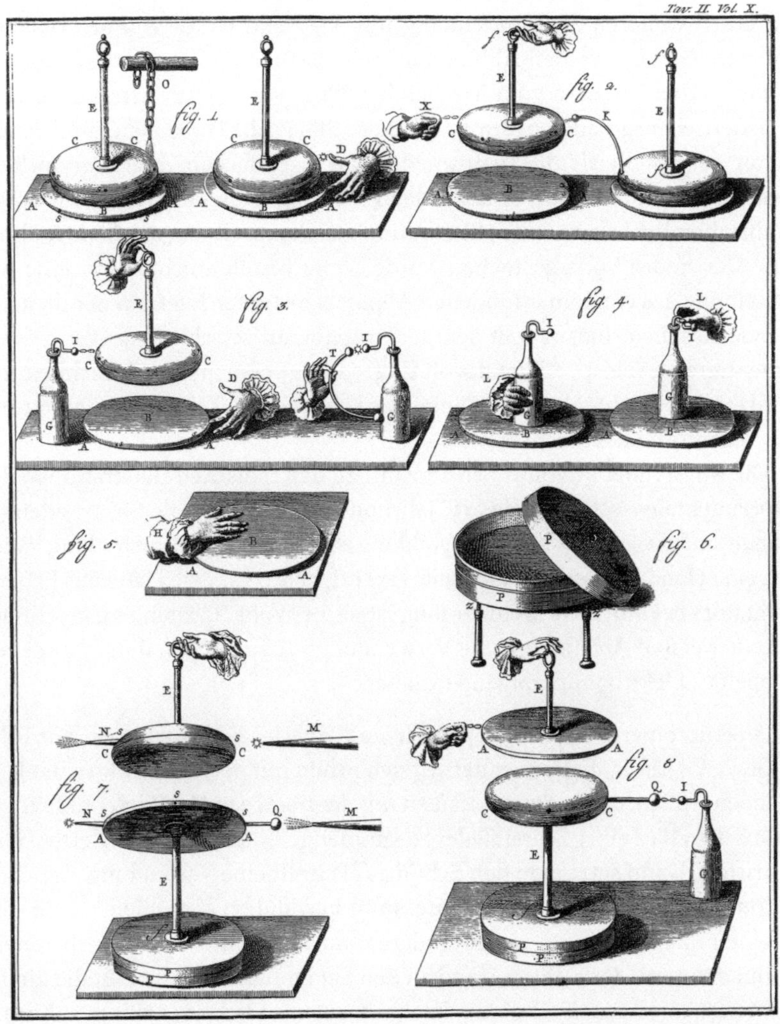

Abb. 4: Abbildung zur Beschreibung des Elektrophors von Volta.

Die Hand in der Abbildung zu Lichtenbergs Abhandlung weist aber auch auf einen weiteren Zusammenhang hin. Das Bild wurde – anders als die anderen Tafeln zu seinen Abhandlungen – nicht von einem professionellen Kupferstecher, sondern vom Mechaniker Klindworth gestochen.[93] In diesem künstlerisch insgesamt eher ungeschickten Bild ist die Hand feiner und detaillierter dargestellt als die Instrumente, die in einfachen Zügen gezeichnet sind. Diese Beobachtung führt zu der Vermutung, dass die Hand mit hoher Wahrscheinlichkeit nach der Illustration zur Beschreibung des Elektrophors von Alessandro Volta gestochen wurde. Volta veröffentlichte 1775 eine Beschreibung des von ihm erfundenen Apparats mit einer Tafel, auf der mehrere Hände zu sehen sind, die mit dem Elektrophor auf verschiedene Weise experimentieren (Abb. 4).[94] Eine davon (Fig. 7) zeigt eine große Ähnlichkeit mit der Hand bei Lichtenberg; die Seitenverkehrung der Zeichnung unterstützt die Vermutung des Nachstichs.[95]

Die Kupfertafel in Voltas Schrift zählt zu den typischen Illustrationen der Experimentalwissenschaft des 18. Jahrhunderts, die voller fleißig arbeitender Hände sind. Dagegen ist in der Abbildung zu Lichtenbergs Abhandlung lediglich eine Hand dargestellt. Aber sein Text offenbart, dass die Hand des Experimentators bei ihm nicht weniger tätig ist als bei Volta. Lichtenberg beschreibt in seiner ersten Abhandlung die Verwendungsweise des von ihm erfundenen doppelten Elektrophors folgendermaßen:

> Angenommen, der Elektrophor habe keinerlei Elektrizität, so wird die Stelle P [Abb. 3, Fig. 1], an der wir den Schild mit positiver Elektrizität [...] laden wollen, durch sanftes Reiben *mit der trockenen Hand* oder mit einem aus dem Bart einer Schreibfeder zusammengerollten Kügelchen leicht elektrisiert. Dann setzt man den Schild auf P, stellt eine Verbindung zwischen ihm und einem Nagel der Einfassung her, indem man gleichzeitig den einen *mit dem Daumen*, den anderen *mit dem Mittelfinger* berührt, hebt ihn dann mit der rechten Hand an den Seidenfäden ab und läßt die kleine Menge an +E auf eine Röhre oder irgendeinen anderen metallischen Körper übergehen, den man in N aufgesetzt hat. Daraufhin verrückt man die Röhre ein wenig *mit dem Finger* oder, was noch besser ist, mit Hilfe eines eigenelektrischen Körpers, zum Beispiel einer Schreibfeder oder einer Siegellackstange; das weitere geschieht dann so wie zuvor.[96]

93 Vgl. Briefe an Johann Christian Dieterich, 6.5.1778, Bw 1, S. 826; an Johann Andreas Schernhagen, 18.5.1778, Bw 1, S. 830. Vgl. auch unten III. Teil, 2. Kap.

94 Volta 1775, Bd. 10, Taf. II.

95 Die Hand wurde möglicherweise nach der Abbildung zur deutschen Übersetzung von Voltas Beschreibung gestochen, die selbst ein (seitenrichtiger) Nachstich des Originalbildes ist. Vgl. Volta 1777, Tafel.

96 »Ponamus Electrophorum omni Electricitate carere, tunc ea pars, qua clypeum Electricitate positiva [...] imbuere volumus, P, (Fig. 1) leni frictione aut *manu sicca* aut globulo ex barba

Die Übertragung der Elektrizität des Schildes über einen metallenen Körper auf einen anderen Teil des Kuchens – ein für den doppelten Elektrophor spezifisches Verfahren – ausgenommen, ist hier prinzipiell der übliche Verwendungsprozess des Elektrophors beschrieben, den Volta in seiner Schrift dargestellt hat. Dabei fungiert die Hand des Experimentators als ein Mittel zur Elektrisierung und zur Leitung der Elektrizität, bei Lichtenberg auch zur Umstellung des Leiters. Es ist die elektrische Eigenschaft des menschlichen Körpers, der als ein Halbleiter die Eigenschaft des Leiters und die des Nichtleiters in sich vereint,[97] die bei der Verwendung des Elektrophors eine wesentliche Rolle spielt: Die Hand kann als Nichtleiter wie die Schreibfeder oder der Siegellack durch Reibung einen Körper elektrisieren und einen Leiter ohne beträchtlichen Einfluss auf seine Elektrizität berühren; als Leiter kann sie die Ladung der oberen Seite des Schildes des Elektrophors an die Einfassung des Harzkuchens ableiten, indem sie die beiden verbindet. Da der Deckel wegen der elektrischen Influenz an der unteren Seite eine derjenigen des Harzkuchens entgegengesetzte Ladungsart der Elektrizität (hier: negativ) und an der oberen Seite eine mit dieser gleiche Ladungsart (hier: positiv) besitzt, bleibt im Deckel nach der Entladung der letzteren nur die erstere, die über die metallene Röhre auf den Harzkuchen übertragen wird.

Die trockene menschliche Hand war im 18. Jahrhundert neben Isoliermaterialien wie z.B. ledernen Kissen ein übliches Mittel zur Erzeugung der Reibungselektrizität.[98] Beim Elektrophor übernimmt sie auch die Funktion des Werkzeugs für die Leitung der Elektrizität, welche ein für die Verwendung dieses Instruments unentbehrliches Verfahren ist.[99] Die Hand des Experimentators ist also ein konstitutiver Bestandteil der Versuchsanordnung mit dem Elektrophor: Der Experimentator bedient mit seiner Hand nicht nur das Instrument; seine Hand fungiert im Experiment auch als ein Teil des Instruments. Es ist die Materialität der Hand, die Lichtenberg mit der Schreibfeder oder dem Siegellack gleichsetzt, die zu ihrer Instrumentalisierung führt: Die Hand wird als ein Werkzeug aus einer besonderen Materie in den Apparat integriert.

calami scriptorii convoluto facta paullulum excitatur. Deinde impositus in P clypeus, post communicationem inter illum et clavum baltei factam, alterum nempe *pollice* alterum *digito medio* simul tangendo, ope filorum fericorum manu dextra tollitur, ejusque quantulumcunque +E in tubulum vel quodcunque corpus metallicum parti N impositum infunditur. Moto deinde paullulum tubulo *digito*, vel quod praestat, ope corporis idioelectrici, v.c. calami scriptorii, bacilli laccae sigillatoriae etc. fiat ut antea«. Lichtenberg 1997a, S. 156f. Hervorhebungen von H. H.

97 Vgl. Borgards 2005, S. 92.

98 Vgl. Erxleben 1794, S. 462.

99 Bei der Verbindung des Deckels mit der Einfassung der Basis mittels der Hand fühlt man Erschütterung und Schmerzen, wie Lichtenberg in Erxlebens Kompendium bemerkt. Erxleben 1794, S. 499.

Die körperlich-materiellen Eigenschaften der Hand werden in Lichtenbergs Staubfiguren-Experiment nicht nur bei der Verwendung des Elektrophors genutzt, sondern auch bei der Herstellung der Figuren. Lichtenberg untersucht einmal die Wirkung der Elektrizität seiner Hand auf die Entstehung der Staubfiguren:

> Als ich über die weithin bekannte Wirkung elektrischer Atmosphären auf in ihnen befindliche Körper nachdachte, kam mir der Gedanke, ob nicht das +E eines Körpers, z. B. *eines Fingers*, wenn man ihn gegen den Mittelpunkt einer stark geladenen Harzscheibe hielte, so sehr von dem –E der gesamten Scheibe angezogen werden könnte, daß nach dem schließlich erfolgten Funkenübergang der Mittelpunkt der Harzscheibe Zeichen von positiver Elektrizität gäbe; weil das +E *des Fingers*, das von allen Punkten der Scheibe dem Verhältnis der Abstände entsprechend angezogen wird, nach dem Funkenübergang wohl nur von einem Teil der Scheibe, [nämlich dem Mittelpunkt], angenommen würde, da das Harz die [elektrische] Materie nur schlecht leitet; [...]. Um dies zu erproben, hielt ich eine Nadel *mit der Hand* gegen die Mitte einer aus Gummilack gegossenen Scheibe, die so stark mit Hasenfell gerieben war, daß sie ein Blättchen Goldpapier, das an einem seidenen Faden hing und negativ elektrisiert war, auf eine Entfernung von drei bis vier Zoll zurückstieß. Als ich dann die Scheibe mit Harzstaub bepuderte, kam eine positive Figur zum Vorschein; wenn ich *einen Finger* [gegen die Scheibe] hielt, entstanden ähnliche und noch schönere Figuren, die negativ elektrische Elektroskope anzogen und positiv elektrische abstießen. Ebenso brachte *der Finger* negative Figuren auf einer positiv elektrischen Scheibe hervor.[100]

Bei der »elektrischen Atmosphäre« handelt es sich um die elektrische Influenz der modernen Physik,[101] die elektrische Erscheinung also, auf die sich auch der Elektrophor stützt. Lichtenbergs Hand fungiert hier selbst als ein Instrument, durch dessen Elektrizität die Staubfiguren entstehen.

100 »Notissimum atmosphaerarum electricarum effectum in corpora illis immersa aliquando perpendenti mihi in mentem venit, annon corporis cujusdam v. c. *digiti*, centro disci resinosi fortiter excitati admoti materia +E ita a –E totius disci trahi possit, ut post factam denique explosionem centrum orbis resinosi signa ederet positivae Electricitatis, cum +E *digiti*, quod ab omnibus disci punctis secundum rationem distantiarum trahitur, post explosionem, quia resina materiam aegre propagat, a parte tantum illius forte reciperetur [...]. Quod quo experirer, centro tabulae e gummi laccae fusae et pelle leporina attritae, ut foliolum chartae inauratae e filo serico pendulum et –E imbutum ad trium vel quatuor pollicum distantiam repelleret, admovi acum, quam *manu* tenebam. Insperso deinde pulvere resinoso figura apparebat positiva, admoto *digito* similes generabantur at elegantiores figurae, quae Electroscopia – electrica alliciebant, + electrica autem respuebant. Simili modo *digitus* generauit figuras negativas in plano + electrico«. Lichtenberg 1997b, S. 188-191. Einfügung vom Übersetzer; Hervorhebungen von H. H.

101 Borgards 2005, S. 79 f.

Die Rekonstruktion der Wissenschaftspraxis für die Lichtenbergischen Figuren veranschaulicht, dass ein nicht geringer Teil der Experimentalphysik und insbesondere der Elektrizitätslehre im 18. Jahrhundert aus körperlich-praktischem Wissen besteht. Lichtenberg entdeckte mit den Staubfiguren ein neues Verfahren, die Elektrizität zu visualisieren. Die Lichtenbergischen Figuren waren eine neue und verfeinerte Art der Spuren der Elektrizität, die rein optisch und ohne die Mitwirkung anderer Sinnesorgane erfahren werden kann. Seine Praxis der Entdeckung und Untersuchung der Staubfiguren zeigt aber, dass an der Entstehung dieses Bildes die Hand auf mehreren Ebenen teilnimmt: die Hand, die das Instrument herstellt; die Hand, die das Instrument bedient und das Experiment vorführt; und die Hand, die wegen ihrer elektrischen Eigenschaft als ein Teil des Instruments fungiert. Das visuelle Wissen von der Elektrizität, das die Lichtenbergischen Figuren der Elektrizitätsforschung seiner Zeit versprechen, kann ohne Beteiligung des manuellen Wissens nicht hervorgebracht werden, das der Instrumentenmacher und der Experimentator verinnerlicht haben. Darüber hinaus spielt die Materialität der Hand als eines Körperteils in der Praxis der Erforschung der Lichtenbergischen Figuren eine bedeutende Rolle.

Das in den letzten Jahrzehnten zunehmende Interesse der Wissenschaftsforschung an wissenschaftlicher Praxis und körperlichem Wissen bestätigt gleichzeitig, dass es sich beim modernen Wissenschaftsbegriff vorwiegend um körperlos-theoretisches Wissen handelt.[102] Zwar wurde seit der *Scientific Revolution* des 17. Jahrhunderts das handwerkliche Wissen für die experimentellen Wissenschaften relevant, aber der intellektuelle Status derjenigen, die über dieses Wissen verfügten, erhielt nicht immer entsprechende Anerkennung, wie in diesem Kapitel für den Prozess der Professionalisierung der Physik um 1800 nachgezeichnet wurde. Die Lichtenbergischen Figuren wurden in einem Zeitalter entdeckt, in dem die Entkörperlichung und Theoretisierung des Wissens in der Naturforschung bewusster verfolgt wurden. Der im ausgehenden 18. Jahrhundert unternommene Versuch, das Handwerkliche von der experimentellen Naturforschung zu trennen und das praktische Wissen niedriger zu bewerten als das theoretische – auch Lichtenberg beteiligte sich daran –, erweist sich als ein Ansatz dieses Prozesses, der die Etablierung der modernen Naturwissenschaft zur Folge hat.

In diesem Zusammenhang lässt sich die Visualität der Lichtenbergischen Figuren als eine Thematik verstehen, bei der es über die Diskussion über die Rangordnung der Sinne hinaus um die Begriffsbestimmung der Wissenschaft gegen Ende des 18. Jahrhunderts geht. Die Lichtenbergischen Figuren waren eine neue Erscheinung, insofern sie als eine auf das Visuelle spezialisierte und deshalb körperlose Erkenntnisform der Elektrizität dem Vorgang der Ent-

102 Vgl. S. 26, Anm. 37; auch Kutschmann 1986 u. Lawrence/Shapin 1998.

körperlichung und Theoretisierung des Wissens entsprechen, der zu ihrer Entdeckungszeit einsetzte. Sie erweisen sich aber gleichzeitig als eine Erscheinung, die ohne Beteiligung des körperlichen Wissens in der instrumentell-experimentellen Praxis nicht möglich ist. Umso erforderlicher war es für Lichtenberg, die Visualität der Staubfiguren sowie ihre Neuheit und Bedeutsamkeit für die Elektrizitätsforschung zu betonen, um ihre Abhängigkeit von diesem praktischen Wissen in den Hintergrund zu drängen. Die Entdeckung der Lichtenbergischen Figuren bezeichnet also das Spannungsverhältnis zwischen Auge und Hand – zwischen visuell-theoretischem und körperlich-praktischem Wissen – und veranschaulicht somit den Diskurs über die Wissenschaftlichkeit im ausgehenden 18. Jahrhundert. Mit der Frage, welche Wirkung die Visualität der Lichtenbergischen Figuren in der zeitgenössischen Forschung entfaltete, beschäftigen sich die Kapitel des dritten Teils dieser Arbeit.

II. Rezeption

Die zeitgenössische Rezeption der Lichtenbergischen Figuren

Die Entdeckung der Staubfiguren, die Lichtenberg 1778 in seinen beiden Abhandlungen veröffentlichte, fand bald unter den zeitgenössischen Naturforschern Widerhall, und zwar über die Grenzen des deutschsprachigen Raums hinaus. 1780 erschien die französische Übersetzung von Lichtenbergs erster Abhandlung in der von François Rozier herausgegebenen Zeitschrift *Observations sur la physique, sur l'histoire naturelle et sur les arts.*[1] Im selben Jahr veröffentlichte Tiberius Cavallo in den *Philosophical Transactions* der *Royal Society of London* einen Artikel, in dem er – angeregt durch Lichtenbergs erste Abhandlung – eine Erklärung für die Entstehung der Staubfiguren entwickelte.[2] So begann die Rezeptionsgeschichte der Lichtenbergischen Figuren, die anhand der Literatur über dieses elektrische Phänomen rekonstruiert werden kann.

Die Lichtenbergischen Figuren wurden im späten 18. und frühen 19. Jahrhundert in verschiedenen Gattungen der wissenschaftlichen Literatur thematisiert oder wenigstens erwähnt. In wissenschaftlichen Zeitschriften erschienen Artikel über die Staubfiguren, und auch in physikalischen und enzyklopädischen Wörterbüchern wurden sie dargestellt. Daneben wurden die Figuren in vielen Lehrbüchern und Kompendien der Physik thematisiert, und auch die populärwissenschaftliche Literatur behandelte sie. Das Wissen von den Lichtenbergischen Figuren wurde also um 1800 in all denjenigen Typen der Wissenschaft konstruiert, die der Wissenschaftshistoriker Ludwig Fleck definiert: in der Zeitschriften-, der Handbuch- und der Lehrbuchwissenschaft sowie in der populären Wissenschaft.[3]

1 Lichtenberg 1780. Lichtenberg drückt in einem Brief an Christian Gottlob Heyne vom 22.4.1780 seine Freude über die Übersetzung aus. Bw 2, S. 48. Zu Roziers Zeitschrift vgl. McKie 1957; McClellan III 1979. Die Rezeption der Übersetzung ist z.B. in Sigaud de la Fond 1781, S. 677 erkennbar, wo der Verfasser bei der Darstellung der Lichtenbergischen Figuren auf die Übersetzung hinweist. Lichtenberg erwähnt Sigaud de la Fond in seinem Aufsatz von 1781. Vgl. Lichtenberg 1781, S. 135.

2 Cavallo 1780. Lichtenberg antwortete 1781 auf Cavallo mit einem Aufsatz. Vgl. Lichtenberg 1781.

3 Fleck 1980, S. 146-164.

Im Folgenden wird die Darstellung der Lichtenbergischen Figuren in den einzelnen Textgattungen näher betrachtet und ein Überblick über die Rezeptionsgeschichte der Lichtenbergischen Figuren zwischen 1780 und 1840 gegeben, die bisher in der Historiografie der Erforschung dieses elektrischen Phänomens nicht ausreichend beschrieben worden ist. Dabei muss sich die Betrachtung prinzipiell auf die deutschsprachige sowie die ins Deutsche übersetzte fremdsprachige Literatur beschränken; ein Teil der fremdsprachigen Literatur im Original wird allerdings ebenfalls berücksichtigt. Anschließend werden die damals entwickelten Erklärungen und Theorien zu den Staubfiguren in Umrissen nachgezeichnet, da sie im folgenden dritten Teil weitgehend unberücksichtigt bleiben werden. Zum Schluss wird die Situation der Abbildungen in der hier betrachteten Literatur skizziert.

Lichtenbergische Figuren in der wissenschaftlichen Literatur um 1800

a. Zeitschriften

Artikel über die Lichtenbergischen Figuren erscheinen um 1800 in verschiedenen Periodika mit naturwissenschaftlichem Inhalt, die in der zweiten Hälfte des 18. Jahrhunderts sowohl eine quantitative Entwicklung als auch eine Ausdifferenzierung erfuhren: Zu den seit der Mitte des 17. Jahrhunderts existierenden Akademiezeitschriften kamen Mitte des 18. Jahrhunderts die allgemeinwissenschaftlichen Zeitschriften hinzu, und seit dem Ende des Jahrhunderts kamen die Fachzeitschriften der einzelnen Disziplinen auf.[4] Zwei dieser Zeitschriften veröffentlichten die meisten Artikel über die Staubfiguren: das *Magazin für das Neueste aus der Physik und Naturgeschichte* und die *Annalen der Physik*.

Im *Magazin für das Neueste aus der Physik und Naturgeschichte*, das 1781 von Ludwig Christian Lichtenberg, dem älteren Bruder von Georg Christoph, in Gotha gegründet worden war, erscheinen bis 1795 fünf Artikel über die Lichtenbergischen Figuren.[5] Entsprechend der allgemeinwissenschaftlichen Orientierung der Zeitschriftengattung »Magazin«, die sich nicht an den engen Kreis der Gelehrten wendet, sondern an ein breites an Bildung interessiertes Publikum,[6] handelt es sich dabei nicht nur um fachliche Aufsätze, sondern auch um Nachrichten von neu erfundenen oder verbesserten Instrumenten

4 Stichweh 1984, S. 394-441; Troitzsch 1999.

5 [Cavallo] 1781; Klindworth 1781; [Ingen-Housz] 1782; [Villarsy] 1789; Kortum 1795. Zum *Magazin* vgl. Stichweh 1984, S. 431 f.; Troitsch 1999, S. 258.

6 Troitzsch 1999, S. 256 f.

und eher unterhaltsamen Experimenten. So erscheint z. B. 1782 ein Artikel über das Experiment namens »der heilige Schein«, eine Anwendung der Lichtenbergischen Figuren, bei der man auf dem Porträt eines Geistlichen mithilfe von Elektrizität einen Strahlenkranz aus Haarpuder um den Kopf herum erscheinen lässt.[7]

Nachdem die Publikation des *Magazins* 1799 eingestellt worden war, waren die Lichtenbergischen Figuren ein häufiger Gegenstand in den *Annalen der Physik*, die 1790 von Friedrich Albrecht Carl Gren in Halle unter dem Titel *Journal der Physik* gegründet und ab 1799 unter dem neuen Titel von Ludwig Wilhelm Gilbert fortgesetzt wurden.[8] In den *Annalen der Physik* erscheinen zwischen 1800 und 1809 zehn Artikel, die die Lichtenbergischen Figuren thematisieren oder wenigstens erwähnen.[9] Da die Zeitschrift auf populärwissenschaftliche Beiträge verzichtet,[10] beweisen diese Artikel ein hohes Interesse an den Lichtenbergischen Figuren in der akademischen Welt zu Beginn des 19. Jahrhunderts. Das Interesse scheint danach vorübergehend abzunehmen: Zwischen 1810 und 1840 erscheint in den *Annalen der Physik* kein einziger Artikel über die Staubfiguren.

Die Zeitschriftenartikel zeugen auch von der internationalen Bekanntheit der Lichtenbergischen Figuren. In den deutschsprachigen Zeitschriften um 1800 werden nicht nur Originalbeiträge über die Staubfiguren abgedruckt, sondern auch Übersetzungen und Zusammenfassungen aus ausländischen Zeitschriften, u. a. aus englischen,[11] französischen,[12] niederländischen,[13] italienischen[14] und schwedischen.[15] So wird der oben genannte Aufsatz von Cavallo aus den *Philosophical Transactions* 1781 im *Magazin* in einem Resümee auf Deutsch vorgestellt.[16]

Die Lichtenbergischen Figuren werden in den Zeitschriftenartikeln unter verschiedenen Aspekten betrachtet. Bei Cavallo (1780) und Kortum (1795) geht es um die Elektrizität des die Figuren bildenden Staubs; bei [Villarsy] (1788), Kortum (1795), [Aldini] (1800), Arnim (1800b), Gersdorf (1800),

7 [Ingen-Housz] 1782. Während im *Magazin* der Name des Erfinders des Experiments nicht genannt wird, schreibt es Gehler dem niederländischen Naturforscher Jan Ingen-Housz zu. Gehler 1787-96, 5. Teil, S. 356.

8 Zu den *Annalen der Physik* vgl. Stichweh 1984, S. 432-441; Troitsch 1999, S. 258 f.

9 [Aldini] 1800; Arnim 1800a; Arnim 1800b; Bourguet 1801; Remer 1801; Ritter 1801; Gersdorf 1804; Ekmark 1806; Knoch 1806; Erman 1809.

10 Troitzsch 1999, S. 259. Allerdings beabsichtigten die *Annalen der Physik*, einen relativ populären Charakter zu wahren, wozu der Herausgeber die wissenschaftlichen Aufsätze zur Erleichterung des Verständnisses erläutern und bearbeiten wollte. Vgl. Stichweh 1984, S. 437.

11 [Cavallo] 1781.

12 [Villarsy] 1789.

13 Troostwyk/Krayenhoff 1790.

14 [Aldini] 1800.

15 Ekmark 1806.

16 [Cavallo] 1781.

(1804) und (1805) um die Trennung eines Gemisches aus zwei Arten von Staub bei der Entstehung der Figuren.[17] [Aldini] (1800) und Arnim (1800b) thematisieren auch den Vergleich der Kristallisation von Wasser mit den Figuren.[18] Troostwyk/Krayenhoff (1790), Remer (1801), Knoch (1806) und Ekmark (1806) diskutieren die Erklärbarkeit der Figuren mit der unitarischen oder der dualistischen Theorie der Elektrizität. Bourguet (1801) und Ritter (1801) interessieren sich für die Lichtenbergischen Figuren, die durch galvanische Elektrizität entstehen. Klindworth (1781) erläutert in der Beschreibung des Elektrophors,[19] wie die Lichtenbergischen Figuren mithilfe dieses Instruments hergestellt werden können. Mayer (1795) betrachtet die Lichtenbergischen Figuren vom medizinischen Standpunkt, indem er die auf der Haut eines vom Blitz getroffenen Menschen zu beobachtende Erscheinung anhand der Lichtenbergischen Figuren erklärt, weil sie den positiven Figuren ähnlich sei.[20] Die Vielfalt der Perspektiven auf die Lichtenbergischen Figuren in den Zeitschriftenartikeln belegt die These von Fleck, dass die Zeitschriftenwissenschaft von den Merkmalen des Vorläufigen und Persönlichen geprägt ist: Das Fragmentarische der Probleme, die Zufälligkeit des Materials und die technischen Einzelheiten verbinden nach Fleck den Arbeitsstoff untrennbar mit dem Verfasser eines Zeitschriftenartikels,[21] was die Lichtenbergischen Figuren gut exemplifizieren.

Das Gleiche gilt für die Darstellungen der Lichtenbergischen Figuren in den Werken der einzelnen Autoren in Buchform, obwohl diese Publikationen weniger zahlreich sind als die Zeitschriftenartikel. Deluc (1786-87) stellt verschiedene Modifikationen des Experiments vor, mit denen er achtzig Arten von Lichtenbergischen Figuren hergestellt habe. Bennet (1789) stellt nicht nur verschiedene Variationen des Experiments mit den Staubfiguren vor, sondern erfindet auch neue praktische Methoden des Experiments.[22] Böckmann (1789) behauptet, ohne Lichtenberg zu erwähnen, dass er die elektrischen Staubfiguren bereits 1776 entdeckt hat,[23] und versucht, die Erschei-

17 Vgl. unten III. Teil, 1. Kap. Wie dort bemerkt, wurde Cavallos Experiment mit der Elektrizität von Staub von Bennet (1787) weiterentwickelt, obwohl er dabei die Lichtenbergischen Figuren nicht erwähnt.

18 Vgl. unten III. Teil, 4. Kap.

19 Vgl. oben I. Teil.

20 Johann Christoph Andreas Mayer war Professor für Botanik und Medizin und königlicher Leibarzt in Berlin. Auch moderne Mediziner weisen auf die Ähnlichkeit der beiden Erscheinungen hin. Vgl. Domart/Garet 2000.

21 Fleck 1980, S. 156f.

22 Vgl. unten III. Teil, 3. u. 4. Kap. In Adams (1792) werden Experimente aus Bennet (1789) auszugsweise vorgestellt (S. 367-372). Das Experiment mit den Staubfiguren selbst findet sich bereits in der ersten Auflage (Adams 1784, S. 179). Zu George Adams und seinem Werk vgl. Millburn 2000, bes. S. 199-207.

23 Böckmann 1789, S. 153. Ulrich Joost weist auf einen Bericht über Böckmann als Entdecker der Staubfiguren hin; er bezieht sich allerdings nicht auf die Schrift von Böckmann selbst,

nung der Eisblumen aufgrund der Ähnlichkeit mit den elektrischen Figuren zu erklären[24] und die Figuren auch auf Flüssigkeiten hervorzubringen.

Sonst werden die Lichtenbergischen Figuren um 1800 in mehreren naturwissenschaftlichen Werken erwähnt, wobei sie auf die jeweiligen Themen und Interessen bezogen werden, wie z.B. meteorologische,[25] mineralogische,[26] medizinische,[27] physiologische,[28] akustische[29] oder naturphilosophische,[30] wie auch unten in diesem und im nächsten Teil zu sehen sein wird.

b. Lexika und Enzyklopädien

Anders als Zeitschriftenartikel, die jeweils ihren Gegenstand unter einem beliebigen Aspekt betrachten können, müssen Lexika einen Gegenstand in einen thematisch übergeordneten Artikel einordnen, wenn sie nicht einen eigenen Artikel für ihn anlegen. So werden die Lichtenbergischen Figuren auch in den beiden großen deutschsprachigen physikalischen Wörterbüchern des 18. Jahrhunderts in bestimmten Artikeln thematisiert.

Im *Physikalischen Wörterbuch* von Johann Samuel Traugott Gehler werden die Lichtenbergischen Figuren zuerst im 1. Teil (1787) im Artikel »Elektricität«, Abschnitt »Entgegengesetzte Elektricitäten«[31] sowie im Artikel »Elektrophor«[32] dargestellt, und im 5. Teil (1795), dem Supplementband, stehen Zusätze zu den beiden früheren Darstellungen.[33] Hier wird im Zusatz zum Artikel »Elektrophor« ein Abschnitt »Lichtenbergische Figuren« eingefügt.[34] Auch in der neu bearbeiteten Auflage des Wörterbuchs werden die Lichtenbergischen Figuren im 3. Band (1827) im Artikel »Elektricität«, Abschnitt »Entgegengesetzte Elektricitäten« erwähnt,[35] und im Artikel »Elektrophor« findet sich ein Abschnitt »Lichtenberg'sche Figuren«.[36]

sondern auf einen Titel der Forschungsliteratur, in dem aus Böckmanns Biografie von 1802 zitiert wird. Vgl. Joost 1993.

24 Vgl. unten III. Teil, 4. Kap.

25 Meister 1780, S. 67f.; Howard 1811, S. 57. Vgl. unten III. Teil, 1. Kap.

26 Bergmann 1782, S. 18.

27 Sibly 1794, S. 246f.

28 Brandis 1795, S. 112.

29 Chladni 1802, S. XVII.

30 Ritter 1805, S. 258f.; Ritter 1808, S. 52-54, 58; Ritter 1810. Vgl. unten III. Teil, 5. Kap.

31 Gehler 1787-96, 1. Teil, S. 729.

32 Ebd., 1. Teil, S. 824.

33 Ebd., 5. Teil, S. 247, 348-358. Auch auf S. 256f. werden die Lichtenbergischen Figuren erwähnt.

34 Ebd., 5. Teil, S. 348-358.

35 Gehler 1825-45, Bd. 3, S. 243.

36 Ebd., Bd. 3, S. 754-771. Wie hier bemerkt (S. 770), werden die Lichtenbergischen Figuren auch im 1. Band (1825), im Artikel »Blitz«, kurz erwähnt (S. 1016f., 1020), wobei es sich um die Ähnlichkeit der Erscheinung auf der Haut eines vom Blitz getroffenen Menschen mit den Lichtenbergischen Figuren handelt, die Joachim Dietrich Brandis darstellt. Vgl. Brandis 1795, S. 112.

Im *Physikalischen Wörterbuch* von Johann Carl Fischer, dessen erster Band zwei Jahre nach dem Abschluss der ersten Ausgabe des Gehler'schen Wörterbuchs erschien, werden die Lichtenbergischen Figuren zuerst im 1. Teil (1798) im Artikel »Elektricität«, Abschnitt »Entgegengesetzte Elektricitäten« kurz dargestellt[37] und ausführlicher im 2. Teil (1799) im Artikel »Elektrophor«, Abschnitt »Lichtenbergische Figuren«.[38] Die letztere Darstellung wird im Supplementband, dem 6. Teil (1805), im Artikel »Elektrophor« ergänzt.[39]

Obwohl das Gehler'sche und das Fischer'sche Wörterbuch auf unterschiedlichen Theorien der Physik beruhen,[40] unterscheiden sie sich in Bezug auf die Kategorisierung der Lichtenbergischen Figuren wenig: Sowohl Gehler als auch Fischer diskutieren die Staubfiguren entweder in Zusammenhang mit dem Elektrophor oder mit den »entgegengesetzten Elektrizitäten«, d.h. der positiven und der negativen Elektrizität. Diese Kategorisierungen lassen sich aus einem genetischen respektive funktionalen Grund erklären. Der Zusammenhang der Staubfiguren mit dem Elektrophor ergibt sich daraus, dass Lichtenberg sie – wie oben im ersten Teil gesehen – zuerst an seinem Elektrophor entdeckte und dass die Harzplatte dieses Instruments weiter häufig bei der Herstellung der Figuren verwendet wurde. Die Zuordnung zum Thema der entgegengesetzten Elektrizitäten hat hingegen damit zu tun, dass die Figuren häufig als Kennzeichen der positiven und der negativen Elektrizität angesehen wurden.[41]

Die beiden physikalischen Wörterbücher unterscheiden sich aber teilweise in der Auswahl der Literatur, die sie vorstellen. Sowohl im Gehler'schen als auch im Fischer'schen *Physikalischen Wörterbuch* besteht der größte Teil der Darstellung aus Auszügen und Zusammenfassungen der Literatur, die bisher – meistens in Zeitschriften – über die Lichtenbergischen Figuren veröffentlicht worden ist, und aus Anmerkungen dazu. Dabei besprechen die beiden Lexika nicht genau die gleichen Arbeiten. Während außer den beiden

37 Fischer 1798-1827, 1. Teil, S. 873.

38 Ebd., 2. Teil, S. 126-142.

39 Ebd., 6. Teil, S. 360-375. Bei Fischer werden die Versuche von Aldini und Arnim, die Kristallisation von Wasser mit den Lichtenbergischen Figuren zu vergleichen, nicht nur im Zusammenhang mit den Staubfiguren, sondern auch im Zusatz zum Artikel »Schnee« im 6. Teil (1805) vorgestellt. Fischer 1798-1827, 6. Teil, S. 711-714. Die meisten der Darstellungen der Lichtenbergischen Figuren in Fischers *Physikalischem Wörterbuch* sind fast wortgetreu und mit einigen Zusätzen im 8. Teil seiner *Geschichte der Physik* wiederabgedruckt. Vgl. Fischer 1808, S. 250-253, 321-353, 844-848.

40 Während Fischer sein Wörterbuch auf Grundlage der dynamischen Theorie der Physik konzipierte, die sich auf Kants *Metaphysische Anfangsgründe der Naturwissenschaften* (1786) stützt, sowie auf Schellings Naturphilosophie, ließ Gehler das Werk von Kant unbeachtet, und die Autoren der neuen Auflage des Gehler'schen Wörterbuches waren Gegner der romantischen Naturphilosophie. Vgl. Kleinert 1998.

41 Vgl. unten III. Teil, 5. Kap.

Abhandlungen von Lichtenberg die Arbeiten von Cavallo (1780),[42] Deluc (1786-87), Troostwyk/Krayenhoff (1790), Cavallo (1797), [Aldini] (1800) [Aldini (1797)] und Arnim (1800b) in beiden Lexika genannt werden, werden [Ingen-Housz] (1782), [Villarsy] (1788), Bennet (1789),[43] Mayer (1795), Ekmark (1806) und Berzelius (1823)[44] nur von Gehler, hingegen Kortum (1795), Bourguet (1801)[45] und Remer (1801) nur von Fischer erwähnt.[46] Darüber hinaus sind diese Arbeiten in beiden Wörterbüchern weniger in einem geordneten System zusammengestellt als vielmehr einfach nacheinander aufgeführt. Während Fleck die Handbuchwissenschaft so charakterisiert, dass sie durch Auswahl und Zusammenstellung der einzelnen Arbeiten ein geordnetes und unpersönliches System darstellt,[47] ist diese Eigenschaft in den beiden genannten physikalischen Wörterbüchern nicht zu erkennen. Das Wissen von den Lichtenbergischen Figuren war um 1800 noch nicht zur Systematisierung herangereift.

Die Zeitspanne, aus der die in den beiden Lexika besprochene Literatur stammt, ist begrenzt. Bei Gehler wird in der neuen Auflage von 1827 keine neuere Arbeit als diejenigen von Ekmark (1806) und Berzelius (1823) ge-

42 Cavallos Theorie wird in beiden Lexika in einem Auszug aus Deluc (1787-88) und ohne bibliografische Angaben erwähnt. Gehler 1787-96, 5. Teil, S. 348; Fischer 1798-1827, 2. Teil, S. 128. Sein Aufsatz von 1780, in dem er die Entstehung der Lichtenbergischen Figuren erklärt, wird in seinem Werk *A Complete Treatise on Electricity* wiederabgedruckt. Vgl. Cavallo 1782, S. 427-444; 1786 u. 1795, Bd. 2, S. 72-89.Während in der zweiten Auflage der deutschen Übersetzung seines Werkes die Lichtenbergischen Figuren nur kurz erwähnt werden, ist in der vierten Auflage seine Theorie zu den Lichtenbergischen Figuren zu lesen. Vgl. Cavallo 1783, S. 314f.; 1797, S. 1-6. Cavallos Theorie wird aber bereits 1781 im *Magazin für das Neueste aus der Physik und Naturgeschichte* zusammenfassend vorgestellt. Vgl. [Cavallo] 1781.

43 Bennets Methode des Abdrucks der Lichtenbergischen Figuren wird in der neuen Auflage des Gehler'schen Wörterbuches ohne bibliografische Angaben genannt. Gehler 1825-45, Bd. 3, S. 760.

44 In Gehler 1825-45, Bd. 3, S. 768 wird ein Experiment vorgestellt, als dessen Quelle Berzelius' *Lehrbuch der Chemie* ohne Angabe des Publikationsjahres genannt wird. Eine fast identische Beschreibung findet sich in Berzelius 1823, S. 71f., wo das Experiment allerdings Ekmark zugeschrieben wird.

45 Fischer beschreibt einen Versuch zur Herstellung der Lichtenbergischen Figuren durch die galvanische Elektrizität von Paul Erman, der auch in der Abhandlung von David Ludwig Bourguet dargestellt wird, nennt dabei aber nicht den Namen des Letzteren und macht auch keine genauen Quellenangaben. Vgl. Fischer 1798-1827, 6. Teil, S. 369f.; Bourguet 1801, S. 495-497. Es ist auch bei Fischer charakteristisch, dass er im Anschluss an die Darstellung des Versuchs von Erman die dendritischen Figuren thematisiert, die durch elektrochemische Reaktion von Metallen in Wasser entsteht. Das beim Experiment mit dem Galvanismus entdeckte Phänomen zog im frühen 19. Jahrhundert die Aufmerksamkeit vieler Naturforscher auf sich, u. a. die von Johann Wilhelm Ritter und Hans Christian Ørsted, die es zu den Lichtenbergischen Figuren in Beziehung setzten. Vgl. Nielsen 2000, S. 52-56.

46 Fischer erwähnt [Ingen-Housz] (1782) und [Villarsy] (1788) später in der *Geschichte der Physik*, wobei er die Darstellungen bei Gehler fast wortgetreu wiederabdruckt. Vgl. Fischer 1808, S. 353.

47 Fleck 1980, S. 156-164.

nannt, die ursprünglich bereits 1800 und 1808 in schwedischer Sprache erschienen waren. Bei Fischer ist der Artikel von Remer (1801) der aktuellste Titel, und in den zwischen 1823 und 1827 erschienenen Supplementbänden finden sich keine Zusätze bezüglich der Lichtenbergischen Figuren. Dies entspricht dem Befund für die *Annalen der Physik*, in denen, wie oben erwähnt, von 1810 bis 1840 keine Artikel über die Lichtenbergischen Figuren erschienen, und weist darauf hin, dass die Lichtenbergischen Figuren seit dem zweiten Jahrzehnt des 19. Jahrhunderts für einen gewissen Zeitraum nicht zu den Hauptgegenständen der physikalischen Erforschung gehörten.[48]

Das bedeutet aber nicht, dass das Interesse an den Staubfiguren allgemein verschwunden war. Im Gegenteil verbreitete sich die Kenntnis von den Staubfiguren unter dem weniger gelehrten Publikum, wie an den Enzyklopädien der gleichen Zeit zu sehen ist. Während zwei der großen Enzyklopädien des 18. Jahrhunderts, die *Encyclopédie* von Denis Diderot und Jean Le Rond d'Alembert (1751-72, Supplement 1776-77) und das *Universal-Lexicon* von Johann Heinrich Zedler (1751-54), vor der Entdeckung der Staubfiguren abgeschlossen waren, finden sich in der *Encyclopædia Britannica* (1768 ff.) und der *Oekonomischen Encyklopädie* von Johann Georg Krünitz (1773-1858) Darstellungen der Lichtenbergischen Figuren.

In der *Encyclopædia Britannica* werden die Lichtenbergischen Figuren zum ersten Mal in der 3. Auflage (publiziert 1788-97) thematisiert. Sie werden hier im Artikel »Crystallization« im 5. Band kurz erwähnt und im Artikel »Electricity« im 6. Band ausführlicher dargestellt. Im Artikel »Crystallization« wird am Schluss im Zusammenhang mit der Theorie der Kristallisation des schwedischen Chemikers und Mineralogen Torbern Bergmann[49] eine Vermutung über die Mitwirkung der Elektrizität an der Kristallisation dargestellt, wobei die Lichtenbergischen Figuren als Beleg genannt werden, weil sie den Kristallen ähnlich seien.[50] Das Thema wird im Artikel »Electricity« im Abschnitt »Of the Uses of the Electric Fluid in the System of Nature at large« weitergeführt, wenn es um den Einfluss der Elektrizität auf die Vegetation, d.h. das Wachstum der Pflanzen geht. Hier wird darauf hingewiesen, dass die Kristallisation vermutlich »nur eine anfängliche oder unvollständige Vegetation« sei, und als der »überzeugendste Beweis dafür«

48 Die Gründe für diesen Verlauf wären zum Teil in der Entwicklung der Elektrizitätsforschung zu sehen, in der seit der Jahrhundertwende zuerst die Elektrochemie und dann auch der Elektromagnetismus Relevanz und Aktualität erlangten. Demgegenüber wurden die Lichtenbergischen Figuren im Rahmen der Elektrostatik entdeckt, die bis zum 18. Jahrhundert die Elektrizitätslehre beherrschte.

49 Bergmann weist in seiner Theorie der Kristallisation auf die Lichtenbergischen Figuren hin. Bergmann 1782, S. 18.

50 Encyclopædia Britannica 1797, Bd. 5, S. 588.

werden die Lichtenbergischen Figuren genannt: Sie ließen eine Neigung erkennen, sich nicht nur ähnlich den Kristallen des Salzes, sondern auch ähnlich den Zweigen der Pflanze anzuordnen.[51] Dazu werden hier auch die Methoden zur Herstellung der Figuren vorgestellt, die dem englischen Naturforscher Abraham Bennet folgen. In der 4. (1801-09), 5. (1815-17) und 6. (1820-23) Auflage der *Encyclopædia Britannica* werden die Lichtenbergischen Figuren nicht mehr auf die Kristallisation und die Vegetation bezogen, sondern nur im Artikel »Electricity« thematisiert,[52] wobei die Darstellung aus Zitaten aus den Texten von Cavallo[53] und Bennet[54] besteht. In der 7. Auflage (1830-42) steht eine neue Darstellung von den Lichtenbergischen Figuren im Abschnitt »Description of the Electrophorus« des Artikels »Electricity« im 8. Band,[55] wobei die Versuchsanordnungen des französischen Physikers Jean Baptiste Biot ausführlich vorgestellt werden.[56] Auch Bennet wird hier wieder kurz erwähnt.

In der *Oekonomischen Encyklopädie* von Krünitz kommen die Lichtenbergischen Figuren ebenfalls im Zusammenhang mit der Kristallisation zur Sprache. Im Artikel »Krystallisieren« im 54. Band (1791) wird Bergmanns Hinweis auf die Lichtenbergischen Figuren erwähnt.[57] Ferner enthält der 148. Band (1828) einen Artikel »Schrift (elektrische)«,[58] der das Schreiben und Zeichnen mit den Lichtenbergischen Figuren behandelt, obwohl Lichtenbergs Name nicht genannt wird. Hier wird auch erwähnt, dass die Eisblumen aus derselben Ursache entständen wie diese Schriften.[59]

Die Darstellungen der Lichtenbergischen Figuren in der *Encyclopædia Britannica* und der *Oekonomischen Encyklopädie* spiegeln den Charakter der beiden Enzyklopädien. Die *Encyclopædia Britannica* widmet der Elektrizität einen langen Artikel und thematisiert darin auch die Lichtenbergischen

51 Ebd., Bd. 6, S. 537. Zitate im Original: »It seems, however, to be the true cause of CRYSTALLIZATION; which, as remarked under that article, probably is only an incipient or imperfect vegetation. The most convincing proof of this is from the experiments of Mr. Lichtenberg with a large electrophorus«.

52 Encyclopædia Britannica 1810, 1815, 1823, Bd. 7, S. 738 f.

53 Cavallo 1780, S. 16 f. Der Text kann aus seinem Werk *A Complete Treatise on Electricity* (1782) zitiert worden sein, wo sein Aufsatz von 1780 wiederabgedruckt ist. Vgl. S. 49, Anm. 42.

54 Bennet 1789, S. 46-49.

55 Encyclopædia Britannica 1842, Bd. 8, S. 644.

56 Eine ähnliche Beschreibung findet sich in Biot 1824, Bd. 2, S. 233 f., der Übersetzung seines Werks *Précis élémentaire de physique experimentale* (1817).

57 Krünitz 1773-1858, Bd. 54, S. 225.

58 Ebd., Bd. 148, S. 507. Vgl. auch S. 440 f., wo dieser Begriff dargelegt wird. Im Artikel »Südlicht« im 178. Band (1841) wird Lichtenbergs Mutmaßung über die Ursache des Polarlichts vorgestellt (S. 359 f.), die er in seiner zweiten Abhandlung über die Staubfiguren darstellt. Vgl. unten III. Teil, 4. Kap.

59 Ebd., Bd. 148, S. 440 f. Zu diesem Thema vgl. unten III. Teil, 4. Kap.

Figuren, wobei die einschlägigen wissenschaftlichen Arbeiten, vor allem die englischen, angeführt werden. Hier ist die konzeptionelle Besonderheit der *Encyclopædia Britannica* zu erkennen, die von Anfang an auf die Naturwissenschaften[60] und im 19. Jahrhundert auch auf die Mitarbeit von Experten Wert legte.[61] Demgegenüber thematisiert die *Oekonomische Encyklopädie* von Krünitz, die eher auf die Vermittlung praktischer Informationen zielt,[62] die Lichtenbergischen Figuren nicht systematisch im Zusammenhang mit der Elektrizitätslehre, sondern in einzelnen Artikeln und richtet die Aufmerksamkeit auf die Anwendungsmöglichkeiten des Phänomens.

c. Lehrbücher und Kompendien

Lehrbücher und Kompendien der Natur- und der Elektrizitätslehre bilden quantitativ den größten Teil der schriftlichen Quellen der Rezeptionsgeschichte der Lichtenbergischen Figuren um 1800. Die Staubfiguren werden in den physikalischen Lehrbüchern und Kompendien, die im späten 18. und frühen 19. Jahrhundert im deutschsprachigen Raum in großer Zahl publiziert wurden und die dominante Form der Publikation in diesem wissenschaftlichen Bereich waren,[63] von kurz nach ihrer Entdeckung bis in die 1830er Jahre beständig thematisiert oder wenigstens erwähnt.

Da die Lehrbücher und Kompendien normalerweise streng gegliedert werden, um das Wissen von der Natur systematisch darzustellen und zu unterrichten, kommt es darauf an, in welches Kapitel die Lichtenbergischen Figuren eingeordnet werden. Obwohl die Lehrbücher den Wandel der herrschenden Theorien in den physikalischen Wissenschaften spiegeln,[64] zeigt die Kategorisierung der Staubfiguren eine recht große Einheitlichkeit: Die Lichtenbergischen Figuren kommen dort zumeist – ebenso wie in den physikalischen Wörterbüchern – unter einem von zwei Aspekten zur Sprache: entweder in Bezug auf den Elektrophor oder in Bezug auf die positive und die negative Elektrizität. So stellt z.B. Donndorff (1784) die Lichtenbergischen Figuren im Kapitel über den »beständigen Elektricitätsträger«, d.h. den Elektrophor, als »einen der herrlichsten und schönsten Versuche« mit diesem Instrument vor.[65] Pfaff (1823) sagt sogar, der Elektrophor sei »berühmt geworden durch die electrischen Figuren, die ein Göttinger Professor, Lichtenberg, auf ihm entdeckte«.[66] Gren (1793) dagegen thematisiert die Lichtenbergischen Figuren

60 Kafker 1997, S. viii f.
61 Runte/Steube 2012, S. 80-87.
62 Reinstein 2012, S. 106-113.
63 Stichweh 1984, S. 413; Lind 1992; Clark 1997.
64 Lind 1992; Clark 1997, S. 303-339.
65 Donndorff 1784, S. 230-254, Zitat S. 239.
66 Pfaff 1823, S. 80.

in der Darstellung von den zwei Ladungsarten der Elektrizität, wobei er bemerkt, dass »Hr. Prof. Lichtenberg noch den Unterschied zwischen positiver und negativer Electricität entdeckt« habe.[67] In der 3. Auflage seines Lehrbuchs werden die Lichtenbergischen Figuren explizit im Abschnitt »Entgegengesetzte Electricitäten« thematisiert.[68] Die Verfasser vieler weiterer Lehrbücher besprechen die Lichtenbergischen Figuren ebenfalls in einem der hier genannten Zusammenhänge.[69]

Vor dem Hintergrund der allgemeinen Tendenz, die Lichtenbergischen Figuren in Lehrbüchern entweder im Zusammenhang mit dem Elektrophor oder mit den »entgegengesetzten Elektrizitäten« zu thematisieren, fällt auf, dass die Lehrbücher von Batsch (1791) und Link (1798), die beide auf Grundlage der dynamischen Theorie der Physik konzipiert sind,[70] die Staubfiguren nicht so eindeutig kategorisieren. Bei Batsch werden sie im Abschnitt »Der electrische Strom, der durch die Ladung merklicher gemacht wird, zeigt eine stoßende Kraft, und noch andre merkwürdige Eigenheiten« diskutiert[71] und bei Link in der Darstellung von »Anziehen und Abstoßen« durch die Wirkung der Elektrizität.[72] Sonst werden die Lichtenbergischen Figuren bei manchen Autoren – Hildebrandt (1807), Parrot (1811), Brandes (1832) – im Zusammenhang mit der Erscheinung der »Verteilung«, d.h. der elektrischen Influenz, behandelt.[73] Singer (1819) thematisiert die Figuren im Kapitel »Ueber die chemischen Wirkungen des Volta'schen Apparats«,[74] nämlich der Volta'schen Säule.

Die einzelnen Darstellungen der Lichtenbergischen Figuren in Lehrbüchern und Kompendien sind normalerweise kurz und standardisiert. Im Regelfall werden die Herstellungsweise und die Formen der Staubfiguren, d.h. der Unterschied zwischen den positiven und den negativen Figuren,

67 Gren 1793, S. 678.

68 Gren 1797, S. 779f. Lichtenberg selbst stellt in Erxlebens Kompendium der Naturlehre die Staubfiguren im Abschnitt »Entgegengesetzte Elektricität« dar. Vgl. Erxleben 1794, S. 480.

69 Im Zusammenhang mit dem Elektrophor: Kratzenstein 1781; Inarre 1784; Herz 1787; Bruchhausen 1790; Achard 1791; Klügel 1792a und 1792b; Hauch 1795 und 1796; Saxtorph 1803; Fischer 1805 und 1827; Hallaschka 1813; Scholz 1816; Biot 1824. Im Zusammenhang mit den beiden elektrischen Ladungsarten: Heppe 1788; Karsten 1790; Wolff 1791; Weber 1791; Imhof 1795; Fischer 1797; Link 1798; Mayer 1801; Kastner 1810 und 1820; Siber 1815 und 1837; Muncke 1819 und 1829; Neumann 1820; Baumgartner 1824; Poppe 1825; Fries 1826; Schmidt 1830; Tscharner 1830; Buchner 1833. Bei Karsten (1790) werden die Lichtenbergischen Figuren in den Anmerkungen erwähnt, die der Herausgeber Friedrich Albrecht Gren hinzufügt (S. 763).

70 Zu Batsch vgl. Clark 1997, S. 319; zu Link vgl. Lind 1992, S. 267.

71 Batsch 1791, S. 338.

72 Link 1798, S. 260.

73 Hildebrandt 1807, S. 756f.; Parrot 1811, S. 478-480; Brandes 1832, S. 262-265.

74 Singer 1819, S. 211.

beschrieben. Da aber im 18. Jahrhundert die Ausdifferenzierung in Lehrbuch und Forschungspublikation noch nicht vollgezogen war und die Lehrbuchautoren nicht nur das anerkannte Wissen darstellten, sondern auch eigene Beobachtungen und Theorien, wenn sie solche beizusteuern hatten,[75] finden sich in manchen Lehrbüchern auch Erklärungen der Entstehung der Lichtenbergischen Figuren oder wenigstens Spekulationen darüber, wie unten näher zu zeigen sein wird.

d. Populärwissenschaftliche Literatur

Neben den Zeitschriften, Wörterbüchern und Lehrbüchern widmete sich auch die populärwissenschaftliche Literatur schon früh den Lichtenbergischen Figuren. Zwar ist in der Natur- und besonders in der Elektrizitätslehre des 18. Jahrhunderts zwischen dem populären und dem fachmännischen Wissen nicht leicht zu unterscheiden,[76] doch hier soll diejenige Art von Werken als populärwissenschaftlich betrachtet werden, in der es weniger um die Theorie und die Systematisierung des Wissens als um die Darstellung verschiedener unterhaltsamer Experimente geht.

Eine der frühesten Darstellungen der Lichtenbergischen Figuren in der Literatur von eher populärwissenschaftlichem Charakter findet sich im Werk des Augsburger Silberdrechslers und Instrumentenmachers Jakob Langenbucher.[77] In seiner *Beschreibung einer beträchtlich verbesserten Elektrisiermaschine* (1780) wird ein Experiment mit dem Titel: »Daß die schönen Figuren an den gefrornen Fensterscheiben, der elektrischen Kraft auch etwas zu verdanken haben, scheint folgender Versuch zu bejahen« dargestellt.[78] Obwohl hier Lichtenbergs Name nicht genannt wird, geht es um die Nachahmung von Eisblumen mittels Lichtenbergischer Figuren.[79] Langenbucher thematisiert die Staubfiguren auch in der neu bearbeiteten und umbenannten Ausgabe seines Werkes von 1788. Diesmal werden im Abschnitt »Von der Sichtbarmachung beider Ströme durch Staubfiguren auf dem unveränderten und veränderten Harzkuchen eines Electrophors« mehrere Versuche mit den Lichtenbergischen Figuren beschrieben[80] und an einer anderen Stelle auch »Der heilige Schein«, das obengenannte unterhaltsame Experiment von Ingen-Housz.[81]

75 Stichweh 1984, S. 413; Lind 1992, S. 10.
76 Vgl. Hochadel 2003.
77 Zu Langenbucher vgl. Hochadel 2003, S. 152-159 u.ö.
78 Langenbucher 1780, S. 214 f. Das Experiment wird auf S. 255 f. nochmals genannt.
79 Vgl. unten III. Teil, 4. Kap.
80 Langenbucher 1788, S. 179-184.
81 Ebd., S. 305. Vgl. [Ingen-Housz] 1782.

Die Sammlung von Kuriositäten und unterhaltsamen Experimenten, die in der zweiten Hälfte des 18. Jahrhunderts sehr populär war, erschien häufig unter dem Titel »Natürliche Magie«. Damit weist sie auf die Tradition einer Gattung der naturkundlichen Literatur hin, die bis in die Renaissance zurückreicht.[82] In *Magie, oder die Zauberkräfte der Natur* von Johann Samuel Halle (1783-86) und der Fortsetzung *Fortgesetzte Magie, oder die Zauberkräfte der Natur* (1788-1801), die in zusammen 16 Bänden erschienen und als eines der repräsentativen Werke dieser Gattung gelten,[83] werden die Lichtenbergischen Figuren mehrmals thematisiert. Im 1. Teil (1783) der *Magie* findet sich – ebenfalls ohne Nennung von Lichtenberg – der Versuch »Gefrorne Fensterscheiben nachzumachen«.[84] Im 2. Teil (1784) werden im Zusammenhang mit dem »doppelten Electrophor des Lichtenbergs« die Staubfiguren vorgestellt,[85] und auch »Der heilige Schein an den Köpfen«[86] und die »Strahlenfiguren« aus Staub auf dem Elektrophor[87] kommen zur Sprache. Im 4. Teil (1786) wird die Erklärung der Staubfiguren von Cavallo vorgestellt.[88] In der *Fortgesetzten Magie* wird im 2. Band (1789) das Experiment »Fensterscheiben mit beliebigen Eisblumen befrieren zu lassen« dargestellt.[89] Im 5. Band (1793) finden sich die Beschreibung von den »Materien zu den Elektrophorfiguren und dazu gehörige[n] Pulver[n]«, die sich auf Lichtenbergs zweite Abhandlung über die Staubfiguren stützt,[90] sowie »Die positive und negative elektrische Schrift«[91] und im 7. Band (1795) »Die elektrische Figuren des Harzpulvers«.[92]

Die natürliche Magie, ein ebenfalls umfang- und auch erfolgreiches Werk von Johann Christian Wiegleb und Gottfried Erich Rosenthal (erschienen 1779-1805 in 20 Bänden),[93] führt die Lichtenbergischen Figuren zuerst im 5. Band (1791) auf, wobei auch der obenerwähnte Versuch von Villarsy mit gemischten Pulvern vorgestellt wird,[94] und in demselben Band steht auch das Experiment »Einen Nahmen-Zug, Figur oder andere beliebige Züge auf eine Fenster Scheibe frieren zu lassen«.[95] Im 7. Band (1793) wird Cavallos

82 Vgl. unten III. Teil, 4. Kap.
83 Zu Johann Samuel Halle vgl. Klosa 2009, S. 165.
84 Halle 1783-86, 1. Teil, S. 27.
85 Ebd., 2. Teil, S. 17f.
86 Ebd., S. 26f. Halle gibt hier wahrscheinlich den auf Französisch geschriebenen Brief von Ingen-Housz auf Deutsch wieder, ohne die Quelle zu nennen. Vgl. [Ingen-Housz] (1782).
87 Halle 1783-86, 2. Teil, S. 29.
88 Ebd., 4. Teil, S. 32f.
89 Halle 1788-1801, Bd. 2, S. 541-544.
90 Ebd., Bd. 5, S. 106f.
91 Ebd., S. 126-129.
92 Ebd., Bd. 7, S. 29-31.
93 Zu Wiegleb und der von ihm und Rosenthal verfassten *Natürlichen Magie* vgl. Klosa 2009.
94 Wiegleb/Rosenthal 1779-1805, Bd. 5, S. 7f. Vgl. [Villarsy] 1789.
95 Wiegleb/Rosenthal 1779-1805, Bd. 5, S. 32.

Erklärung der Staubfiguren vorgestellt,[96] und daran anschließend werden »Verschiedene Abänderungen der Lichtenbergischen Figuren« beschrieben.[97]

Die »Natürlichen Magien« sind meistens kompilatorisch und eklektisch, d. h., sie bedienen sich älterer Werke als Quellen und setzen sich gegenseitig fort.[98] So werden in *Versuche[,] Unterhaltungen und Belustigungen aus der natürlichen Magie* von Johann Conrad Gütle (1791) mehrere Experimente mit den »schönen Staubfiguren« beschrieben, wobei es sich um eine weitgehend treue Wiedergabe der zuletzt genannten Darstellung im 7. Band der *Natürlichen Magie* von Wiegleb/Rosenthal und um die Beschreibung des »heiligen Scheins« handelt.[99]

Im 18. Jahrhundert entstand auch eine Art von Literatur, die ausschließlich unterhaltsame elektrische Versuche sammelt. Die *Sammlung electrischer Spielwerke für junge Electriker* von Georg Heinrich Seiferheld (1787-1808), eines der umfangreichsten und beliebtesten Werke dieser Art,[100] enthält in der 4. Lieferung (1791) »Die Staubfiguren«[101] und »Die gefrorne Fensterscheiben«.[102]

Erklärungen und Theorien

Die Fragen, aufgrund welches physikalischen Prinzips die Lichtenbergischen Figuren entstehen und warum sie bei positiver und negativer Elektrizität jeweils charakteristische Formen annehmen, waren für die Naturforscher um 1800 schwer zu beantworten. Trotzdem versuchten manche von ihnen, das Phänomen zu erklären, obwohl keiner eine schlüssige Theorie aufstellen konnte.

Die Theorie, die unter den zeitgenössischen Naturforschern den größten Widerhall fand, ist diejenige von Cavallo. Dieser erklärt in seinem Aufsatz von 1780, dass der Harzstaub beim Streuen aus einem Leinenbeutel negativ elektrisiert werde, so dass er von den positiven Stellen auf dem Harzkuchen des Elektrophors angezogen und von den negativen abgestoßen werde.[103] Ob es sich dabei um die Reibung der einzelnen Partikel aneinander handelt

96 Ebd., Bd. 7, S. 67 f.
97 Ebd., S. 68-74.
98 Hochadel 2004, S. 141.
99 Gütle 1791, S. 173-182. Zu Johann Conrad Gütle und seinem Werk vgl. Rüger 1982, bes. S. 185 f.; Hochadel 2003, S. 136 u. ö.; Kett 2009, bes. S. 212.
100 Vgl. Fraunberger 1967, S. 12 f. Zu Georg Heinrich Seiferheld vgl. auch Hochadel 2003, S. 234 f., 238-243.
101 Seiferheld 1787-1808, 4. Lieferung, S. 41.
102 Ebd., S. 64.
103 Cavallo 1780, S. 15-18.

oder um die Reibung des Staubs am Leinen, wird aus seiner Erklärung nicht deutlich und bleibt der Interpretation des Lesers überlassen.[104]

Auf jeden Fall wird Cavallos Theorie von Deluc (1786-87) unterstützt,[105] und Achard (1791) stellt sie im Lehrbuch der Experimentalphysik vor.[106] Eine ähnliche Erklärung findet sich auch bei Parrot (1811), obwohl dabei Cavallos Name nicht genannt wird.[107] Hingegen äußert Donndorff (1784) Bedenken, ob sich die beiden Arten der Figuren, die positiven und die negativen, mit Cavallos Theorie erklären ließen.[108] Auch Saxtorph (1803) sieht Cavallos Theorie als unbefriedigend an, weil mit ihr noch nicht erklärt sei, warum die Figuren bei den beiden Arten der Elektrizität je eine bestimmte Form annehmen, und vermutet, dass der Unterschied der Figuren bei positiver und negativer Elektrizität nicht nur von der Elektrizität des Staubs, sondern auch von der Elektrizität auf der Isolatorplatte abhänge.[109]

Auf die Elektrizität der Platte, auf der die Lichtenbergischen Figuren entstehen, richten auch andere Naturforscher ihre Aufmerksamkeit. Deluc (1786-87) behauptet, dass er in den Lichtenbergischen Figuren eine Bestätigung des Systems gefunden habe, das er nach der »Theorie des Hr. Volta«, d.h. derjenigen der elektrischen Influenz, entworfen habe, und erklärt die beiden Arten der Staubfiguren anhand der Verbreitung der Elektrizität auf der Isolatorplatte.[110] Hildebrandt (1807) erklärt die Lichtenbergischen Figuren ebenfalls mit dem »Gesetze der Vertheilung«, nämlich der elektrischen Influenz, durch die die einzelnen Stellen auf der Harzplatte entweder positiv oder negativ elektrisiert würden und den Staub anzögen oder abstießen.[111] Brandes (1832) führt das Entstehen der Figuren darauf zurück, dass sich die auf einen Punkt der schlecht leitenden Harztafel gefallene Elektrizität wegen des Überschusses an diesem Punkt den benachbarten Punkten mitteile; die durch Fortsetzung dieses Prozesses elektrisierten Stellen zögen den Staub an.[112]

Andere Argumente werden in der unitarischen bzw. der dualistischen Theorie der Elektrizität gesucht, d.h. in den Theorien, die eine einzige Art bzw. zwei verschiedene Arten von Elektrizität voraussetzen. Bei Troostwyk/

104 In der deutschen Zusammenfassung des Aufsatzes von Cavallo steht, dass »die Theile des Harzstaubes, indem sie sich aneinander reiben, wirklich die negative Elektricität annehmen« ([Cavallo] 1781, S. 21). Lichtenberg hingegen schreibt in seiner Zusammenfassung von Cavallos Aufsatz, dass »der Harzstaub, indem er durchgebeutelt wird, durch das Reiben an den Fäden der Leinewand eine negative Elecktricität erhält« (Lichtenberg 1781, S. 130). Andere Naturforscher schließen sich jeweils einer dieser beiden Auffassungen an.

105 Deluc 1786-87, Bd. 1, S. 492. Dt., Deluc 1787-88, 1. Teil, S. 391.

106 Achard 1791, S. 67.

107 Parrot 1811, 2. Teil, S. 479f.

108 Donndorff 1784, Bd. 1, S. 240.

109 Saxtorph 1803, S. 489.

110 Deluc 1786-87, Bd. 1, S. 490-517. Dt., Deluc 1787-88, 1. Teil, S. 390-411, Zitat S. 397.

111 Hildebrandt 1807, S. 756f.

112 Brandes 1832, S. 264.

Krayenhoff (1790) geht es in erster Linie um die Erklärung der Lichtenbergischen Figuren nach der unitarischen Theorie von Benjamin Franklin. Sie erklären die Entstehung der Staubfiguren anhand von Überschuss und Mangel an Elektrizität auf der Lackscheibe.[113] Demgegenüber betrachtet Ekmark (1806) die Lichtenbergischen Figuren als einen Beweis für die dualistische Theorie der Elektrizität. Aus verschiedenen Versuchen mit den Staubfiguren schließt er, dass es wahrscheinlich »zwei electrische Materien« gibt, »von denen keine ruhend ist, sondern die beide bei Erscheinung eines Funkens gegen einander strömen«.[114] Knoch (1806) erklärt ebenfalls eine bestimmte beim Experiment der Lichtenbergischen Figuren auftretende Erscheinung, die Remer (1801) für schwer erklärbar hält,[115] nach der dualistischen Theorie.[116]

Um 1800 entstanden verschiedene Interpretationen der Polarität der Elektrizität, die sich auch in der Erklärung der Lichtenbergischen Figuren spiegeln. Voigt (1793) führt alle elektrischen Erscheinungen auf die Wirkung von zwei gepaarten Elektrizitäten zurück, die er den »*männlichen*« und den »*weiblichen elektrischen Stoff*« nennt, und sieht die Eigenschaft des Ersteren darin, dass »das Gefüge seiner Theile dendritisch ist, so daß er das Ansehen eines entblätterten Baums hat«, während der Letztere »mehr ein schwammiges Gewebe« zeige. »Diese Eigenthümlichkeiten bemerkt man«, so Voigt, »mittelbar auf dem bestäubten Harzkuchen«, d.h. bei den positiven und den negativen Lichtenbergischen Figuren.[117] Indessen hält Weber (1808), der in der Elektrizität zwei gegensätzliche Kräfte, »Expansion« bei der positiven Elektrizität und »Contraction« bei der negativen, sieht,[118] die Staubfiguren für den Ausdruck dieser Wirkungen, nämlich der »*Expansion (sternartig)*« und der »*Contraction (sonnigt)*«.[119]

Einige Naturforscher erwähnen mögliche Ursachen der Lichtenbergischen Figuren, die sie aber weder eingehend darlegen noch weiter erforschen. So zählt Link (1798) die Staubfiguren zu den Naturerscheinungen, die durch die Wirkung von »Anziehen« und »Abstoßen« der Elektrizität veranlasst würden.[120] Mayer (1801) weist auf die »[w]ahrscheinliche Erklärung dieser Figuren aus dem Ausströmen des + oder – E« hin.[121]

113 Troostwyk/Krayenhoff 1790.
114 Ekmark 1806, S. 435.
115 Remer 1801, S. 326-328.
116 Knoch 1806, S. 104-106.
117 Voigt 1793, S. 227f. Hervorhebungen im Original. Lichtenberg äußert seinen Zweifel über die Formulierung von Voigt im Brief an Johann Heinrich Blumenbach vom 2.7.1793, Bw 4, S. 124.
118 Weber 1808, S. 24.
119 Ebd., S. 123. Hervorhebungen im Original.
120 Link 1798, S. 260f.
121 Mayer 1801, S. 412.

Die meisten der hier angeführten Erklärungen der Lichtenbergischen Figuren entstanden vor 1810. Dass danach nur noch wenige neue Theorien vorgelegt wurden, lässt sich wieder an der Darstellung im *Physikalischen Wörterbuch* von Gehler erkennen. Dessen neue Auflage von 1827 stellt immer noch die Erklärung dar, dass die Staubfiguren entstehen, weil die Elektrizität der Isolatorplatte das beim Bestreuen durch Reibung am Leinen positiv oder negativ elektrisierte Pulver anzieht bzw. abstößt – eine Theorie, die sich auf die fast ein halbes Jahrhundert alte Erklärung von Cavallo stützt. Die Bemerkung, diese Erklärung sei »keinem Zweifel unterworfen«,[122] bezeichnet die mangelnde Erforschung der Ursache dieses Phänomens in den ersten Jahrzehnten des 19. Jahrhunderts.

Abbildungen

Im Vergleich zur textlichen Darstellung ist die Abbildung der Lichtenbergischen Figuren in der wissenschaftlichen Literatur um 1800 seltener. Während die beiden Abhandlungen von Lichtenberg über die Staubfiguren mit insgesamt sechs Tafeln versehen sind, sind die zeitgenössischen Publikationen viel ärmer an Bildern. Dabei stellen – abgesehen von einigen Bildern der Instrumente und Versuchsanordnungen[123] – die meisten Bilder die Staubfiguren selbst dar.[124] Ferner gibt es eine geringe Zahl von Illustrationen, die mit Staubfiguren gezeichnete Bilder darstellen.[125] Eine besondere Art der Abbildung ist bei Mayer (1795) zu sehen: Zwei Tafeln zeigen einen unbekleideten Mann, auf dessen Haut durch einen Blitzschlag entstandene verzweigte Figuren sichtbar sind.[126]

Eine Abbildung aus einer Publikation wird manchmal in einer anderen Schrift ohne Quellenangaben nachgedruckt, was für die wissenschaftliche Illustration im 18. Jahrhundert nicht ungewöhnlich ist.[127] Einige Abbildungen der Staubfiguren aus Lichtenbergs beiden Abhandlungen werden in Baumgartner (1824) und in der zweiten Auflage von Gehlers *Physikalischem Wörterbuch* (1825-45) nachgedruckt,[128] und die Bilder der Staubfiguren aus der

122 Gehler 1825-45, Bd. 3, S. 757.
123 Langenbucher 1780, Taf. VIII, Fig. 3; Langenbucher 1788, Taf. III, unterste Zeile, Fig. 7; Bennet 1789, Taf. III, Fig. 1; Böckmann 1789, Fig. 1-6.
124 Vgl. unten III. Teil, 2. u. 3. Kap.
125 Bennet 1789, Taf. III, Fig. 6; Halle 1783-86, 1. Teil, Taf. II, Fig. 8.
126 Mayer 1795, Taf. I. u. II.
127 Ford 2003, S. 572-574.
128 Baumgartner 1824, 2. Teil, Taf. IV, Fig. 91 u. 92; Gehler 1825-45, Kupfertafeln zu Bd. 3, Taf. XIII, Fig. 160-163. Vgl. auch unten III. Teil, 2. Kap.

Abhandlung von Bennet (1789) sind in derjenigen von Adams (1792) wiederzufinden.[129]

Einer der Nachdrucke der Abbildung ist ein Beispiel für eine besondere Rezeption der Lichtenbergischen Figuren. In der 3. Auflage der *Encyclopædia Britannica* (1788-97) ist im 6. Band der Darstellung der Lichtenbergischen Figuren eine ganzseitige Tafel beigegeben, auf der neun runde Staubfiguren zusammen mit dem Monogramm des englischen Königs ornamental angeordnet sind (Abb. 5).[130] Das Bild wird – ohne das Monogramm des Königs – in *A Key to Physic, and the Occult Sciences* von Ebenezer Sibly (1794) mit dem Untertitel »Electrical Stars« nachgedruckt.[131] Dabei werden die Lichtenbergischen Figuren in einen neuen Kontext gestellt: Bei dem englischen Arzt und Astrologen steht das Bild im Abschnitt »Of Medical Electricity«, in dem nach der Darstellung der Heilmethoden verschiedener Krankheiten mittels der Elektrizität die Lichtenbergischen Figuren zur Sprache kommen, wobei die Beschreibung aus der *Encyclopædia Britannica* fast unverändert wiederabgedruckt ist.[132] Zwar spricht Sibly über den Zusammenhang zwischen den elektrischen Heilmethoden und den Lichtenbergischen Figuren nicht explizit, es ist aber denkbar, dass die Beschreibung der Figuren und besonders die eindrucksvolle Abbildung in der *Encyclopædia Britannica* die Überzeugung des okkultistischen Arztes von der Harmonie von Makrokosmos und Mikrokosmos[133] bestätigten; er könnte also in den Lichtenbergischen Figuren die Visualisierung eines »inneren und heilenden Prinzips der Ordnung«[134] gesehen haben.

129 Bennet 1789, Frontispiz u. Taf. III, Fig. 6; Adams 1792, Taf. V, Fig. 101 u. 102.

130 Encyclopædia Britannica 1797, Bd. 6, Taf. CLXXIX. Zu diesem Bild vgl. auch unten III. Teil, 4. Kap. Ein prinzipiell identisches Bild ist auch in der 4., 5., 6., Auflage zu sehen. Ein ebenfalls fast identisches Bild ist im Ausstellungskatalog *Georg Christoph Lichtenberg* 1742-1799: *Wagnis der Aufklärung* (1992) nachgedruckt. Dieses Bild stammt aber nicht aus der 4. Auflage der *Encyclopædia Britannica*, wie Ulrich Joost in seinem Kommentar vermutet, sondern kommt mit großer Wahrscheinlichkeit aus dem Nachdruck der 3. Auflage, der 1791-97 von James Moore in Dublin publiziert wurde. Der im Katalog angegebene Name des Stechers stimmt mit demjenigen der Tafel der Lichtenbergischen Figuren in der Dubliner Ausgabe überein. Vgl. Wagnis der Aufklärung 1992, S. 352; Encyclopædia Britannica 1791-97, Bd. 6, Taf. CLXXIX. Joost erwähnt in seinem Kommentar auch die Tafel in der 5. Auflage.

131 Sibly 1794, Taf. 9.

132 Encyclopædia Britannica 1797, Bd. 6, S. 537; Sibly 1794, S. 246f. Auf die Darstellung der Lichtenbergischen Figuren folgt diejenige der Kristallisation, die ebenfalls mit dem Text und der Abbildung zum selben Thema in der *Encyclopædia Britannica* fast identisch ist. Vgl. Encyclopædia Britannica 1797, Bd. 5, S. 579-583 u. Taf. CLII; Sibly 1794, S. 247-256 u. Taf. 10.

133 Vgl. Debus 1982.

134 Stafford 1991, S. 461. Übersetzung von H. H. Vgl. auch S. 422, wo die Abbildung von Sibly wiederabgedruckt ist.

Abb. 5: Abbildung der Lichtenbergischen Figuren
in der *Encyclopædia Britannica*.

Die Lichtenbergischen Figuren wurden um 1800 in verschiedenen Gattungen der wissenschaftlichen Literatur rezipiert und sowohl textlich als auch bildlich dargestellt. Die Darstellungen der Staubfiguren in dieser Literatur zeugen von der Verbreitung und den Charakteristika des Wissens von den Lichtenbergischen Figuren in unterschiedlichen Publikumskreisen und unterschiedlichen Disziplinen. Darüber hinaus wurden Darstellungen oder Versuche eines Naturforschers von anderen Naturforschern rezipiert und weiterentwickelt, so dass netzartige Zusammenhänge des Wissens von den Lichtenbergischen Figuren entstanden, die allerdings kaum systematisch geordnet sind. Im nächsten Teil wird dieses Netz des Wissens, das sich ausgehend von Lichtenbergs Entdeckung und Untersuchung in der Naturforschung der Zeit entwickelte, unter fünf Aspekten eingehender betrachtet, und die epistemische Bedeutung der Lichtenbergischen Figuren um 1800 wird genauer untersucht.

III. Untersuchung

1. Lichtenbergische Figuren und Wolken

Wolken als Metaphern in der Beschreibung der Lichtenbergischen Figuren

Als Lichtenberg im Frühjahr 1777 die Staubfiguren entdeckte, sah er zuerst, dass sich der Harzstaub auf der Oberfläche des Fundaments des Elektrophors in »kleinen Sternen« anordnete, die »anfangs matt und schwer zu erkennen waren«, die aber, als er mehr Staub darauf streute, »sehr deutlich und sehr schön wurden und häufig getriebener Arbeit glichen«:

> Es zeigten sich mitunter fast unzählbar viele Sterne, Milchstraßen und größere Sonnen; Bogen, die an ihrer hohlen Seite dunkel, an ihrer erhobenen aber mit Strahlen versehen waren; ganz fein gebildete Ästchen, denen ähnlich, welche gefrorener Dampf an Fensterscheiben erzeugt; ferner Wolken, sehenswert in ihrer mannigfachen Gestalt und den verschiedenen Graden des Schattens; und schließlich andere Figuren von besonderer Form, von denen nur eine auf Tafel I nebst den genannten Sternchen abgebildet ist.[1]

In dieser oft zitierten Beschreibung der Entdeckungsszene der Lichtenbergischen Figuren fällt auf den ersten Blick die Vielzahl der Metaphern auf.[2] Lichtenberg versucht, die neu entdeckte Erscheinung durch Vergleich mit bekannten Bildern zu artikulieren und so bestimmte Formen zu erkennen.

Die verwendeten Metaphern sind aber, näher betrachtet, weder gleichartig, noch gelingt es Lichtenberg, alle Staubfiguren mit bekannten Formen

1 »Sed quum postea clypeum saepe e laqueari cubiculi suspensum tenerem, evenit, ut pulvis ille in basi subsidens, non uti ante clypeum, illam aequabiliter obtegeret, sed in quibusdam partibus nunc summo meo gaudio in stellulas coiret, pallidas ad initio ac hebetes, sed largius de industria adsperso pulvere, distinctas, pulcherrimas, ac operi caelato saepe non dissimiles. Apparebant interdum stellae fere innumerae, viae lacteae, ac soles majores; arcus a parte concava obscuri a convexa autem radiis distincti; ramuli nitidissime effícti iis similes, quos vapores congelati in orbiculis senestrarum producunt; nubes porro varia sua forma ac diversis umbrae gradibus spectabiles, ac aliae denique singularis formae figurae, quarum unam tantum cum stellulis istis Tab. I. continet«. Lichtenberg 1997a, S. 150f.

2 Zu Metaphern in der Beschreibung der Lichtenbergischen Figuren vgl. auch Metzger 2002, S. 618; Gamper 2009, S. 89. Bei beiden geht es um die Dominanz der Naturbilder und nicht um die Differenz zwischen den metaphorischen Ausdrücken.

zu vergleichen. Im Laufe des Textes werden die Metaphern immer differenzierter: vom einfachen Substantiv (»Sterne« und »Milchstraßen«) über das mit einem kurzen Attribut (»größere Sonnen«) und das mit einer längeren Attribution (»Bogen, die an ihrer hohlen Seite dunkel, an ihrer erhobenen aber mit Strahlen versehen waren«) bis hin zum doppelten Vergleich (»ganz fein gebildete Ästchen, denen ähnlich, welche gefrorener Dampf an Fensterscheiben erzeugt«). Die Formen der Figuren werden für Lichtenberg immer unbestimmter und fordern von ihm immer umfangreichere Beschreibungen, um sich artikulieren zu lassen. Dann vergleicht er einige Figuren mit »Wolken«, die beschrieben werden als »sehenswert in ihrer mannigfachen Gestalt und den verschiedenen Graden des Schattens«. Die Beschreibung ist diesmal abstrakt und undeutlich. Durch sie wird die Form der Figuren nicht näher bestimmt, sondern im Gegenteil unklarer und unbestimmter. Und schließlich stellt Lichtenberg die Beschreibung ganz ein und verweist auf die Abbildung: »andere Figuren von besonderer Form, von denen nur eine auf Tafel I nebst den genannten Sternchen abgebildet ist« (Abb. 6). Diese Figuren kann er nicht mehr sprachlich, sondern nur noch im Bild darstellen. Die Metapher der Wolken steht also sowohl hinsichtlich des Ausdrucks als auch hinsichtlich der Position im Text an der Grenze zwischen Beschreibbarkeit und Unbeschreibbarkeit der Form der Lichtenbergischen Figuren.

Nach der zufälligen Entdeckung stellte Lichtenberg verschiedene Experimente mit dieser neuen Erscheinung an und bemerkte bald, dass mit der positiven Elektrizität »eine Figur mit Strahlen« und mit der negativen eine »ohne Strahlen« erzeugt wird.[3] Die positiven Figuren sind von den negativen so eindeutig unterschieden – »wie eine Sonne von einem Mond«[4] –, dass er sogar ein Elektroskop konzipiert, mit dem man anhand der Staubfiguren die Art der Elektrizität in der Luft einfach erkennen kann.[5] Dennoch gibt er die Schwierigkeit der Beschreibung, und zwar der negativen Figuren, zu: »[I]hr Charakteristisches besteht in einer gewissen Ründe und Strahlenlosigkeit, die sich sehr leicht in der Natur erkennen, aber schwer beschreiben läßt«.[6]

Die zeitgenössischen Beschreibungen der Lichtenbergischen Figuren sind ebenfalls von einer häufigen Verwendung von Metaphern und Vergleichen geprägt. Die meisten der von Lichtenberg verwendeten Metaphern sind in der Beschreibung der Staubfiguren um 1800 wiederholt zu finden, und neue Bilder kommen hinzu. Dabei beschreiben manche Autoren die Form der negativen Figuren ebenfalls als unbestimmter denn die der positiven: Während sich mit der positiven Elektrizität eine Figur »ungefähr wie ein Stern mit

3 »figuram radiantem«, »radiis vero carentem negativam«. Lichtenberg 1997a, S. 160f.
4 [Lichtenberg] 1778, S. 346.
5 Lichtenberg 1997b, S. 188f. Vgl. unten Kap. 5.
6 Lichtenberg 1781, S. 132.

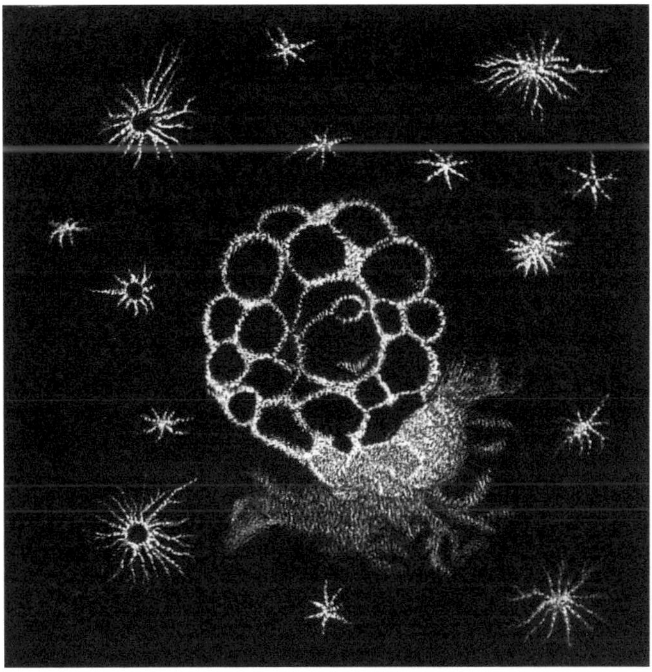

Abb. 6: Abbildung der Staubfiguren
in Lichtenbergs erster Abhandlung.

divergirenden Stralen« bilde, entstehe mit der negativen »keine Figur mit divergirenden Stralen, sondern ein, zwei oder mehr runde Flekken«;[7] jene sei »eine *strahlig auseinandergehende, büschelförmige Figur*« und diese »eine mehr *zusammengezogene, aus schwammigen, rundlichen Flecken bestehende Figur* ohne merkliche Strahlung«;[8] kurz, die einen seien »Sterne« und die anderen »runde Flecken«.[9] Die Form der negativen Figuren zeigt weniger eindeutige Merkmale, und sie wird oft erst durch den Vergleich mit den positiven Figuren beschreibbar, indem ihr ein Mangel an denjenigen Charakteristika zugeschrieben wird, die die positiven Figuren aufweisen. Die negativen Figuren sind also *negativ* charakterisiert. Dabei wird ihre Form manchmal wieder mit Wolken verglichen: Die negative Figur sei »mehr wolkenartig«[10] als die positive; man finde darin »mehr verworrene, wolkige, oder regelmäßige in kleinen runden Flecken«[11] oder »eine unregelmäßige wolkenähnliche Figur«.[12] Zu-

7 Troostwyk/Krayenhoff 1790, S. 361.
8 Tscharner 1830, S. 358. Hervorhebungen im Original.
9 Bourguet 1798, S. 283.
10 Mayer 1801, S. 411.
11 Suckow 1813, S. 490.
12 Poppe 1825, S. 490.

sammenfassend wird sogar gesagt: »Gemeiniglich werden die negativen Figuren nur als wolkenartige Flecken beschrieben«.[13] Die Metapher der Wolken steht auch hier für die weniger bestimmbaren Formen der Staubfiguren.

Die Beschreibung der Form bildet einen wesentlichen Teil der Forschung zu den Lichtenbergischen Figuren um 1800. Mit anderen Worten: Das methodologische Paradigma der Naturgeschichte, nämlich die Beobachtung und Beschreibung der Natur,[14] beherrscht die frühe Untersuchung der elektrischen Figuren. Die Naturgeschichte im 18. Jahrhundert ist, um mit Wolf Lepenies zu sprechen, nicht nur als eine Disziplin oder Fächergruppe zu verstehen, sondern eher als »so etwas wie eine Wissenschaftshaltung, eine kognitive Attitüde, die das 18. Jahrhundert weitgehend prägt«.[15] Man kann sich hier auch auf Michel Foucault berufen, der in seinem Werk *Die Ordnung der Dinge* die Naturgeschichte als diejenige Wissensform identifiziert, die das 17. und 18. Jahrhundert epistemologisch charakterisiert.[16] Aber sowohl Lepenies als auch Foucault weisen auf den Wechsel der Paradigmen um 1800 hin, bei dem die statische Beschreibung der Natur durch eine dynamische Betrachtungsweise abgelöst (Lepenies)[17] oder anstelle der Ordnung im räumlichen Nebeneinander das Moment der Geschichte und der zeitlichen Folge eingeführt wurde (Foucault)[18]: *Das Ende der Naturgeschichte*, wie es der Titel des Buches von Lepenies ausdrücklich bezeichnet.[19]

Vor dem Hintergrund dieser wirkungsvollen These zum epistemologischen Strukturwandel im Übergang vom 18. zum 19. Jahrhundert lässt sich hier fragen: Wie ist die Vorherrschaft des Diskurses der Beschreibung in der Forschung über die Lichtenbergischen Figuren um 1800 im Hinblick auf den allgemeinen Paradigmenwechsel der Naturgeschichte einzuordnen? Wie erlebten die Lichtenbergischen Figuren das »Ende der Naturgeschichte«, oder kannten sie diesen Umbruch der Wissensordnung überhaupt nicht? Foucault denkt an den Wandel von der Naturgeschichte zur Biologie, und auch bei Lepenies ist von den physikalischen Wissenschaften wenig die Rede – wieweit und auf welche Weise gilt ihre These für die Experimentalphysik der Elektrizität?

Um diese Fragen zu klären und den Stellenwert des Diskurses der Beschreibung in den Wissenschaften um 1800 differenzierter zu betrachten, wird im Folgenden die Meteorologie der Wolken des gleichen Zeitraums zum Vergleich herangezogen. Die Metapher der Wolken in der Beschreibung der

13 Parrot 1811, S. 479.
14 Vgl. Lepenies 1986, S. 221-225.
15 Ebd. 1986, S. 221.
16 Foucault 1974, S. 165-210.
17 Lepenies 1976, S. [7]-130. Vgl. auch Lepenies 1986.
18 Foucault 1974, S. 269-366.
19 Auch Foucault bezeichnet den Wechsel als »das Ende der *Geschichte*«. Foucault 1974, S. 180.

Lichtenbergischen Figuren zeigt, dass zwischen den Staubfiguren und den Wolken eine gewisse Ähnlichkeit erkannt wurde. Darüber hinaus war die Form der Wolken ihrerseits damals Gegenstand eines wachsenden Interesses innerhalb der Meteorologie: Während die schwer zu beschreibende Form der Lichtenbergischen Figuren mit Wolken verglichen wurde, setzte sich die Meteorologie ihrerseits mit der Form der Wolken und dem Problem ihrer Beschreibung auseinander, und zwar viel bewusster als die Elektrizitätsforschung.

Wolken in der Meteorologie um 1800

Die Wolken waren zwar seit der Antike einer der wichtigsten Gegenstände der meteorologischen Betrachtung, aber die wissenschaftliche Aufmerksamkeit richtete sich in erster Linie auf das Entstehen und Vergehen der Wolken sowie auf ihre physikalische Beschaffenheit. Ihre Form galt hingegen bis zum Ende des 18. Jahrhunderts als veränderlich und vielfältig, unbestimmt und nicht fassbar und blieb weitgehend außerhalb der Betrachtung.[20] In der ersten Ausgabe von Johann Samuel Traugott Gehlers *Physikalischem Wörterbuch* (1787-96) ist z.B. im Artikel »Wolken«, der insgesamt siebzehn Seiten umfasst,[21] der Form der Wolken nur ein Abschnitt gewidmet, in dem die Veränderlichkeit ihrer Gestalt und Größe betont wird.[22] Der größere Teil der Darstellung widmet sich den zeitgenössischen Theorien über die Entstehung der Wolken.

Unter den repräsentativen Wolkentheorien des 18. Jahrhunderts, die Gehlers Wörterbuch nennt, findet sich auch diejenige von Jean André Deluc, der sich in den 1780er Jahren auch mit den Lichtenbergischen Figuren beschäftigte. Der Naturforscher aus der Schweiz, der mit Lichtenberg in persönlichem Kontakt stand,[23] stellt im ersten Band seiner *Idées sur la Météorologie* (1786-87) zahlreiche Experimente vor, mit denen er achtzig Arten von Lichtenbergischen Figuren hergestellt habe. Dabei richtet er große Aufmerksamkeit auf die Form der Figuren und beschreibt sie ausführlich mithilfe verschiedener Metaphern.[24] Hingegen beschäftigt er sich in seiner meteorologischen Betrachtung der Wolken, die im zweiten Band desselben Werkes zu finden ist, ausschließlich mit der Entstehung und physikalischen Beschaffenheit der Wolken; die Gestalt der Wolken kommt fast nicht zur Sprache.[25] Delucs

20 Hamblyn 2001, S. 15-32; Guldin 2006, S. 123-143.
21 Gehler 1787-96, 4. Teil, S. 815-826; 5. Teil, S. 1025-1029.
22 Ebd., 4. Teil, S. 817.
23 Zum Verhältnis von Deluc und Lichtenberg vgl. Hübner 2010, S. 124, 152 u.ö.
24 Deluc 1786-87, Bd. 1, S. 490-517. Dt., Deluc 1787-88, 1. Teil, S. 390-411.
25 Deluc 1786-87, Bd. 2, S. 73-128. Dt., Deluc 1787-88, 2. Teil, S. 54-96.

Vorgehen zeigt beispielhaft, dass im 18. Jahrhundert das Interesse an der Form nicht für die Wolken galt.

Es war deshalb ein für die Meteorologie epochales Ereignis, als der englische Meteorologe Luke Howard 1803 die Wolken aufgrund ihrer Form in sieben Typen einteilte und jedem einen bestimmten Namen gab.[26] Goethes Lobgedicht auf Howard, der »[u]ns neuer Lehre herrlichsten Gewinn« gegeben habe, stellt die Bedeutsamkeit der neuen Meteorologie der Wolken, auf deren Grundlage der Dichter seine eigene meteorologische Betrachtung entwickelte, ausdrücklich dar: »Was sich nicht halten, nicht erreichen läßt, / Er faßt es an, er hält zuerst es fest; / Bestimmt das Unbestimmte, schränkt es ein, / Benennt es treffend!«[27] Und nicht nur Goethe erkennt die Relevanz von Howards Wolkenterminologie: In der neuen Ausgabe des *Physikalischen Wörterbuches* von Gehler (1825-45) wird sie ausführlich dargelegt; sie fand, so heißt es im überarbeiteten Artikel »Wolke«, »sehr allgemeinen und großen Beifall und gewährte seitdem mindestens den Vortheil einer kürzeren Verständigung über die angestellten Beobachtungen«.[28]

Howard war allerdings nicht der Einzige, der um 1800 an der Klassifizierung der Wolken arbeitete.[29] Unter anderem wird der Versuch von Jean-Baptiste Lamarck in der Historiografie der Meteorologie häufig angeführt, der 1802, fast zeitgleich mit Howard, die Klassifikation der Wolken in fünf Typen und ihre Benennung nach ihren sichtbaren Merkmalen vorschlug.[30] Schon vor Howard und Lamarck versuchte aber ein Naturforscher in Göttingen, die Wolkenformen in das meteorologische Interesse einzubeziehen. 1780 erschien in der von Lichtenberg und Georg Forster herausgegebenen Zeitschrift *Göttingisches Magazin der Wissenschaften und Litteratur* ein Aufsatz mit dem Titel *Beobachtungen merkwürdiger Gestalten der Wolken. 1779* von Albrecht Ludwig Friedrich Meister. Der Göttinger Mathematikprofessor war ein Lehrer und später ein enger Freund von Lichtenberg; die beiden beobachteten in der Zeit, aus der der Aufsatz stammt, zudem einmal gemeinsam die Wolken.[31] Meisters Abhandlung ist aber nicht nur wegen seines persönlichen Verhältnisses zu Lichtenberg bemerkenswert, sondern vielmehr, weil er zum einen die Wolkensystematik von Howard vorwegnimmt und zum anderen die Par-

26 Vgl. Hamblyn 2001.

27 Goethe: Howard's Ehrengedächtnis. In: Goethe 1989, S. 238. Zu Goethes Howard-Rezeption vgl. Badt 1960, S. 18-32; Schöne 1970; Erläuterung in Goethe 1989, S. 1019-1034.

28 Gehler 1825-45, Bd. 10, S. 2279-2289. Zitat hier S. 2279.

29 Vgl. Hamblyn 2001, S. 90-111.

30 Er erweiterte 1805 sein System auf zwölf Typen. Lamark 1802 u. 1805. Vgl. Hamblyn 2001, S. 101-111; Guldin 2006, S. 152-159.

31 Vgl. Lichtenbergs Brief an Johann Albert Heinrich Reimarus, 2.3.1780, Bw 2, S. 39. Vgl. S. 75, Anm. 66.

allelität zwischen der Erforschung der Wolken und der der Lichtenbergischen Figuren deutlich macht.

Wie Howard weist auch Meister zu Beginn seines Aufsatzes auf die Bedeutung der Beobachtung der Wolkenformen hin und stellt fest, dass »die Gestalt der Wolken nichts weniger als ganz zufällig und regellos, oder, so zu sagen, ganz unorganisch ist. Sie haben eine offenbare, und leicht zu erklärende Neigung, sich in runde Klumpen zusammen zu ziehen: sie thürmen sich in steilen Felsenwänden zu Gewittern: und zerschmelzen in magern, flockigen Gestalten zu Thau [...]. Und so kommen ähnliche Gestalten, bey ähnlichen Umständen, immer wieder«.[32] Die Erkenntnis, dass er ein »Gesetz« »bey dem Bau der Wolken beobachtet zu sehen glaube«,[33] wiederholt Howard 23 Jahre später, als er bei der Klassifikation der Wolken darauf hinweist, dass sie »von bestimmten deutlichen Modifikationen abhängig sind, die durch die allgemeinen Ursachen erzeugt werden, welche alle Variationen der Atmosphäre beeinflussen«.[34]

Und wie Howard versucht auch Meister, die Wolken anhand ihrer Form zu klassifizieren. Er teilt die Wolken in zwei Arten ein: Sie bestehen »entweder aus einem zusammenhängenden, rundlöchrichtem Gewebe; oder aus rundlichen Flocken, die, zusammenhängend oder von einander abgesondert, grössere Massen bilden«. Die beiden verhalten sich »wie Tophstein zum Rogenstein«; ihr Äußeres ist »mit Warzen oder mit Blatternarben übersäet«.[35] Die letztgenannte Wolkenart ist von einer »bauchichten, convexen Gestalt«,[36] und die erstgenannte ist ein »löcherichte[s], concave[s] Gewölk[e]«.[37] Sie haben entweder »runde[ ]« oder »lange[ ]« Gestalten und bestehen aus »schwammichten« oder »körnigten« Stoffen, und daraus werden »verschiedene grössere zusammen gesetzt: nicht durch einen Zufall, sondern [...] durch einen bestimmten Mechanismus«.[38]

Die Systematik der Wolken von Meister ist zwar weder so differenziert noch so eindeutig wie die von Howard, der jeden der von ihm klassifizierten sieben Typen der Wolken explizit definiert. Die von Meister aufgezählten diversen Unterscheidungsmerkmale von zwei Arten von Wolken sind hingegen nicht einfach auf bestimmte Bilder zu reduzieren; er gibt ihnen auch keine Namen. Dennoch ist hier der Ansatz zu der Kategorisierung der Wol-

32 Meister 1780, S. 38 f.

33 Ebd., S. 40.

34 »They are subject to certain distinct modifications, produced by the general causes which effect all the variations of the atmosphere«. Howard 1803, Bd. 16, S. 97. Hier und im Folgenden stammt die Übersetzung der Zitate aus Howards Werken von H. H.

35 Meister 1780, S. 40 f.

36 Ebd., S. 41.

37 Ebd., S. 45.

38 Ebd., S. 47.

ken nach ihren äußeren Erscheinungen, die später bei Howard entwickelt werden wird, unverkennbar. Auch die Einsicht, dass durch die Zusammensetzung der beiden Arten verschiedene Formen von Wolken entstehen, lässt bereits die Systematik von Howard erahnen, die aus drei Grundtypen und vier mittleren bzw. zusammengesetzten Typen von Wolken besteht, wie unten näher erläutert werden wird. Allerdings fehlt der Theorie von Meister die letzte Konsequenz, da er im nächsten Teil des Aufsatzes ein anderes Kriterium der Klassifizierung einführt. Diesmal werden die Wolken in die zwei Gattungen »Parallelkreise« und »größte Kreise« eingeteilt, wobei es sich um das Verhältnis zwischen den Wolken und der Erde handelt.[39]

Indessen beschreibt Meister die Formen der Wolken mit vielen Metaphern und Gleichnissen, genau wie es bei den zeitgenössischen Beschreibungen der Lichtenbergischen Figuren zu beobachten war. Im Mai 1777 zum Beispiel, d.h. im Entdeckungsjahr der Staubfiguren, habe er Wolken folgender Gestalten beobachtet:

> Unter ihnen giebt es Schreibfedern, auf einer oder auf beyden Seiten gefiedert: Palmzweige, sowohl einzelne, als zu Einfassungen wechselsweise links und rechts zusammen gebundene: Wasserstrahlen: Blumenkelche, deren mehrere in einander stecken: Federbüsche: Blumensträusser: hochstämmige junge Bäume: ganze Alleen von Bäumen, deren Cronen, mehr oder weniger, zu einem Gebüsche in einander wachsen: Rauch, der in den feinsten, bald ganz geraden, bald hier und dar etwas geschlängelten, Säulen aufsteiget, und oben sich in die schönste Crone und Gruppe kugelichter Wölkgen ausbreitet.[40]

Zwar verwendet Meister überwiegend Metaphern aus dem pflanzlichen Bereich, aber das stilistische Merkmal des Metaphernreichtums ist dasselbe wie in Lichtenbergs oben zitierter Beschreibung der Entdeckungsszene der Staubfiguren.[41] Metaphern und Gleichnisse sind auch in der Beschreibung der Wolken von Howard nicht wenige zu finden. Meisters Aufsatz, der als ein Vorläufer der Wolkenlehre von Howard bezeichnet werden kann, veranschaulicht zugleich die Parallele zwischen der Meteorologie und der Elektrizitätslehre auf deskriptiver Ebene: Um 1800 wurde nicht nur in der schwer zu beschreibenden Form der Lichtenbergischen Figuren eine Ähnlichkeit mit den Wolken gesehen, vielmehr beschäftigten sich die Forschung zu den Lichten-

39 Ebd., S. 48-59.

40 Ebd., S. 47.

41 Im Anschluss an die hier zitierte Stelle schreibt Meister: »kurz alles, was befrorne Fensterscheiben und andere Anschüsse artiges und organisches zeigen, das zeigen uns die Wolken« (Meister 1780, S. 47 f.). Der Hinweis auf die Eisblumen zeigt die Verwandtschaft der Bilderwelt von Meister und Lichtenberg, der seinerseits die Staubfiguren mit dieser Naturerscheinung vergleicht. Siehe S. 63, Anm. 1. Vgl. hierzu auch unten 4. Kap.

bergischen Figuren und die zu den Wolken zu jener Zeit mit dem gleichen Thema der Beschreibung, d.h. der Artikulation der vielfältigen und unbestimmten Formen ihrer Gegenstände mit den Mitteln der Sprache.

Howards Naturgeschichte der Wolken

Es ist die Nomenklatur der Wolken von Howard, die die Wolken als bestimmte Formen erkennbar machte. Howard stellt in seiner Abhandlung *On the Modifications of Clouds* von 1803 die Klassifikation der Wolken in sieben Typen und die ihnen entsprechende Nomenklatur vor: drei Grundmodifikationen: *Cirrus, Cumulus* und *Stratus,* zwei Zwischenmodifikationen: *Cirro-cumulus* und *Cirro-stratus* sowie zwei zusammengesetzte Modifikationen: *Cumulo-stratus* und *Cumulo-cirro-stratus* bzw. *Nimbus.* Unter dem Begriff der Modifikation versteht Howard nicht »die genaue Form oder Größe, die sich bei den meisten Wolken tatsächlich alle Augenblicke ändert«, sondern »die Struktur oder Art der Aggregation«,[42] d.h. die Typologie der Wolkengestalt. Jede Modifikation wird von ihm definiert und auch detailliert beschrieben. Die meisten von Howards Wolkennamen sind noch heute als Teil der internationalen Terminologie in Gebrauch.[43]

Howard bildet seine Nomenklatur der Wolken ganz bewusst nach dem Vorbild der Naturgeschichte: »[D]ie Gegenstände [sollen] anhand der sichtbaren Merkmale, wie in der Naturgeschichte, definiert werden«.[44] Seine Wolkensystematik entspricht der Definition der Naturgeschichte nach Foucault exemplarisch, was besonders durch folgende Bemerkungen von Goethe deutlich wird: Goethe nämlich erkennt es als das Verdienst von Howard an, dass dieser »eine Terminologie festgestellt [hat], an die wir uns, beim Einteilen und Beschreiben atmosphärischer Phänomene durchaus halten können«, während die Gestalt der Wolken sich bisher willkürlich zu verwandeln schien und nur die menschliche Einbildungskraft darin zufällige Bilder gefunden hatte.[45] Die Wolkenlehre von Howard fungiert also als »eine Wissenschaft von Merkmalen, die die Kontinuität der Natur und ihre Verzahnung gliedern«,[46] genau wie es Foucault für die Naturgeschichte des 17. und 18. Jahrhunderts formuliert. Dabei handelt es sich um »die Möglichkeit, das zu *sehen,*

42 »By modification is to be understood simply the structure or manner of aggregation, not the precise form or magnitude, which indeed varies every moment in most clouds«. Howard 1803, Bd. 16, S. 98.

43 Vgl. Hamblyn 2001, S. 252.

44 »the objects being to be defined by visible characters, as in natural history«. Howard 1803, Bd. 16, S. 98.

45 Goethe zu Howards Ehren. In: Goethe 1989, S. 242.

46 Foucault 1974, S. 109.

was man wird *sagen* können«.[47] Goethe, der schon manchmal die atmosphärischen Erscheinungen aufgezeichnet hatte, ohne sie jedoch strukturieren zu können, habe – so sagt er – mit der Howard'schen Terminologie seinen »Blick auf das dem Sinne der Augen Erfaßliche« in der Atmosphäre geschärft,[48] und beschreibt nun seine Beobachtungen der Wolken mit eben dieser Terminologie.[49] »Die Natur gibt sich nur durch den Raster der Benennungen«, so Foucault über die Naturgeschichte, »und sie, die ohne solche Namen stumm und unsichtbar bliebe, schillert von fern hinter ihnen, ist ständig jenseits dieses Rasters gegenwärtig, der sie jedoch ununterbrochen dem Wissen anbietet und nur völlig von Sprache durchdrungen sichtbar macht«.[50] Die Ordnung der Sprache errichtet hier die Ordnung der Natur und nicht umgekehrt.

Die Wolkennamen sind von Howard als arbiträre Zeichentermini festgesetzt. Obwohl seine Nomenklatur in der zeitgenössischen Meteorologie mit großem Beifall aufgenommen wurde, sah das Publikum im England des frühen 19. Jahrhunderts in der lateinischen Terminologie Schwierigkeiten, und so wurde versucht, sie in die Landessprache zu übersetzen.[51] Howard lehnte aber die Übersetzung entschieden ab und bestand auf seiner lateinischen Terminologie. Dabei betonte er nicht nur die Internationalität des Lateins als Wissenschaftssprache, sondern entwickelte auch eine Semiotik der Nomenklatur, die er 1818 in der Einleitung zu seinem Werk *The Climate of London* ausführte:

> The names for the clouds which I deduced from the Latin are but seven in number, and very easy to remember: they were intended as *arbitrary terms* for the *structure* of clouds, and the meaning of each was carefully fixed by a definition: the observer having once made himself master of this, was able to apply the term with correctness, after a little experience, to the subject under all its varieties of form, colour, or position. The new names, if meant for another set of arbitrary terms, are superfluous: if intended to convey in themselves an explanation in English, they fail in this, by applying only to some part or circumstance of the definition; the *whole* of which must be kept in view to study the subject with success.[52]

Howard erklärt bereits in der ersten Ausgabe der Abhandlung *On the Modifications of Clouds*, dass seine Termini sofort die »Idee« der sichtbaren Merkmale der Gegenstände vermitteln und einen »Rückgriff auf Definitionen« ermöglichen sollen, ohne den »wörtlichen Sinn« verstehen lassen zu müs-

47 Ebd., S. 171. Hervorhebungen im Original.
48 Goethe: Wolkengestalt nach Howard. In: Goethe 1989, S. 215.
49 Ebd., S. 216-231.
50 Foucault 1974, S. 207.
51 Vgl. Hamblyn 2001, S. 143, 148-158.
52 Howard 1818-20, Bd. 1, S. xxxii-xxxiii. Hervorhebungen im Original.

sen.[53] In *Climate of London* formuliert er ausdrücklicher, dass die Namen der Wolken arbiträre Zeichentermini sind, die sich durch Konvention, nämlich durch seine Definition, auf den Gegenstand beziehen. Dagegen können die »neuen Namen«, d.h. die ins Englische übersetzten Bezeichnungen, die Definition nicht gänzlich vermitteln. Der Terminus *Cirrus* z.B., der von ihm als »[p]arallel, flexuous, or diverging fibres, extensible in any or in all directions« definiert ist,[54] nehme an sich einfach einen »abstrakten Sinn« an, der sowohl auf gradlinige als auch auf wellenförmige Formen anwendbar sei; die Übersetzung »Curl-cloud« verenge aber mit ihrem eindeutigen, wörtlichen Sinn die eigentliche Tragweite der Definition.[55] Vor demselben Problem stand der deutsche Physiker Ludwig Wilhelm Gilbert, als er 1815 die Abhandlung von Howard ins Deutsche übersetzte. Dabei fand er es nötig, dass man an Stelle der »allzu fremdartigen Benennungen der einzelnen Modificationen [...] für den Anfang wenigstens faßliche deutsche Namen setze«, stieß aber auf Schwierigkeiten: »Ich weiß indeß nur für ein Paar Namen aufzufinden, die nicht zu barbarisch und zu ungeschmeidig werden, und doch den Sinn des Lateinischen darstellen«.[56] Auch Goethe, der Howards Wolkenlehre zuerst über die Übersetzung von Gilbert kennengelernt hatte,[57] war der Meinung, dass man die wissenschaftliche Terminologie nicht übersetzen soll, weil »man dadurch die erste Absicht des Erfinders und Begründers zerstört, der die Absicht hatte etwas fertig zu machen und abzuschließen«.[58]

Es handelt sich hier um das zeichenhafte Bezugssystem, das Foucault zufolge für die Erkenntnisweise des 17. und 18. Jahrhunderts charakteristisch ist. Während das abendländische Wissen bis zum Ende des 16. Jahrhunderts nach dem Prinzip der »Ähnlichkeit« zwischen den Dingen sowie zwischen ihnen und ihren Bezeichnungen organisiert war, dominiert nun die »Repräsentation«, die sich der Welt gegenüberstellt und sie ordnet. Die innere Einheit von Wort und Welt im Mittelalter und in der Renaissance, bei der nicht nur die Dinge aufeinander, sondern auch die Dinge als lesbare Schriftzeichen und die Wörter als zu entziffernde Dinge im Netz der Ähnlichkeiten aufeinan-

53 »[I]t was desirable that the terms adopted should at once convey the idea of these [= the objects' visible characters], and render a recourse to definitions needless to such as understand the literal sense«. Howard 1803, Bd. 16, S. 98.

54 Ebd., S. 99.

55 »To take for an example the first of the modifications – the term *Cirrus* very readily takes an abstract meaning, equally applicable to the rectilinear as to the flexuous forms of the subject. But the name of *Curl-cloud* will not, without some violence done to its *obvious* sense, acquire this more extensive one; and will, therefore, be apt to mislead the learner, rather than forward his progress«. Howard 1818-20, Bd. 1, S. xxxiii. Hervorhebungen im Original.

56 Howard 1815, S. 5. Vgl. auch S. 6.

57 Vgl. Erläuterung in Goethe 1989, S. 1021.

58 Goethe: Wolkengestalt nach Howard. In: Goethe 1989, S. 233.

der verwiesen,[59] ist im 17. und 18. Jahrhundert aufgelöst, und die Wörter und die Dinge sind nicht mehr in einem gemeinsamen Raum miteinander verwoben. Die Sprache ist nun von den Dingen getrennt und verhält sich als Zeichen, das etwas anderes bezeichnet, d.h. repräsentiert.[60] In diesem Zusammenhang enthüllt Howards Rechtfertigung der lateinischen Wolkennamen ihr Wesen als Repräsentation, die die ontologische Differenz zwischen den Dingen und der Sprache voraussetzt.

Mit anderen Worten handelt es sich bei der Naturgeschichte der Wolken von Howard um ein »Tableau«, das Foucault als »[d]as Zentrum des Wissens im siebzehnten und achtzehnten Jahrhundert« identifiziert.[61] Beim Tableau, »das dem Denken gestattet, eine Ordnungsarbeit mit den Lebewesen vorzunehmen, eine Aufteilung in Klassen, eine namentliche Gruppierung, durch die ihre Ähnlichkeiten und ihre Unterschiede bezeichnet werden«,[62] handelt es sich um ein Ordnungssystem, das die Gesamtheit der Repräsentation gliedert. Die Dinge werden hier nach ihren Identitäten und Differenzen in einem Tableau angeordnet und lassen sich erst in diesem gegliederten Ganzen als charakteristische Individuen erkennen. Das Tableau ist also ein abgeschlossenes System aus Zeichen, welches die Ordnung der Dinge repräsentiert. Die Taxonomie der Naturgeschichte wie die der Botanik von Carl von Linné gelten als musterhaft für den Begriff des Tableaus.[63] So sind »die von Howard bezeichneten und unter gewisse Rubriken eingeteilten Wolkengestaltungen«,[64] wie Goethe sie treffend nennt, auch ein System der Wolken in Form des Tableaus. Hier sind alle Wolken nach ihren Ähnlichkeiten und Differenzen in sieben Modifikationen unterteilt und benannt. Howard etabliert mit seiner Wolkensystematik eine Naturgeschichte dieses Phänomens und gestaltet einen »Raum in Tableauform«[65] für diesen Gegenstandsbereich.

Beschreibung und Erklärung

Die Wolkenlehre von Howard beschränkt sich aber nicht auf die Naturgeschichte der Wolken. Ihre Gesamtstruktur im Ganzen taucht erneut im Zusammenhang mit den Lichtenbergischen Figuren auf. Während die Metapher der Wolken in der Beschreibung der Staubfiguren auftritt, werden die

59 Foucault 1974, S. 46-77.
60 Ebd., S. 78-113.
61 Ebd., S. 111-113. Zitat hier S. 111. Zum interdisziplinären Spektrum des Tableaubegriffs zwischen 1750 und 1850 sowie zu Foucaults Eingrenzung des Tableaubegriffs auf die Erkenntnisform des 17. und 18. Jahrhunderts vgl. Graczyk 2004, bes. S. 13-15.
62 Foucault 1974, S. 19.
63 Ebd., S. 113 u.ö.
64 Goethe: Wolkengestalt nach Howard. In: Goethe 1989, S. 215.
65 Foucault 1974, S. 112.

elektrischen Figuren ihrerseits in der Meteorologie der Wolken thematisiert. Schon Meister weist am Ende seines Aufsatzes auf die Ähnlichkeit der Gestalten der Wolken mit denjenigen der Lichtenbergischen Figuren hin:

> Das volle und leere bey dem Stoff der Wolken, die concentrischen Kreise, die aus ihnen hervorgehende Strahlen, theils volle, theils röhrhafte Ramificationen u.s.f. erregen [...] den Begrif des gehäuften und zerstreuten, des anziehenden und von sich stossenden, kurz, der eben so entgegen gesetzten Gestalten, welche von der positiven und negativen electrischen Kraft im Harzstaube hervorgebracht werden, und die man aus den schönen Versuchen und Zeichnungen des Herrn Professor Lichtenbergs kennet.[66]

Während Meister dieser Beobachtung nicht weiter nachgeht, geht Howard einen Schritt weiter. Er versucht in der 1811 überarbeiteten Ausgabe seiner Abhandlung, die Entstehung der Wolkenart *Cirrus* aufgrund der Ähnlichkeit der Formen dadurch zu erklären, dass ihr die gleiche Wirkung der Elektrizität zugrunde liege wie den Lichtenbergischen Figuren. Ausgehend von der Annahme, dass die »elektrische Flüssigkeit« langsam durch die Wolken geleitet wird, vermutet er »eher analogisch als durch Induktion«[67] Folgendes:

> Proceeding, however, on this assumption, we suppose, that the cirrus resembles in its state a lock of hair, or a feather, insulated and charged; or rather, that its arrangements result from the same cause with those of the coloured powders, which electricians project on a cake of wax, after having touched it with the knob of a charged phial, and which fall into a variety of configurations on the surface. Thus the cirrus may be formed in the air out of such floating particles of water as are present, and may serve the purpose of collecting and transmitting the electric fluid.[68]

Im Rahmen der Verbreitung der »elektrischen Meteorologie« in der zweiten Hälfte des 18. Jahrhunderts, die die Ursache verschiedener meteorologischer Phänomene als elektrisch zu erklären versucht,[69] ist auch innerhalb der Theorie der Wolken die Mitwirkung der Elektrizität bei ihrer Entstehung thematisiert worden.[70] Auch Howard hat schon in der Abhandlung von 1803

66 Meister 1780, S. 67f. Auch Lichtenberg schreibt in einem Brief, dass er einmal gemeinsam mit Meister eine Wolke gesehen hat, die »fast wie eine meiner elecktrischen positiven Figuren aussah«, und illustriert sie mit einer Handzeichnung. Vgl. Brief an Johann Albert Heinrich Reimarus, 2.3.1780, Bw 2, S. 39.

67 »rather analogically than by induction«. Howard 1811, S. 57.

68 Ebd.

69 Middleton 1965, S. 111-115; Moiso 1994, S. 261-273; Janković 2000, S. 146-151. Vgl. auch unten 4. Kap.

70 Vgl. Gehler 1787-96, 4. Teil, S. 818, 824-826; 5. Teil, S. 1025-1029. Dagegen wird in der neu bearbeiteten Auflage des *Physikalischen Wörterbuches* die elektrische Erklärung der Wolken als »künstliche[ ] Hypothesen« abgewiesen. Vgl. Gehler 1825-45, Bd. 10, S. 2275-2277.

auf die Wirkung der Elektrizität bei der Wolkenformation aufmerksam gemacht.[71] Die elektrische Meteorologie bedient sich in ihrer Argumentation nicht nur der Beobachtung der Elektrizität in der Atmosphäre, sondern auch der Ähnlichkeit der elektrischen Erscheinungen im Experiment mit meteorologischen Phänomenen;[72] ebenso nimmt nun Howard die Lichtenbergischen Figuren als ein Erklärungsmodell der Wolkenbildung zu Hilfe.

Die Erforschung der Lichtenbergischen Figuren und die der Wolken entwickelten sich also um 1800 nicht nur parallel, sondern sie beziehen sich auch aufeinander. Dabei ist aber zu beachten, dass die wechselseitigen Bezüge zwischen den beiden nicht symmetrisch sind. Während die Wolken in der *Beschreibung* der Lichtenbergischen Figuren erwähnt werden, erscheinen die Staubfiguren in der *Erklärung* der Entstehung der Wolken, d.h. in einem anderen Modus des Diskurses.

Howard teilt seine Abhandlung von Anfang an in Beschreibung und Erklärung ein, indem er »absichtlich vermeidet«, eine »schwierige und zweifelhafte Erklärung mit einer einfachen deskriptiven Anordnung zu vermischen«.[73] Wie der vollständige Titel der Abhandlung von 1803, *On the Modifications of Clouds, and on the Principles of their Production, Suspension, and Destruction* nahelegt, stellt er hier zuerst die Klassifikation und Nomenklatur der Wolken dar, und danach die Theorie ihrer Entstehung. Diese duale Struktur wird in der überarbeiteten Fassung von 1811, *The Natural History of Clouds*, deutlicher, die zwar nur noch einen einteiligen Titel hat, aber aus zwei Teilen besteht, die überschrieben sind: *The Natural History of Clouds* und *Of the Origin, Suspension, and Destruction of Clouds*.[74]

Der Unterschied zwischen Beschreibung und Erklärung wird in der deutschen Übersetzung der Abhandlung von 1811 noch deutlicher hervorgehoben, die Gilbert 1815 nach seiner »freien Bearbeitung«[75] *Versuch einer Naturgeschichte und Physik der Wolken* betitelt. Dementsprechend sind hier die einzelnen Teile überschrieben: *Die Naturgeschichte der Wolken* und *Physik der Wolken, oder von dem Entstehn, dem Schweben und der Zerstörung der Wolken*.[76] Es ist die *Physik der Wolken*, in der Howard die Vermutung über die gemeinsame Ursache des *Cirrus* und der Lichtenbergischen Figuren äußert.

Die Howard'sche Einteilung der Wolkenlehre in Beschreibung und Erklärung oder ihre Übersetzung in Naturgeschichte und Physik von Gilbert spie-

71 Howard 1803, Bd. 16, S. 355-357; Bd. 17, S. 5-11. Auch Meister erwähnt kurz die elektrische Theorie der Wolken. Vgl. Meister 1780, S. 66.

72 Werrett 2010, S. 192-196. Vgl. auch unten 4. Kap.

73 »having purposely avoided mixing difficult and doubtful explanation with a simple descriptive arrangement«. Howard 1803, Bd. 16, S. 345.

74 Howard 1811, S. 35, 48.

75 Howard 1815, S. 2.

76 Ebd., S. 3, 23.

geln das System des Wissens von der Natur im 18. Jahrhundert. Der Soziologe Rudolf Stichweh weist darauf hin, dass die Struktur der Wissenschaft im 18. Jahrhundert durch die Einteilung des Wissens in Historie, Philosophie und Mathematik organisiert wird und ein Gegenstandsbereich zumindest in zwei Formen der Erkenntnis vorkommt. Dabei hat die Historie mit der Faktenkenntnis von einzelnen Dingen zu tun, während die Philosophie mit der Ursachenforschung befasst ist, und jene ist die unersetzliche Grundlage für diese.[77] Die Differenz von Historie und Philosophie wiederholen Naturgeschichte und Naturlehre bzw. Physik für den Gegenstandsbereich der Natur, was methodologisch dem Unterschied von Beschreibung und Erklärung entspricht.[78] Beschreibung und Erklärung bzw. Naturgeschichte und Naturlehre bilden also im 18. Jahrhundert eine Dualität, wobei die Erstere als Basis für die Letztere fungiert. Während Foucault und Lepenies ihre Erörterung auf die Naturgeschichte als eine Grundform der Erkenntnis im 18. Jahrhundert fokussieren,[79] eröffnet die systemtheoretische Betrachtung von Stichweh die Perspektive auf ihre Position im Wissenssystem jenes Zeitalters: Die Naturgeschichte/Beschreibung steht im 18. Jahrhundert in einem komplementären Verhältnis zur Naturlehre/Erklärung und sichert sich in dieser dualen Korrelation ihren Sinn.

Die Geschichte der Meteorologie der Wolken zeigt, dass in diesem speziellen Bereich der Naturforschung erst am Anfang des 19. Jahrhunderts die Dualität von Naturgeschichte und Naturlehre etabliert wurde. Zwar gilt die Meteorologie im Allgemeinen als eines der deskriptiven Wissenssysteme;[80] aber was den Gegenstandsbereich der Wolken angeht, jenes anspruchsvollen Phänomens, das sich nicht einfach beschreiben lässt, hatte sich die Meteorologie bis zum Ende des 18. Jahrhunderts ausschließlich mit der Erklärung der Entstehung der Wolken, d. h. mit ihrer Naturlehre, befasst. Erst mit Howard trat die Naturgeschichte der Wolken neben ihre Naturlehre, und auf der Grundlage dieser Erkenntnisform wurde die Meteorologie der Wolken reorganisiert.

Die duale Korrelation von Naturgeschichte und Naturlehre verliert aber im Laufe des 18. Jahrhunderts weitgehend ihre Stabilität. Stichweh hebt die Rolle der Experimentalphysik als ein zentrales Moment dieses Auflösungsprozesses hervor: Die Experimentalphysik stellt die Naturgeschichte vor Probleme, weil sie prinzipiell »*empirische Ursachenforschung*« ist, während die Naturgeschichte einem »passiv-rezeptiven Begriff von Empirie« verpflichtet ist.

77 Stichweh 1984, S. 15-18.
78 Ebd., S. 23.
79 Foucault erwähnt die Gegenüberstellung der Beschreibung/Historie und der Erklärung/Philosophie nur beiläufig. Vgl. Foucault 1974, S. 180.
80 Stichweh 1984, S. 26, 30.

Die Naturlehre hingegen sichert sich mit der Experimentalphysik fortan ihre eigene Empirie, indem der experimentelle und der theoretische Teil innerhalb der Naturlehre unterschieden werden. Darüber hinaus erschließt die Experimentalphysik neue Phänomenbereiche der Naturlehre wie die Luftarten oder die Imponderabilien (Wärme, Elektrizität, Magnetismus, Licht), die nicht mehr Gegenstand naturhistorischer Kenntnis sind. Somit wird die »Asymmetrie zwischen Naturgeschichte und Naturlehre« verschärft, »da die Naturhistorie nur mehr in sehr spezifischen Hinsichten Basis der Naturlehre ist«.[81] Es handelt sich hier um einen Aspekt des »Endes der Naturgeschichte«, welches im Kontext der Systematik des Wissens im 18. Jahrhundert zu sehen ist.

Während dieser Auflösungsprozess des Wissenssystems laut Stichweh die Meteorologie zunächst nicht betrifft,[82] scheint er für die Lichtenbergischen Figuren, als Gegenstand der Experimentalphysik der Elektrizität, unvermeidlich zu sein. Trotzdem ist in der frühen Forschung zu den Lichtenbergischen Figuren das duale Verhältnis von Naturgeschichte und Naturlehre ebenso vorherrschend wie in der zeitgenössischen Meteorologie der Wolken. Lichtenberg versucht, nach der Beschreibung der Formen der Staubfiguren auch die Ursache ihrer Entstehung zu erklären. Allerdings muss er die damit verbundenen Schwierigkeiten wiederholt eingestehen,[83] wobei ihm besonders die negativen Figuren, die er für schwer beschreibbar hält, Probleme der Erklärung bereiten: Er leugnet nicht, dass sich seine Vermutungen über die Entstehung der positiven Figuren nicht auf die negativen anwenden lassen, »deren außergewöhnliche Form« auf noch irgend eine andere Ursache hinzuweisen scheint.[84] Bei Lichtenberg bildet offensichtlich die Beschreibung der Figuren das Fundament ihrer Erklärung.

Die Vorherrschaft der Beschreibung in den frühen Untersuchungen der Staubfiguren ist durch ihre Funktion als Basis der Erklärung zu verstehen. Das duale Verhältnis von Beschreibung und Erklärung wiederholt sich in der Erforschung der Lichtenbergischen Figuren um 1800, obwohl der Versuch der Erklärung dieses Phänomens dabei viel seltener auftaucht als seine Beschreibung und meistens nicht zu relevanten Erkenntnissen führt.[85] Die Parallelität und die wechselseitigen Bezüge zwischen der Forschung zu den Staubfiguren und der zu den Wolken zeigt, dass die elektrischen Figuren zu ihrer Entdeckungszeit als ein in Bezug auf ihre Beschreibung ebenso anspruchsvolles Phänomen wie die Wolken betrachtet wurden. Umso mehr erforderten sie

81 Ebd., S. 23-26. Hervorhebungen im Original.
82 Vgl. ebd., S. 107.
83 Lichtenberg 1997a, S. 164 f.; 1997b, S. 184 f., 196 f.
84 Lichtenberg 1997b, S. 184-186. Zitat S. 184 f.: »quarum mira conformatio«.
85 Vgl. oben II. Teil.

zuerst die Etablierung des Paradigmas der Naturgeschichte, auf deren Basis ihre Naturlehre entwickelt werden sollte. Die Lichtenbergischen Figuren und die Wolken sind Phänomene, die wegen der Unbestimmtheit ihrer Form im Zeitalter des »Endes der Naturgeschichte« noch die methodologische Wirksamkeit der Beschreibung behaupten konnten und mussten.

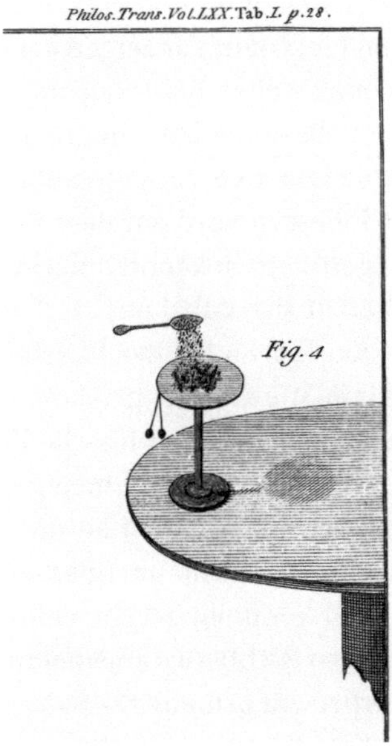

Abb. 7:
Untersuchung der Elektrizität des Pulvers von Cavallo.

Vom Tableau zur Tabelle

Während sich also in der Erforschung der Lichtenbergischen Figuren um 1800 die Beschreibung als das vorherrschende methodologische Paradigma behauptet, lässt sich auf Seiten der Erklärung eine neue Tendenz erkennen. Es gibt eine Reihe physikalischer Studien, in denen die Form der Lichtenbergischen Figuren nur wenig oder gar nicht beschrieben wird. Bei diesen Arbeiten handelt es sich um die Untersuchung der Elektrizität des Pulvers, aus dem die Figuren bestehen.

Den Anfang dieser Art der Forschung macht Tiberius Cavallo, einer der ersten Forscher, die auf die Entdeckung der Lichtenbergischen Figuren reagierten. Der damals in England tätige Naturforscher aus Italien erklärt 1780 das Phänomen damit, dass der Harzstaub beim Streuen negativ elektrisiert wird, so dass er auf dem Elektrophor nur von den positiv elektrisierten Stellen angezogen wird und so die Figuren bildet.[86] Bei seinem Experiment handelt es sich um die Untersuchung der Elektrizität des Staubs, den er auf eine isolierte Metallplatte streut und ihre dadurch angenommene Elektrizität mit einem Elektrometer prüft (Abb. 7); hier entsteht überhaupt keine Figur, deren Form zu beschreiben wäre.

Cavallo sieht in diesem Experiment nicht nur die Erklärung der Entstehung der Lichtenbergischen Figuren, sondern auch eine neue Methode, Pulver zu elektrisieren, und untersucht auf diese Weise die Elektrizität einiger Arten von Pulver.[87] Darüber hinaus stellt er in demselben Aufsatz auch ein von ihm verbessertes neues Elektrometer vor, das »Flaschenelektrometer«, das mittels

86 Cavallo 1780, S. 15-18. Vgl. oben II. Teil.
87 Ebd., S. 18-20.

der Anziehung und Abstoßung von zwei Korkkugeln einen geringen Grad von Elektrizität anzeigen kann.[88] Seine Arbeit wird in England von Abraham Bennet weiterentwickelt, der 1787 die Beschreibung eines auf Cavallos Messgerät basierenden »Blattgoldelektrometers« veröffentlicht und damit verschiedene Experimente mit der Elektrizität von Pulvern macht.[89]

Indessen wird auf dem Kontinent 1788 im *Journal Général de France* ein Experiment bekanntgemacht, das Charles de Villarsy vorgenommen hat. Es handelt sich dabei um die Trennung eines Pulvergemischs von unterschiedlichen Farben bei der Herstellung der Lichtenbergischen Figuren:[90] Auf der Harzplatte des Elektrophors werden mit der zuerst positiv und dann negativ geladenen Leidener Flasche Züge gemacht und darauf ein Gemisch aus Mennige und Schwefelblumen gestreut; die positiven Züge nehmen nur die gelben Schwefelblumen an und die negativen die rote Mennige, so dass zwei Arten von Lichtenbergischen Figuren unterschiedlicher Farben zum Vorschein kommen. »Man sieht«, so ist hier bemerkt, »daß dieser Versuch ein eben so leichtes als angenehmes Mittel darbietet, die Art der Elektricität eines Körpers zu prüfen«.[91]

Karl Kortum kombiniert 1795 das Experiment von Villarsy und das von Cavallo und Bennet.[92] Der Naturforscher in Warschau bemerkt die Wirkung des Materials der eingesetzten Siebe auf die Elektrizität des Pulvers und untersucht zuerst die Elektrizität verschiedenartiger Pulver, die durch Siebe verschiedener Materialien gestreut worden sind, mit Bennets Elektrometer. Das Ergebnis soll nach Kortum die Wahl der zu vermischenden Pulver beim Experiment der Lichtenbergischen Figuren erleichtern, wenn man dabei nach dem Grundsatz verfährt, dass »gemischte Pulver, die sich separiren sollen, einzeln, durch einerlei Staubbeutel, entgegengesetzte Electricitäten erlangen müssen«.[93] In seinem Experiment mit dem gemischten Pulver geht es Kortum um die Art und Weise ihrer Separation; er richtet weniger Aufmerksam-

88 Ebd., S. 21-26. Vgl. Gehler 1787-96, 1. Teil, S. 811 f.; 5. Teil, S. 329; Hackmann 1978, S. 19. Hackmann bezeichnet dieses Gerät als »portable electrometer«.

89 Bennet 1787. Vgl. auch Bennet 1789, wo der Verfasser sein Elektrometer und seine Experimente mit Pulver erneut darstellt. In diesem Buch veröffentlicht Bennet auch verschiedene Versuche mit den Lichtenbergischen Figuren. Dabei beschreibt er immer die Form der Figuren, während er über die Elektrizität des Pulvers nichts sagt. Bei ihm trennt sich also das Interesse an der Form von dem an der Elektrizität des Pulvers. Zum Blattgoldelektrometer von Bennet vgl. Gehler 1787-96, 3. Teil, S. 39 f., 5. Teil, S. 329; Hackmann 1978, S. 21-23.

90 [Villarsy] 1788. Lichtenberg hatte dieses Experiment mit unterschiedlich farbigem Staub bereits vorgenommen und auf seinen wissenschaftlichen Nutzen hingewiesen. Vgl. Lichtenberg 1997b, S. 184 f., 196 f.

91 »On voit par-là que cette expérience offre un moyen aussi facile qu'agréable de reconnoître la manière dont un corps est électrisé«. [Villarsy] 1788, S. 35. Dt., [Villarsy] 1789, S. 176 f.

92 Kortum 1795. Er nennt den Versuch von Villarsy als Anlass seiner eigenen Untersuchung. Vgl. ebd., S. 1.

93 Ebd., S. 3.

keit auf die Form der dabei entstehenden Figuren, die er meistens bloß als »+E Figur« bzw. »–E Figur« bezeichnet.

Es ist charakteristisch für die auf die Elektrizität von Pulver fokussierten Untersuchungen, dass die Form der Figuren zumeist außer Acht bleibt.[94] Das Interesse des Experimentators gilt in erster Linie der elektrischen Beschaffenheit des Pulvers und weniger der Form der daraus bestehenden Figuren. Dabei ist es bemerkenswert, dass Kortum das Ergebnis der Untersuchung in tabellarischer Form darstellt. Während Cavallo die von ihm untersuchte Elektrizität der Pulver in Form eines Textes beschreibt,[95] legt Kortum seiner Abhandlung eine großformatige Tabelle bei, die eine Übersicht gibt über die Art und Stärke der Elektrizität von Pulver verschiedenartiger Substanzen, abhängig von der jeweiligen Kombination mit verschiedenen Materialien der Siebe (Abb. 8). Diese Tabelle unterscheidet sich vom Tableau der Naturgeschichte schon auf den ersten Blick: Es sind nicht die Namen der einzelnen Dinge, die im Hauptteil der Tabelle von Kortum dargestellt sind, sondern die physikalischen Eigenschaften der Materie. Ein noch bedeutenderer Unterschied liegt aber in der Ordnung der Dinge: Während das Tableau der Naturgeschichte ein System der Natur im Ganzen bildet, hat die Anordnung der einzelnen Substanzen in der Tabelle von Kortum mit einer systematischen Gliederung der ganzen Materie nichts zu tun. In seiner Tabelle reihen sich zwar die Substanzen des Pulvers ungefähr nach ihren Eigenschaften gruppiert auf, aber es geht hier weder um die Klassifizierung der Substanzen noch um ihre Gesamtheit. Kortums Tabelle zeigt offensichtlich nur einen willkürlichen Ausschnitt aus der Natur, der aus jenen Substanzen besteht, die im Experiment behandelt worden sind.

Die Untersuchung der Elektrizität des Pulvers zeigt, dass in der Erforschung der Lichtenbergischen Figuren neben der klassischen Dualität von Beschreibung und Erklärung ein neuer Modus des Diskurses entsteht: eine von der Beschreibung unabhängige Erklärung. Diese benötigt die Beschreibung der Staubfiguren als Grundlage nicht mehr, sondern erklärt sie unter einem gänzlich anderen Aspekt. Die Eigenschaft des neuen Diskurses, der weder Beschreibung noch Erklärung im bisherigen Sinne ist, lässt sich an der Tabelle von Kortum am deutlichsten erkennen. Sie stellt kein abgeschlossenes System der Repräsentation der Natur dar, sondern führt – obwohl sie fragmentarisch ist – die unsichtbaren, inneren Eigenschaften der Natur auf. Hier entsteht eine neue Wissensform, die sich von der Naturgeschichte und der darauf basierenden Naturlehre von Grund auf unterscheidet: eine Natur-

94 Der Untersuchung des Pulvergemischs von Adolf Traugott von Gersdorf fehlt ebenfalls die Beschreibung der Form der Figuren, die er einfach »positive« bzw. »negative Zeichnungen oder Züge« nennt. Vgl. Gersdorf 1804. Zitat z. B. S. 202.

95 Cavallo 1780, S. 20.

zu Seite 15.

Die Buchstaben ff. f. m. p. pp. bedenten: sehr stark, stark, mittelmäßig, schwach, sehr schwach.

	Silber-Sieb.	Mousseline.	Weiß. Taff	Schwarz. tas.	Haar-Sieb.
Mineral-Alkali, luftsaures. . .	f ✠	f +	m +	f +	f +
Festes Pflanzen Alkali, luftsaures.	f ✠	f +	m +	f +	m +
Flüchtiges Alkali. Die Bestimmung der Electr. von frisch bereitetem flüchtigen Alkali ist auf directem Wege sehr unsicher, indem dessen Verdampfung die Stelle eines Ableiters vertritt. Da ich aber finde, daß das Elektrometer — E zeigt, wenn das Pulver von seinem Huthe schnell weggeblasen wird, so muß es selbst ✠ E erhalten.					
Sedativ-Salz	f —	f —	m —	f —	f —
Zuckersäure	f —	f —	f —	f —	f —
Zitronensäure	f —	f —	f —	f —	f —
Sal Essentiale tartari	f —	f —	f —	f —	f —
Kubischer Salpeter	f —	f —	m —	m —	f —
Küchensalz	f ✠	f +	f +	f +	m +
					rep: m —
Glaubersalz	f ✠	m —	m —	m —	f —
Borax	ff —	f —	f —	f —	f —
Sal Seignette	p ✠	m —	m —	m —	m —
Terra foliata crystallisata . .					
Tartarus vitriolatus	f ✠	m —	m —	f —	m —
Salpeter	f ✠	f +	p +	p +	p +
Digestiv-Salz	f +	m +	m +	p —	f +
Tartarus tartarisatus . . .	f +	f +	p —	m —	m +
Tartarus solubilis	f —	f —	f —	f —	f —
Salmiak	f —	m —	m —	f —	m —
Karlsbadersalz	m +	m +	m +	m +	f +
Bittersalz	f —	m —	m —	f —	f —
Alaun	ff —	f —	f —	f —	f —
Weißer Zucker und Candis Zucker .	ff —	f —	f —	f —	ff —
Milchzucker	f +	m —	p +	m +	f —
				rep: m —	
Eisen-Kupfer und Zink-Vitriol .	ff —	f —	f —	ff —	f —
Hornsilber	f —	f —	f —	f —	f —
Grünspan, destillierter	f +	m —	m —	m —	f —
Bleiweiß	m —	f —	f —	f —	ff —
Masticot	m —	m —	p —	p —	m —
Lithargyrium	m —	f —	m +	f +	f —
Minium. Eine Sorte . . .	m —	f +	m +	f —	ff —
— — Zwei andere . . .	f —	f —	f —	f —	f —
Casselergelb	m —	f —	f —	f —	f —
Braunschweigergrün	f —	f —	f —	f —	f —
Zinnasche					
Aethiops martialis	m +	m +	p +	p +	pp +
Crocus martis	f —	m —	m —	f —	f —
Blaue Schmalte	p —	m —	p —	m —	p —
Flores Zinci	m —	m +	p +	m +	f —
Magisterium Bismuthi . . .	m —	m —	m —	m —	f —

	Silber-Sieb.	Mousseline.	Weiß. Taff	Schwarz. tas.	Haar-Sieb.
Bleizucker	m +	m +	p ✠	m ✠	p ✠
Zinnober	f —	f —	f —	f —	f —
Braunstein	m —	p —	p —	p —	p —
Aurum musivum. Bronze .	p —	p —	m —	p ✠	pp —
— — — — — grünlich .	p —	m ✠	f ✠	f ✠	p ✠
— — — — — weiß . .	m +	f +	m ✠	m ✠	f ✠
Stangen-Schwefel und Schwefelblumen	f —	f —	f —	f —	m —
Gepulverter Quarzkristall. Roh und gebrannt.	f —	f —	f —	f —	f —
Magnesia	f —	m —	p —	p —	f —
Schwererde	f —	f —	p —	m —	f —
Alaunerde	p —	p —	p —	p —	m —
Kalkerde, luftsaure	f +	f ✠	f +	f +	f +
Krebssteine	f ✠	m +	f +	f +	m +
Kreide, rohe	f —	f —	m —	f —	f —
— das nemliche Exemplar gebrannt	f ✠	m —	m +	m +	m —
Carrara-Marmor. Roher . .	m —	m —	m +	m +	m +
				rep: m —	
— — der nemliche halb gebrannt .	f ✠	f —	m +	f +	m +
Flußspath, weißer	f ✠	f ✠	m +	f +	f +
Florentiner Alabaster. Roh . .	f ✠	m +	m +	m +	m +
Blättriger Gyps. Roh und gebrannt	f ✠	f —	f —	f —	f —
Gebrannter Thon	f —	f —	f —	f —	f —
Bergblau und Berggrün	m —	m —	f —	f —	f —
Umbra	f —	f —	f —	f —	f —
Geschlemmte Holzasche und Beinasche	f —	f —	f —	f —	f —
Bimsstein	p —	f —	p —	p —	f —
Schwerspath	f —	m —	m —	m —	f —
Glaspulver	f —	m —	pp +	p +	p +
				rep: p —	
Bernstein	f —	f —	f —	f —	f —
Gagat	f —	f —	f —	f —	f —
Gummilacca. Copal. Drachenblut .	ff —	f —	f —	f —	f —
Siegellack alle Farben	f —	f —	f —	f —	f —
Gummigutta	m —	m —	p —	p —	m +
Gummi arabicum	f —	f —	f —	f —	f —
Zimmt	m +	p —	p —	p —	p —
Pfeffer	m +	m +	p +	p —	m +
China	f —	m —	p —	m —	f —
Rhabarber	f —	f —	m —	m —	f —
Curcuma	m +	m —	m —	m —	m —
Indigo	f —	f —	m —	m —	f —
Gallæpfel	ff —	f —	f —	f —	f —
Bärlappsamen	pp —	p —	m —	m —	pp —
Weizenmehl	f ✠	f +	m +	f +	f +
Haarpuder	f —	m —	f +	f +	f —
Saftgrün	f —	f —	f —	f —	f —
Os Sepiae	m —	m —	p +	m +	pp —
Rohe Platina die der Magnet nicht zieht	o	pp —	p —	p —	p —

Phys. Mag. X. B. 2. St.

	Silber-Sieb.	Mousseline.	Weiß. Taff	Schwarz. tas.	Haar-Sieb.
Bleizucker	m +	m +	p ✠	m ✠	p ✠
Zinnober	f —	f —	f —	f —	f —
Braunstein	m —	p —	p —	p —	p —
Aurum musivum. Bronze .	p —	p —	m —	p ✠	pp —
— — — — — grünlich .	p —	m ✠	f ✠	f ✠	p ✠
— — — — — weiß . .	m +	f +	m ✠	m ✠	f ✠

Abb. 8: Tabelle der Elektrizität der Pulver von Kortum (oben), Ausschnitt (unten).

Versuch		
1	Schwefel und	+ wenig geſchieden, die Sterne etwas bläſſer
2	Braunſteinkalk	— die Zirkel mehr dunkel
3	Schwefel und	+ die Sterne etwas gelber
4	Talkerde	— die Zirkel ſehr weiſs
5	Braunſtein und	— kein merkbarer Unterſchied
6	Talkerde	+ eben ſo
7	Gelber und ro-	+ etwas gelber die Sterne
8	ther Bleikalk	— die Zirkel etwas röther
9	Rother Bleikalk	+ die Flecken weiſs
10	und Zinkkalk	— nicht merkl. unterſchieden
11	Rother Bleikalk	+ die Sterne grünlich
12	u. Kupferkalk	— die Flecken röthlich
13	Kupferkalk u.	+ nicht merklich verſchieden
14	Schmalte	—
15	Kupferkalk u.	+ nicht merklich verſchieden
16	Schwefel	—
17	Kupferkalk u. weiſser koh-	+ nicht merklich verſchieden
18	lenſaurer Bleikalk	—
19	Schmalte u. ro-	+ eben ſo
20	ther Bleikalk	—

Abb. 9: Tabelle der Trennung der Pulvergemische von Arnim.

wissenschaft, die mit den inneren Eigenschaften der fragmentarischen Natur zu tun hat. Während in der Erforschung der Lichtenbergischen Figuren zu ihrer Entdeckungszeit das Paradigma der Naturgeschichte etabliert wird und über die Schwelle des 19. Jahrhunderts hinweg noch weitgehend herrscht, erlebt sie daneben zugleich das Ende der Naturlehre, des Pendants der Naturgeschichte, was als ein Ansatz zur neuen Naturwissenschaft gilt.

Kortums Experiment wird 1800 von Achim von Arnim modifiziert fortgesetzt.[96] Dieser streut verschiedene Gemenge von zwei Arten von Pulver auf eine positiv und negativ elektrisierte Harzplatte und untersucht ihre Separation bei der Entstehung der Lichtenbergischen Figuren. Es geht ihm um die elektrische Eigenschaft der Materien bei ihrer Wirkung aufeinander. Wie Kortum stellt auch Arnim das Ergebnis seines Experiments tabellarisch dar (Abb. 9). Der fragmentarische Charakter der Tabelle offenbart sich schon durch Arnims Bemerkung, dass er nicht mit allen geplanten Materien experimentiert habe.[97] Seine Tabelle weicht aber in einem bestimmten Punkt von derjenigen Kortums ab: Während Kortum die mit dem Elektrometer untersuchte Elektrizität der einzelnen Pulver mit den Zeichen + und – in die Tabelle einträgt, nennt Arnim die Farbe der jeweils entstandenen Lichtenbergischen Figuren. Die Elektrizität des einzelnen Pulvers wird an der Form und der Farbe der daraus gebildeten Figuren erkannt, worauf bereits im Bericht zu Villarsys Experiment hingewiesen worden ist. Bei der Verwendung eines Gemischs aus Schwefel und Talkerde entstehen beispielsweise an der positiv elektrisierten Stelle »die Sterne etwas gelber« und an der negativen Stelle »die Zirkel sehr weiß«, während bei gelbem und rotem Bleikalk »etwas gelber die Sterne« und »die Zirkel etwas röther« sind.[98] Dabei ist in seiner Tabelle die Gestalt der positiven und der negativen Lichtenbergischen Figuren in einer bis zum Äußersten reduzierten Form beschrieben: »Sterne« und »Zirkel«. Arnims Tabelle verkörpert also die in der Forschung zu den Lichtenbergischen Figuren zum Ende des 18. Jahrhunderts vor sich gehende Umwandlung des Paradigmas von Naturgeschichte und Naturlehre in das der Naturwissenschaft und die sich dabei ereignende Einschließung des alten Paradigmas in das neue auf die anschaulichste Weise.

96 Arnim 1800b, S. 33-39. Im Folgenden zitiert nach Arnim 2007c. Die unmittelbare Anregung zu diesem Experiment erhält Arnim von der Untersuchung des italienischen Physikers Giovanni Aldini. Vgl. [Aldini] 1800; auch Arnim 2007a. In seiner Anmerkung zu Aldinis Aufsatz erwähnt Arnim nicht nur Kortum, sondern auch Villarsy. Vgl. Arnim 1800a, S. 435; auch Arnim 2007b, S. 233 f.

97 Arnim 2007c, S. 240.

98 Arnim 2007c, S. 238.

2. Druckgrafik und die Verfeinerung des Sehens

Lichtenbergische Figuren in Mezzotinto

»Eins freut mich meine Zeichnungen zu den Commentarien sticht *Hayd* selbst in Augspurg in schwartzer Kunst«,[1] schreibt Lichtenberg am 5. Mai 1778 erfreut an seinen Freund Johann Andreas Schernhagen. Es geht hier um die Abbildungen zu seiner ersten Abhandlung über die Staubfiguren, die in der Zeitschrift der Königlichen Sozietät der Wissenschaften in Göttingen erschien. Neben der Beschreibung dient dort auch die Abbildung der Aufzeichnung und Präsentation seiner Entdeckung. Der Abhandlung sind vier Tafeln beigegeben. Drei davon, die die Staubfiguren zeigen, ließ er den Augsburger Kupferstecher Johann Elias Haid in »schwartzer Kunst«, d.h. Mezzotinto oder Schabkunst, herstellen (Abb. 6 u. 10);[2] ein Anweisungsbild zum Instrumentenbau und zur Versuchsanordnung den Göttinger Mechaniker Johann Andreas Klindworth in Kupferstich (Abb. 3).[3]

Haid stammt aus einer Stecherfamilie in Augsburg, die im 18. Jahrhundert besonders für Mezzotintografik bekannt war. Auch er selbst beschäftigte sich hauptsächlich mit diesem Verfahren und beherrschte es ausgezeichnet.[4] Während Lichtenberg von Klindworths Arbeit enttäuscht war,[5] hatte er an Haid hohe Erwartungen.[6] Auch die zwei Tafeln zu seiner zweiten Abhandlung stellen die Staubfiguren in Mezzotinto dar und stehen den Bildern zur ersten Abhandlung qualitativ in keiner Weise nach. Lichtenberg hat offensichtlich mit vollem Bewusstsein für die Abbildungen der Staubfiguren die Mezzotintografik gewählt und professionelle Stecher von hoher Geschicklichkeit mit der Anfertigung beauftragt.

In der wissenschaftlichen Buchillustration sind bis weit ins 18. Jahrhundert Kupferstich und Radierung die am häufigsten verwendeten druckgrafischen Verfahren.[7] Mezzotinto, das Mitte des 17. Jahrhunderts vom hessischen Kunstdilettanten Ludwig von Siegen erfunden worden war,[8] findet in dieser Zeit zwar manchmal Verwendung für die Illustration in Bereichen wie Botanik oder Anatomie, aber im Ganzen überwiegen Kupferstich und Ra-

1 Bw 1, S. 825.

2 Er hatte schon früher vor, diese Abbildungen in Mezzotinto verfertigen zu lassen. Vgl. den Brief an Schernhagen, 23.2.1778, Bw 1, S. 793. Hier steht aber, dass die Zeichnungen der Staubfiguren nach Nürnberg geschickt werden.

3 Brief an Johann Christian Dieterich, 6.5.1778, Bw 1, S. 826. Vgl. auch den Brief an Schernhagen, 18.5.1778, ebd., S. 830. Zu diesem Bild vgl. oben I. Teil.

4 Thieme/Becker 1907-50, Bd. 15, S. 482f.

5 Brief an Schernhagen, 11.5.1778, Bw 1, S. 828.

6 Brief an Schernhagen, 18.5.1778, Bw 1, S. 830.

7 Kunze 1993, S. 340-344; Leonhard/Felfe 2006, S. 14.

8 Vgl. Koschatzky 1975, S. 105.

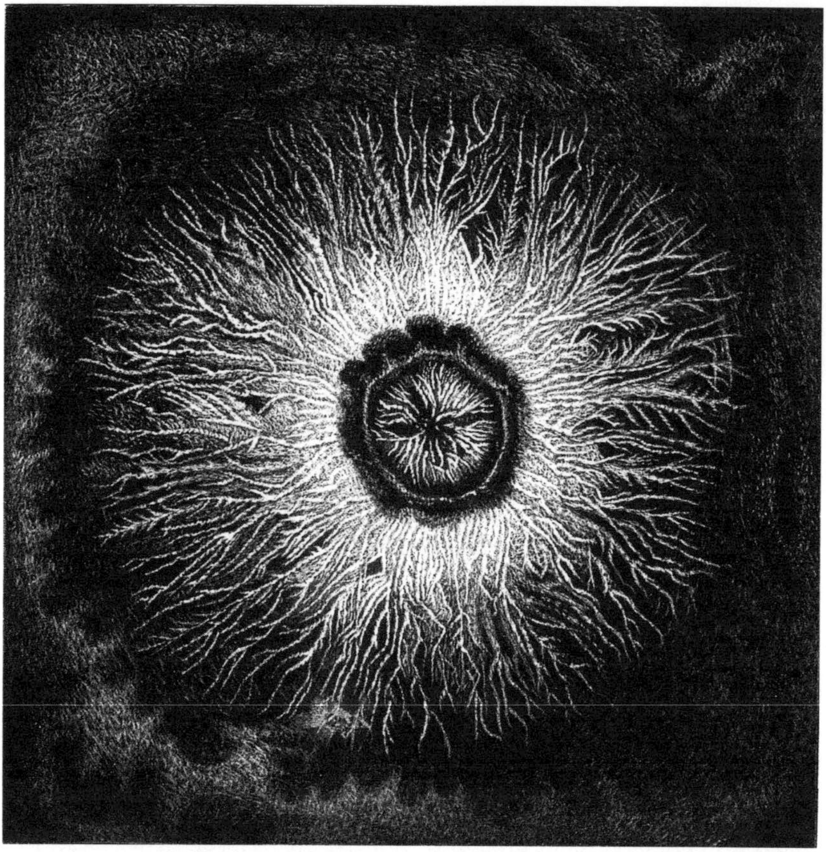

Abb. 10: Abbildungen der Lichtenbergischen Figuren in der ersten Abhandlung (links: positive Figur, rechts: negative Figur).

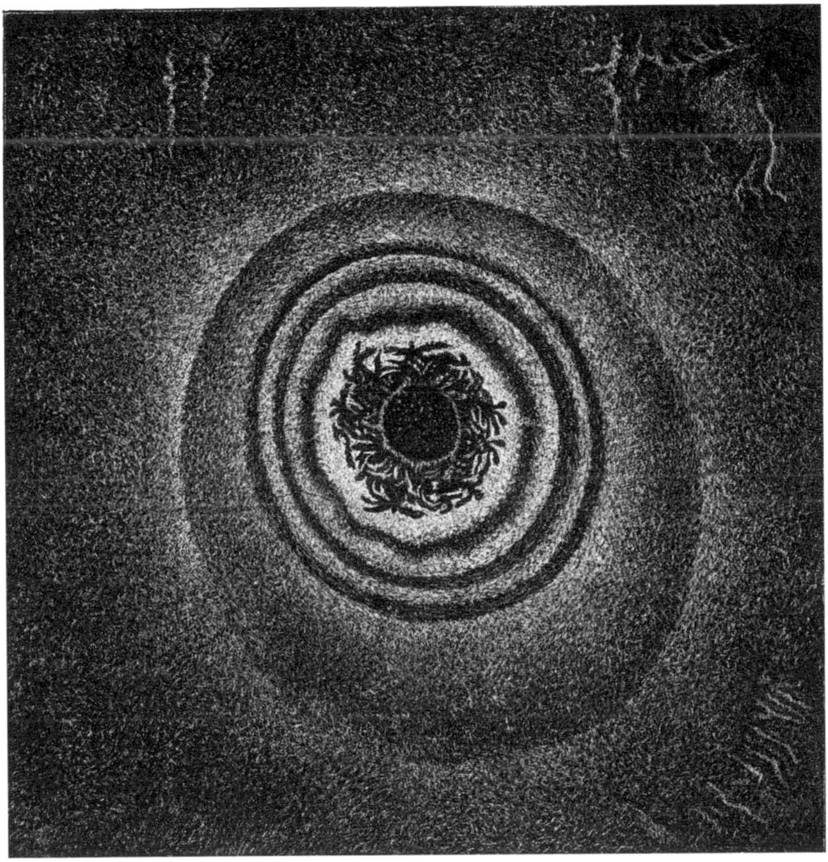

dierung deutlich. In den Werken der Elektrizitätslehre sind ebenfalls diese beiden Techniken vorherrschend. So sind auch in der Zeitschrift der Göttinger Sozietät der Wissenschaften, die Mitte des Jahrhunderts gegründet wurde, die meisten Abbildungen in Kupferstich verfertigt. Diejenige der Lichtenbergischen Figuren ist dort die erste und wenigstens bis zum Ende des Jahrhunderts beinahe einzige in Mezzotinto.[9] Aus all diesen Tatsachen ergibt sich eine einfache, aber grundlegende Frage: Warum hat Lichtenberg in seinen beiden Abhandlungen die Staubfiguren mit diesem druckgrafischen Verfahren abbilden lassen?

Der Kunsthistoriker Martin Kemp weist darauf hin, dass jedes visuelle Erzeugnis aus der Wahl eines bestimmten Designs oder einer bestimmten Präsentationsform resultiert, und betont die bedeutende Rolle der Darstellungsweise, besonders des »Stils« der wissenschaftlichen Bilder für die Konstruktion und Vermittlung des Wissens.[10] Die Fallstudien der Wissenschaftsgeschichte und der Bildwissenschaft, die in jüngerer Zeit auf die Bilder der Wissenschaft immer mehr Aufmerksamkeit richten, veranschaulichen den engen Zusammenhang zwischen den Darstellungsstilen der Bilder und den damit ausgedrückten wissenschaftlichen Erkenntnissen, wobei die druckgrafische Technik als eines der relevanten Stilelemente gilt.[11] Wenn Lichtenberg aber – wie oben in der Einleitung erwähnt – in seinen Abhandlungen mehrmals die Schwierigkeit eingesteht, die Entstehung der Staubfiguren zu erklären, und die elektrophysikalische Bedeutung der Figuren ihm während seiner Beschäftigung mit ihnen noch weitgehend ein Rätsel bleibt, so ist der Grund für die Wahl des Mezzotinto anderswo zu suchen.

Die Mezzotintografik war Lichtenberg schon vor der Entdeckung der Staubfiguren bekannt. Das Verfahren des Mezzotinto wurde nach der Erfindung in Deutschland in England weiterentwickelt und erlangte dort im 18. Jahrhundert für die Zwecke der Wiedergabe von Gemälden, besonders von Porträts, große Popularität.[12] In diesen Kontext passt Lichtenbergs Bemerkung in einem Brief aus England von 1775, dass er ein Porträt der englischen Schauspielerin Francis Abington besitze, das nach dem Gemälde von Joshua

9 Eine Ausnahme sind die Abbildungen in Mezzotinto zu Wrisberg 1782.

10 Kemp 2004, S. 4f. u. 178. Zum Stil der wissenschaftlichen Bilder und seiner Relevanz für Erkenntnisprozesse vgl. auch Bredekamp/Werner 2003; Heßler 2005, S. 277f.; Heßler/Mersch 2009, S. 46f.

11 Z.B. Rudwick 1976, S. 154-158; Winkler/Helden 1992, S. 203; Winkler/Helden 1993, S. 111f.; Pang 1994-95, S. 249-274; Bredekamp 2009, VIII. Kap.

12 Vgl. Koschatzky 1975, S. 105; Wax 1990, S. 13-86; Busch 2009, S. 252. Auch Johann Elias Haid war auf Porträts in Mezzotinto spezialisiert. Vgl. Thieme/Becker 1907-50, Bd. 15, S. 482f.

Reynolds, dem angesehensten englischen Porträtmaler des 18. Jahrhunderts, »in schwarzer Kunst vortreflich gearbeitet« sei.[13]

Lichtenberg hatte aber über das Mezzotinto und über dessen praktische Verfahren schon früher Bescheid gewusst. Er beschäftigte sich von 1773 bis 1774 mit der Herausgabe der unveröffentlichten Werke des 1762 verstorbenen Astronomen Tobias Mayer, der Professor und Leiter der Sternwarte in Göttingen gewesen war. Im ersten (und letztlich einzigen) Band der *Opera Inedita* von Mayer, der 1775 erschien, veröffentlichte Lichtenberg sechs Abhandlungen des Astronomen, denen er eigene Kommentare hinzufügte. In einem der Kommentare, der Mayers Farbentheorie betrifft, beschreibt er in der Erläuterung der Technik des Farbdrucks mittels mehrerer Platten die Herstellungsweise der Mezzotintografik:

> Die einzelnen Tafeln wurden nämlich erst mit einem gezackten Eisen rauh gemacht und dann mit Hilfe eines Schnitzmessers sowie des Stichels eines Polierers, so wie es bei der Arbeit, die man bei uns *Schwartzkunst*, in Frankreich *maniere noire* nennt, zu geschehen pflegt, entsprechend der Form des zu skizzierenden Bildes und entsprechend den verschiedenen Verhältnissen von Licht und Schatten wiederum ausgekratzt und geglättet.[14]

Mezzotinto unterscheidet sich von den herkömmlichen Tiefdruckverfahren des Kupferstichs und der Radierung dadurch, dass es vom Dunklen ins Helle arbeitet. Der Kupferstecher sticht die Zeichnung mit dem Grabstichel direkt in die polierte Kupferplatte, und der Radierer bringt sie mit der Radiernadel in den vorher auf die Platte aufgebrachten säurefesten Deckgrund ein und ätzt dann die ganze Platte im Säurebad. Bei beiden Verfahren erzeugen die tiefliegenden Teile der Platte im Druck die dunklen Partien. Dagegen wird beim Mezzotinto die ganze Kupferplatte zunächst mit dem gezahnten Wiegemesser (»einem gezackten Eisen«) gleichmäßig aufgeraut, so dass sich eine einheitlich schwarze Fläche ergäbe, wenn man die Platte in diesem Zustand einfärben und drucken würde. Durch Glätten bzw. Schaben der Platte mit Schaber und Polierstahl (»eines Schnitzmessers sowie des Stichels eines Polierers«) wird dann die Fläche entsprechend dem darzustellenden Bild aufgehellt.[15] Lichtenbergs Beschreibung gibt in aller Kürze das Verfahren

13 Brief an Heinrich Christian Boie, 30.11.1775, Bw 1, S. 596. Zum hier genannten Porträt von Abington in Mezzotinto vgl. Hamilton 1973, S. 78.

14 »Singulae scilicet ferro dentato primum asperatae, deinde tam scalpri quam chalybis laeuigatorii ope, sicut in opere, quod nostrates *Schwartzkunst*, Galli *maniere noire* dicunt, fieri solet, ad imaginis adumbrandae formam et lucis et vmbrae varias rationes iterum erasae et politae«. Lichtenberg 1997c, S. 112f. Hervorhebungen im Original.

15 Lilien/Gerhardt 1978, S. 32f. Zur Technik des Mezzotinto vgl. auch Koschatzky 1975, S. 103-105; Wax 1990, S. 170-260; Rebel 2009, S. 268-272; Schäfer/AltSchäfer 2009.

des Mezzotinto treffend wieder. Er hatte also spätestens zu diesem Zeitpunkt die Praxis dieser druckgrafischen Technik zur Kenntnis genommen.

Das Mezzotinto kommt bei Lichtenbergs Arbeit an den *Opera Inedita* von Mayer nicht nur im Zusammenhang mit der Farbentheorie zur Sprache, sondern auch, wenn es um die Herstellung der Mondkarte geht, die er im selben Band publizierte. Die Editionsarbeit am Nachlass des Astronomen ist, so lautet die These, als Vorstufe für Lichtenbergs Untersuchung der Staubfiguren, insbesondere für die Wahl des Darstellungsstils ihrer Abbildung, von entscheidender Bedeutung. Die Auseinandersetzung mit den Mayer'schen Arbeiten bildete die wissenschaftliche Grundlage, auf der er sich einige Jahre später mit seinem eigenen Forschungsobjekt, den Staubfiguren, beschäftigte.

Tobias Mayers *Opera Inedita* (1): Mondkarte

Lichtenberg erklärt in einem offiziellen Schreiben an die hannoversche Regierung vom 2. März 1773 seine Bereitschaft zur Herausgabe von Mayers nachgelassenen Schriften. In diesem Brief zählt er sieben Arbeiten des Astronomen auf, die sich in dessen Nachlass befinden und auf die Veröffentlichung warten. Dabei nennt er zuerst »[e]ine nach einer grosen Menge von gnauen Observationen mit Mayerschem Fleiß gezeichnete und unnachahmlich schön getuschte MondCharte«.[16] Es handelt sich um eine der Zeichnungen, die aus Mayers Beobachtung des Mondes von 1748 bis 1750 entstanden waren. Mayer wollte diese Mondkarte wahrscheinlich in einem Buch veröffentlichen, was aber zu seinen Lebzeiten nicht zustande kam.[17] Als Anfang April 1773 auf königlichen Befehl der gesamte Nachlass an Lichtenberg übergeben wurde, beauftragte er sofort den Göttinger Kupferstecher und Universitäts-Zeichenlehrer Joel Paul Kaltenhofer, einen Kupferstich nach der Mayer'schen Zeichnung anzufertigen. Die von Kaltenhofer gestochene Mondkarte (Abb. 11), die auf Mayers genauer Messung der Mondgeografie basiert, übertrifft an Exaktheit alle bis dahin vorhandenen Mondkarten und begründet eine neue Ära in der Geschichte der Selenografie.[18]

Lichtenbergs Briefe und Notizen aus der Zeit seiner Arbeit an Mayers Nachlass zeigen, dass es ihm bei der Herstellung der Mondkarte vor allem um ihren Darstellungsstil geht. Er ließ Kaltenhofer Probestiche machen, und da ihm der erste Probestich nicht gefiel, gab er dem Künstler detaillierte Anwei-

16 Brief an das Geheime Rats-Kollegium, 2.3.1773, Bw 1, S. 240.
17 Vgl. Hüttermann 2012, S. 111-113.
18 Vgl. Herrmann 1963; Forbes 1969; Vyver 1971, S. 69; Kopal/Carder 1974, S. 24-27; Whitaker 1999, S. 82 f.; Hüttermann 2012, S. 115.

Abb. 11: Tobias Mayers Mondkarte.

sungen über den von ihm gewünschten Stil des Kupferstichs.[19] Der zweite Probestich gefiel ihm schließlich.[20] Indessen lehnte Lichtenberg auch einen Probedruck in Mezzotinto ab. Zwar war ihm das Vorhaben des Verlegers Johann Christian Dieterich, einen Probedruck der Mondkarte in Mezzotinto machen zu lassen, »lieb«, er blieb aber skeptisch, »da nur wenige Künstler in Deutschland der schwarzen Kunst gewachsen sind, und außerdem die Platte entweder bald stumpf oder die ersten Abdrücke zu dunckel werden«,[21] und schließlich wies er den entstandenen Probedruck zurück: »[D]ie Probe in schwartzer Kunst ist just nichts werth«.[22] In einer Notiz aus derselben Zeit vergleicht Lichtenberg zwei Bilder der Mondoberfläche im astronomischen Werk des italienischen Philosophen Francesco Bianchini, das eine in Kupferstich und das andere in Mezzotinto.[23] Dabei zieht er wieder das erstere dem letzteren vor und bemerkt: »Der Stich auf der 6ten Seite [= Der Kupferstich] wäre für Mayers Mond-Charte recht angemessen«.[24]

Die Diskussion über die druckgrafischen Verfahren für die Mondkarte ist nicht nur bemerkenswert, weil Lichtenberg trotz der hier von ihm genannten Nachteile des Mezzotinto wenige Jahre später die Abbildung seiner Staubfiguren mit dieser Technik herstellen lässt. Sie verdient vielmehr Beachtung vor allem, weil er hier vor der Alternative zwischen Mezzotinto und Kupferstich steht, was sich später bei der Abbildung der Staubfiguren wiederholt, als er die Figuren in Mezzotinto von Haid und die Instrumente und Experimente in Kupferstich von Klindworth stechen lässt. Mezzotinto ist also für Lichtenberg ein Verfahren, das vor allem in Gegenüberstellung mit dem Kupferstich erwägenswert ist.

Die Alternative zwischen Kupferstich und Mezzotinto hatte schon Mayer selbst beschäftigt, als er an seinem letztendlich unvollendeten Projekt der Herstellung eines Mondglobus arbeitete. Seine Zeichnungen der Mondkarte standen mit diesem Projekt in engem Zusammenhang.[25] Mayer ließ Probedrucke des geplanten Mondglobus in beiden druckgrafischen Verfahren herstellen, um zu prüfen, »wie die Flecken durch den Kupferstich sollen ausge-

19 Briefe an Kaltenhofer, 14.6.1773, Bw. 1, S. 293f.; [20.7.1773], ebd., S. 330. Vgl. auch die Briefe an Schernhagen 14.6.1772, ebd., S. 297f.; 22.6.1773, ebd., S. 304; an Dieterich, 28.6.1773, ebd., S. 307.

20 Brief an Kaltenhofer, 23.8.1773, Bw 1, S. 354. Vgl. auch die Briefe an Schernhagen, 23.8.1773, ebd., S. 358; an Dieterich, 24.8.1773, ebd., S. 362.

21 Brief an Dieterich, 28.6.1773, Bw 1, S. 307. Vgl. auch die Briefe an Schernhagen, 28.6.1773, ebd., S. 310; 1.10.1773, Bw 1, S. 399.

22 Brief an Dieterich, 17.11.1773, ebd., S. 419.

23 Bianchini 1728, S. 5f. Beide Bilder sind in SB, Kommentarbd. zu Bd. 1 u. 2, S. 299 nachgedruckt.

24 SB 2, D 684.

25 Vgl. Forbes 1980, S. 105; Roth 1993; Hüttermann 2012.

drückt werden«,[26] und veröffentlichte sie 1750 in seiner Schrift *Bericht von den Mondskugeln*.[27] Lichtenberg, der Mayers Schrift in seinem Kommentar zu den *Opera Inedita* erwähnt,[28] hatte ohne Zweifel von den beiden Probedrucken und der Reflexion des Astronomen darüber Kenntnis.[29]

Die Astronomie war diejenige Wissenschaft, die Lichtenberg den Eintritt in die gelehrte Welt ermöglichte, als er seinem Lehrer Abraham Gotthelf Kästner, der nach Mayers Tod Direktor der Göttinger Sternwarte wurde, bei der Observation assistierte; einige der Ergebnisse begründeten seinen wissenschaftlichen Ruf. Auch für seine weitere Laufbahn behielt die Astronomie eine herausragende Bedeutung. 1772 bis 1773 wurde er im Auftrag des Königs zur astronomischen Ortsbestimmung von Hannover, Osnabrück und Stade angestellt, bei der er sich durch eine damals unerhörte Genauigkeit auszeichnete.[30] Die Bedeutung der Astronomie für den jungen Wissenschaftler Lichtenberg erschöpft sich aber nicht in der technischen Vollkommenheit der Instrumente und der Präzision der Beobachtungen in dieser Disziplin.[31] Auch die Entwicklung der visuellen Repräsentation in der Astronomie ist für seinen wissenschaftlichen Werdegang nicht gering zu schätzen. Anders als die im 18. Jahrhundert noch neue Wissenschaft der Elektrizitätslehre hatte die Astronomie eine lange Tradition, in der sie auch verschiedene Verfahren visueller Darstellung der Beobachtungen entwickelt und Reflexionen darüber angestellt hatte.[32] Astronomie ist also eine visuelle Wissenschaft nicht nur hinsichtlich der Beobachtung der Himmelskörper, sondern auch hinsichtlich ihrer Repräsentation.

Mondkarten, die seit Anfang des 17. Jahrhunderts von verschiedenen Astronomen publiziert wurden,[33] sind ein Beispiel für den visuellen Charakter der Astronomie. Lichtenberg verweist Kaltenhofer auf Mondkarten in verschiedenen Stilen als Vorbilder, unter anderem auf diejenigen von Joseph Jérôme de Lalande, Bianchini und Maximilian Hell.[34] Der Berliner Astronom und Mathematiker Johann Heinrich Lambert, dem Lichtenberg die Probe-

26 Mayer 1750, S. 16.
27 Ebd., Tafeln Nr. 1 u. 2.
28 Lichtenberg 1997d, S. 122 f.
29 »Hofers Kupferstich«, den Lichtenberg im Brief an Kaltenhofer (23.8.1773, Bw 1, S. 354) nennt, ist mit großer Wahrscheinlichkeit der Kupferstich Nr. 1 in Mayers Schrift, der von »Hofer« als Stecher signiert ist.
30 Hahn 1927, S. 7-9, 15-20; Engelhardt 1988, S. 143-145; Baasner 1992, S. 7 f., 154-161; Herbster 1992.
31 Engelhardt 1988, S. 143.
32 Vgl. Winkler/Helden 1992 u. 1993; Hentschel/Wittmann 2000; Bredekamp 2009.
33 Vgl. Vyver 1971; Kopal/Carder 1974; Whitaker 1989 u. 1999; Roth 1993, S. 47-76; Hüttermann 2012, S. 113-117.
34 Briefe an Kaltenhofer, 14.6.1773, Bw 1, S. 294; 23.8.1773, ebd., S. 354.

stiche von Kaltenhofer zur Beurteilung übersandte,[35] nennt in seiner Antwort ebenfalls die Mondkarten von Hell und Lalande sowie diejenigen von Johannes Hevelius, Johann Leonhard Rost und Giovanni Battista Riccioli und schickt ihm auch seine eigene Mondkarte.[36] Lichtenberg kannte also zweifellos verschiedene Mondkarten aus dem 17. und 18. Jahrhundert und konnte sie miteinander vergleichen und die Wirkung der Unterschiede in ihrem Stil kennenlernen.[37] Unter anderem hatte er ein unmittelbares Vorbild in Mayer, der über die für seinen Mondglobus angemessenen druckgrafischen Techniken nachgedacht hatte. Es ist durchaus denkbar, dass die Beschäftigung mit Mayers Mondkarte Lichtenberg auf den Darstellungsstil der wissenschaftlichen Bilder überhaupt und insbesondere auf die Alternative zwischen Kupferstich und Mezzotinto aufmerksam gemacht hatte und schließlich auch seine Entscheidung bei der Abbildung der Lichtenbergischen Figuren beeinflusste.[38]

Linien oder Punkte

Während Mayer für seinen geplanten Mondglobus eher zum Mezzotinto als Darstellungsmittel neigte,[39] wählte Lichtenberg für die Mondkarte den Kupferstich. Die Abweichung von seinem Vorbild weist darauf hin, dass er inzwischen eigene Reflexionen über den für die Mondkarte geeigneten Darstellungsstil angestellt hatte. In den Anweisungen, die Lichtenberg Kaltenhofer gab, geht es ausschließlich um die Linienzüge, mit denen die Stufen des Schattens der Unebenheiten auf der Mondoberfläche dargestellt werden sollen. Er schreibt Kaltenhofer vor, die Gradation des Schattens nur durch Variation der parallelen Linien darzustellen:

> Die Stufen des Schattens könten sich durch feine gleich dicke und gleich weit entfernte Linien; durch eben dieselben mit gleich feinen dazwischen gezogen; durch starcke Linien, die sich gehörig in die von der ersten Art

35 Brief an Lambert, 14.9.1773, Bw 1, S. 378.

36 Brief von Lambert, Sept. 1773, Bw 1, S. 394-396. Vgl. auch den Brief von demselben, 16.4.1774, ebd., S. 453-455. Lichtenberg entleiht am 22. April 1774 aus der Göttinger Bibliothek die Werke von Hevelius und Riccioli, die ihre Mondkarten enthalten. Vgl. Hinrichs/Joost 1989, S. 53. Seine Bemerkung zur Mondkarte von Lambert steht im Brief an Schernhagen vom 8.10.1773, Bw 1, S. 403 f.

37 Vgl. hierzu auch Herrmann 1963, S. 32.

38 Er vergleicht im Protokoll der Vorlesung der ersten Abhandlung einige Staubfiguren mit der Mondkarte, und zwar mit derjenigen Mayers. Vgl. [Lichtenberg] 1778, S. 347.

39 Mayer 1750, S. 17. In der Sammlung historischer Gegenstände am Institut für Astrophysik der Universität Göttingen sind heute 6 Kupfer-Druckplatten vorhanden, die zwischen 1750 und 1760 für Mayers Mondglobus verfertigt wurden. Nach einer neueren Untersuchung wurden dabei wahrscheinlich die Techniken Mezzotinto, Kupferstich und Aquatinta kombiniert. Vgl. Grosser 1998, S. 70 f.; Oestmann 2011, S. 9.

verdünnen; und endlich auch diese mit dazwischen gezogenen Feinen Linien erhalten lassen, ja man könte noch mehrere Stufen erhalten, wenn man auch die intermittirende Linie gebrauchte.[40]

Die Methode, »durch eine einzige Gattung paralleler Linien alle Gradationen des Schattens«[41] darzustellen, wurde in der Tat in vielen Mondkarten des 17. und 18. Jahrhunderts angewandt.

Diese Struktur aus Linien ist für den Kupferstich charakteristisch. Das Verfahren des Kupferstichs verfügt prinzipiell über Linien als Darstellungsmittel. Die mit dem Grabstichel in die Kupferplatte gestochenen klaren und feinen Linienzüge können die Gegenstände bis ins Detail präzise darstellen, wobei das System der parallelen bzw. gekreuzten Schraffuren Schattierungen hervorbringt und Stofflichkeiten wiedergibt. Das gilt prinzipiell auch für die Radierung, bei der allerdings die spontanere Handhabung der Radiernadel größere gestalterische Freiheit bringt.[42] Hier liegt einer der Hauptgründe dafür, weshalb die beiden Verfahren für die wissenschaftlichen Illustrationen bevorzugt wurden, für die die exakte Darstellung von Details erforderlich ist[43] – wie für die Mondkarte. Es ist die Exaktheit der Arbeit, die Lichtenberg sowohl bei Mayer als auch bei Kaltenhofer sehr schätzt. Er habe Kaltenhofer als Stecher der Mondkarte gewählt, weil dessen »bewundernswerte Genauigkeit beim Zeichnen nicht weniger von Kunstkennern gelobt wird als die Genauigkeit Mayers beim Messen«.[44] Auf der von Kaltenhofer gestochenen Mondkarte, die viel kleiner ist als der von Mayer geplante Mondglobus, sind die Einzelheiten der Mondoberfläche nur mit feinen parallelen Linien höchst detailliert dargestellt. Hier spielt die Linienstruktur des Kupferstichs offenbar eine entscheidende Rolle.

Demgegenüber ist das Mezzotinto keine lineare Technik. Die Struktur der Mezzotintografik ergibt sich aus der feinen, gleichmäßigen Körnung, die durch die oben erwähnte Aufrauung der Kupferplatte mit dem gezahnten Wiegemesser entsteht. Nach langwieriger Arbeit, bei der es gilt, das Messer in wechselnden Richtungen drückend und wiegend über die Oberfläche der Platte zu bewegen, ist diese schließlich vollständig und dicht mit winzigen Zahnungen überzogen. Durch unterschiedlich starke Glättung dieser Körnung werden die fließenden Übergänge der Töne von tiefem Schwarz bis zu

40 14.6.1773, Bw 1, S. 293. Vgl. auch die Briefe an Kaltenhofer, 23.8.1773, ebd., S. 354; an Schernhagen, 22.6.1773, ebd., S. 304.

41 Brief an Kaltenhofer, [20.7.1773], Bw 1, S. 330.

42 Vgl. Koschatzky 1975, S, 96f., 127-131.

43 Kunze 1993, S. 340.

44 »Ad archetypum ipsum ab artifice nostro Cl. *Kaltenhofer*, cuius in delineando mira accuratio non minus ab artis peritis laudatur, quam *Mayeri* in obseruando, eam in aes incidendam curaui«. Lichtenberg 1997d, S. 122f. Hervorhebungen im Original. Vgl. auch den Brief an Lambert, 14.9.1773, Bw 1, S. 378.

hellem Weiß hervorgebracht, die die Mezzotintografik charakterisieren und von denen sich ihre Bezeichnung ableitet (*mezzotinto*: ital. »Halbton«).[45] Während Lichtenberg Kaltenhofer höchstens »fünferley verschiedene Grade von Schatten« in seinem Kupferstich vorschrieb, »die sich mit parallel Linien sehr leicht erhalten lassen, wenn man starcke, feine und intermittirende Linien, vermischt und unvermischt und in halben und gantzen Distantzen gebraucht«,[46] erlaubt das Mezzotinto eine viel differenziertere Gradation der Tonwerte. Allerdings steht dieses Verfahren in der Darstellung von Details hinter dem Kupferstich zurück.

Lichtenberg erwähnt in seiner Beschreibung der Staubfiguren nicht nur ihre Form, sondern auch das Hell und Dunkel der Töne. Als er die Figuren entdeckte, sah er neben vielen »Sterne[n]«, »Milchstraßen« und »Sonnen« auch »Bogen, die an ihrer hohlen Seite dunkel, an ihrer erhobenen aber mit Strahlen versehen waren«, und »Wolken, sehenswert in ihrer mannigfachen Gestalt und den verschiedenen Graden des Schattens«.[47] In der zweiten Abhandlung wird der Unterschied in den Farben der Figuren beschrieben: »Die weißen Verzweigungen der positiven Figuren erscheinen mit einer schwarzen Linie versehen, die schwarzen der negativen Figuren dagegen mit einer weißen Linie«.[48] Und im Aufsatz von 1781 spricht er von den »Tinten« der Figuren, nämlich den Farbtönen bzw. den Abstufungen und Übergängen der Farben,[49] und unterscheidet sie von der Form: »Entstehen beyderley Figuren, was die Tinten, wenn ich so reden darf, anbetrift auf einerley Weise, aber übrigens der Form nach sehr verschieden, wenn man die Ebne eher bepudert, als man das Metal, das die Figur hervorbringen soll, elecktrisirt«.[50]

Die Abstufung der Tonwerte der Lichtenbergischen Figuren entsteht dadurch, dass der Staub, aus dem sie bestehen, sich auf der Oberfläche der Isolatorplatte in unterschiedlicher Dichte häuft. Auf dem dunklen Grund der Platte werden die Stellen, die Staub annehmen, heller, entsprechend der jeweiligen Staubmenge. So beobachtet Lichtenberg bei einem Experiment »ein[en] vollkommne[n] Cirkel«, »der, stark bestäubt, doch immer nach einer Seite zu mehr Staub annahm, als an der andern, und der Zeichnung einer Kugel nicht unähnlich sah«.[51] Die ungleichmäßige Häufung des Staubs wirkt wie

45 Koschatzky 1975, S. 103-105; Rebel 2009, S. 268-272.
46 Brief an Schernhagen, 22.6.1773, Bw 1, S. 304.
47 »Apparebant interdum stellae fere innumerae, viae lacteae, ac soles majores; arcus a parte concava obscuri a convexa autem radiis distincti; [...] nubes porro varia sua forma ac diversis umbrae gradibus spectabiles«. Lichtenberg 1997a, S. 150f.
48 »Ramificationes albae positivarum linea nigra, nigrae vero negativarum alba distinctae apparent«. Lichtenberg 1997b, S. 194f.
49 Grimm/Grimm 1984-91, Bd. 2, Sp. 1181 (Art.: »Dinte, Tinte«).
50 Lichtenberg 1781, S. 133.
51 [Lichtenberg] 1778, S. 347.

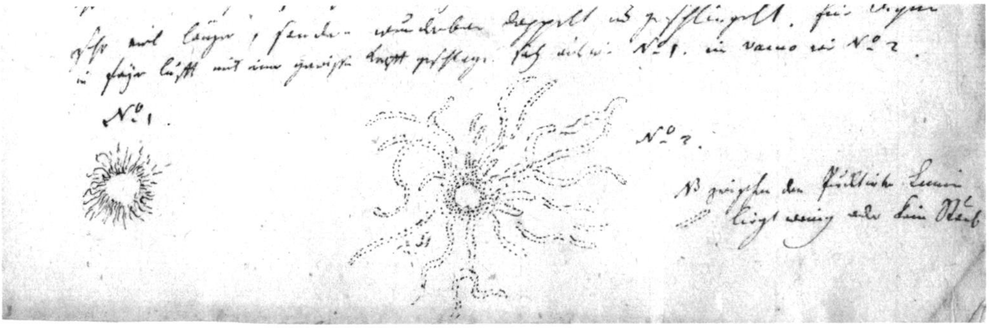

Abb. 12: Zeichnung der Staubfiguren von Lichtenberg.

die Schattierungen, mit denen in einer Zeichnung Dreidimensionalität angedeutet wird.

Es sind keine Linien, sondern die feinen Punkte des Staubs, die diese »Zeichnung« gestalten. Eine Handzeichnung der Staubfiguren von Lichtenberg zeigt, dass er als ihr Darstellungsmittel Punkte vor Linien bevorzugt, wenn er genauere Beobachtungen anstellt. In einem Brief an Schernhagen vom 10. September 1778 berichtet Lichtenberg von einer Entdeckung bei einem Experiment, bei dem er Staubfiguren im Vakuum herstellt.[52] Er fügt diesem Brief die Skizzen von zwei Staubfiguren hinzu (Abb. 12), von denen er die eine (Nr. 1) in der Luft und die andere (Nr. 2) im Vakuum erzeugt hat. Nr. 1 stellt eine radiale Figur mit zarten und kürzeren, aber meistens ununterbrochenen Linien dar, während in Nr. 2 die Strahlen viel länger und geschlängelt und in doppelten punktierten Linien dargestellt sind. Die Zeichnung veranschaulicht in Form und Größe der Figuren Lichtenbergs Entdeckung: »[I]m vacuo werden die Stiehle nicht allein sehr viel länger, sondern wunderbar doppelt und geschlingelt«.[53]

Lichtenberg thematisiert dasselbe Experiment auch in seiner zweiten Abhandlung. Dort erkennt er an den im Vakuum erzeugten Figuren den Vergrößerungseffekt der Mikroskopie: »Dieser Versuch lehrt etwas, das ohne Mikroskop – wenn doch nur der Gebrauch dieses Instruments bei elektrischen Dingen viel mehr wert wäre, als er es tatsächlich ist – schwerlich hätte entdeckt werden können«.[54] Es ist das Vakuum, das dabei die Rolle des Mikroskops einnimmt. Die zweite Skizze im Brief ist also gleichsam als das mikro-

52 Bw 1, S. 893 f. André Anders erklärt die Bedeutung von Lichtenbergs Experiment im Lichte moderner Hochspannungs- und Vakuumtechnik. Vgl. Anders 1988.

53 Bw 1, S. 894.

54 »Docet autem hoc experimentum quaedam, quae sine microscopio, si illius vsus multo plus in electricis valeret, quam reapse valet, detegi vix potuissent«. Lichtenberg 1997b, S. 194 f.

skopische Vergrößerungsbild der ersten zu verstehen. Was bei der Figur in der Luft als ununterbrochene Linien erscheint, erweist sich durch Vergrößerung als Häufung von Punkten. Man könnte die Punkte in der Skizze als das Bild des Harzstaubs interpretieren, als dessen ideelles Bild, weil die mit der Feder gezeichneten Punkte selbstverständlich viel gröber sind als der Harzstaub. Deshalb setzt Lichtenberg zur zweiten Skizze eine Bemerkung hinzu: »NB zwischen den Puncktirten Linien liegt wenig oder kein Staub«,[55] um die Grenzen des Bildmediums sprachlich zu überwinden.

Anhand von Lichtenbergs Beschreibungen und Zeichnungen der Staubfiguren lässt sich erklären, warum er für ihre Abbildung Mezzotinto und nicht Kupferstich wählt. Er sieht die Figuren als Bilder an, die durch tonale Abstufungen des Staubs gestaltet sind und die deswegen bei genauer Beobachtung mit Punkten angemessener dargestellt werden können als mit Linien. Für die druckgrafische Wiedergabe von Bildern mit dieser Charakteristik ist offensichtlich die feine Körnung des Mezzotinto adäquater als die Linienstruktur des Kupferstichs. Entsprechend der bildlichen Eigenschaft des Gegenstands zieht er also bei der Abbildung der Staubfiguren das Mezzotinto vor – anders als bei Mayers Mondkarte. Zugleich zeigt die in Mezzotinto verfertigte Abbildung der Staubfiguren deutlich, dass hier die Wiedergabe der subtilen Übergänge der Töne wichtiger ist als die Präzision in den Details der Form. Sowohl Lichtenbergs Beobachtungen der Staubfiguren als auch die fertigen Abbildungen zeugen von einer großen Aufmerksamkeit für die Tonwerte der Gegenstände.

Druckgrafik und die Verfeinerung des Sehens im 18. Jahrhundert

Die Alternative zwischen Kupferstich und Mezzotinto bzw. Linie und Ton interessierte nicht Lichtenberg (und Mayer) allein, sondern sie war das zentrale Thema der Druckgrafik im 18. Jahrhundert. In diesem Jahrhundert wurden neben dem Mezzotinto auch verschiedene andere druckgrafische Verfahren entwickelt, die über die Grenzen der Linienstruktur von Kupferstich und Radierung hinausgelangen und differenziertere tonale Wirkungen erzielen.[56]

Die Erfindung und Verfeinerung der druckgrafischen Techniken waren eng mit ihrer Funktion als Reproduktionsmittel von Gemälden und Zeichnungen verbunden. Der Kunsthistoriker Werner Busch weist darauf hin, dass die technische Entwicklung der Druckgrafik im 18. Jahrhundert »dem Bedürfnis nach größerer Genauigkeit der Wiedergabe nicht etwa bloß im

55 Bw 1, S. 894. In der Handschrift des Briefes ist zwischen »Linien« und »liegt« ein Teil der punktierten Figur gezeichnet. Vgl. Abb. 12.

56 Vgl. Leonhard/Felfe 2006, S. 9-16; Hanebutt-Benz 2009.

Gegenständlichen, sondern vor allem in den Erscheinungsphänomenen und damit in der Tonalität geschuldet ist«.[57] Während das Mezzotinto für die Wiedergabe von Gemälden bevorzugt wurde, ließen sich mit der Aquatinta, die Mitte des 18. Jahrhunderts entwickelt wurde, die Effekte der Lavierung in der Pinsel- und Federzeichnung nachahmen. Aquatinta ist ein Ätzverfahren, bei dem durch Aufstreuen eines säurefesten Staubs auf die Metallplatte und anschließende Ätzung verschiedene Helligkeitsstufen entstehen. Anders als beim Mezzotinto mit seinen fließenden Tonübergängen setzen sich bei der Aquatinta einzelne Partien um jeweils eine Tonstufe voneinander ab.[58] Für die Wiedergabe von Kreidezeichnungen wurde – ebenfalls um die Mitte des 18. Jahrhunderts – die Crayonmanier entwickelt, die mittels spezieller Werkzeuge wie Roulette und Mattoir den Eindruck hervorbringt, es sei mit Kreide oder Kohle gearbeitet worden.[59] Auch die Punktiermanier, deren Ausdrucksmittel die unterschiedliche Größe und Dichte der Punkte ist, wurde im 18. Jahrhundert als ein für die Abstufung der Tonwerte geeignetes Verfahren populär. Ab etwa 1770 wurden vor allem Porträts in kleinerem Format häufig in der Punktiermanier reproduziert.[60]

Die Entwicklung der Druckgrafik als Reproduktionskunst hat ein typisches Beispiel im zeitgenössischen Nachdruck von Lichtenbergs Abbildungen. Die Mezzotintografiken der Staubfiguren in seinen beiden Abhandlungen wurden um 1800 mehrmals reproduziert, jedes Mal mit einer anderen druckgrafischen Technik.[61] Für die Übersetzung der ersten Abhandlung vom Lateinischen ins Französische wurden alle Abbildungen nachgestochen, und zwar in Radierung (Abb. 13).[62] Im 9. Band der *Vermischten Schriften* von Lichtenberg stehen neben der deutschen Übersetzung der beiden Abhandlungen verkleinerte Nachdrucke aller Abbildungen, wobei die Bilder der Staubfiguren in Aquatinta wiedergegeben sind (Abb. 14).[63] Und die vier Bilder der Lichtenbergischen Figuren im 3. Band der neu bearbeiteten Auflage des *Physikalischen Wörterbuchs* von Johann Samuel Traugott Gehler sind offenbar verkleinerte Reproduktionen von Lichtenbergs Abbildungen in Punktiermanier (Abb. 15).[64]

57 Busch 2009, S. 250.
58 Koschazky 1975, S. 131-135; Rebel 2009, S. 151-154; Wiebel 2007.
59 Koschazky 1975, S. 138; Rebel 2009, S. 173 f.
60 Koschazky 1975, S. 136-138; Rebel 2009, S. 248-250.
61 Außer den hier genannten Beispielen enthält das Lehrbuch der Naturlehre von Andreas Baumgartner zwei Bilder der Staubfiguren, die ebenfalls Nachdrucke von Lichtenbergs Abbildungen (wahrscheinlich in Aquatinta) sind. Vgl. Baumgartner 1824, 2. Teil, Taf. IV, Fig. 91 u. 92.
62 Lichtenberg 1780, Taf. 1-2.
63 Lichtenberg 1806a u. 1806b, Taf. I-VIII.
64 Gehler 1825-45, Kupfertafeln zu Bd. 3, Taf. XIII, Fig. 160-163. Aufgrund des Erscheinungsjahrs des Buches ist die Möglichkeit nicht auszuschließen, dass diese Bilder nicht nach der Mezzotintografik zu den Sozietäts-Abhandlungen von 1777 und 1778, sondern nach der

Die Reproduktionen in diesen drei Werken unterscheiden sich von ihrer Vorlage, d.h. Lichtenbergs Abbildungen, und auch untereinander weniger in der Form der dargestellten Figuren als in den tonalen Verhältnissen. Die hochdifferenzierten Tonwerte des Mezzotinto sind mit der jeweiligen grafischen Technik jeweils in unterschiedlichen Modalitäten wiedergegeben. Bemerkenswert ist die Version in Radierung, die die tonalen Verhältnisse der Mezzotintografik erstaunlicherweise getreu wiedergibt, obwohl sie nur aus linearen Elementen besteht. Sie ist ein Beleg dafür, dass die betreffenden Künstler eine große Fertigkeit in der tonalen Differenzierung entwickelt hatten.

Die anderen Abbildungen der Lichtenbergischen Figuren in den physikalischen Schriften des späten 18. und frühen 19. Jahrhunderts sind ebenfalls mit verschiedenen druckgrafischen Verfahren hergestellt. Alle oben genannten Techniken sind in den Abbildungen der Lichtenbergischen Figuren um 1800 zu finden.[65] Während diese Bilder die Staubfiguren in stark standardisierter Form darstellen, zeigen sie hinsichtlich des druckgrafischen Verfahrens und also der Tonalität eine große Vielfalt. Die Entdeckung der Staubfiguren fand zu einer Zeit statt, in der das Interesse an Tonwerten in der Druckgrafik merklich zunahm.

Die Geschichte der Druckgrafik ist ein Teil der Geschichte der visuellen Wahrnehmung. Werner Busch stellt mit Blick auf die Gemäldewiedergabe in Mezzotinto im 18. Jahrhundert fest, dass die differenzierte Abstufung der Töne »nicht nur ein hohes technisches Vermögen« voraussetzt, »sondern vor allem ein hoch differenziertes Sehvermögen aufseiten des Künstlers wie aufseiten des Rezipienten, das vor dem 18. Jahrhundert schlicht nicht gegeben war«,[66] und weist auf die Wechselwirkungen zwischen der künstlerischen Praxis, der naturwissenschaftlichen Forschung und der Verfeinerung des Sehens in dieser Epoche hin. Parallel zur Entwicklung der druckgrafischen Verfahren wuchs auch das naturwissenschaftliche Interesse an den Farbübergängen und den Zwischentönen. Die Frage der Abstufung der Töne, die Newton als ungelöst hinterlassen hatte, wurde im 18. Jahrhundert in der Optik und der Farbentheorie weiter erforscht. Es wurde eine Fülle von Unter-

Aquatintagrafik in den *Vermischten Schriften* von 1806 hergestellt wurden. Im Text des Wörterbuchs sind allerdings die Sozietäts-Abhandlungen genannt. Vgl. ebd., S. 754f.

65 Z.B.: Bennet 1789, Frontispiz (Aquatinta); Böckmann 1789, Fig. 10 (Radierung); Encyclopædia Britannica 1797, Bd. 6, Taf. CLXXIX (Kupferstich) (Abb. 5 in diesem Band); Cavallo 1795, Bd. 3, Fig. 6 (Punktstich); Kastner 1810, Taf. I, Fig. 15 (Crayon-Manier) (Abb. 18 in diesem Band); Gamauf 1812, Taf. 2, Fig. 22 u. 23 (Kupferstich oder Radierung); Neumann 1820, Taf. XII, Fig. 271 (Kupferstich oder Radierung); Kastner 1820, Fig. 15. u. 16 (Punktstich); Brandes 1832, Taf. III, Fig. 72-75 (Punktiermanier); Kastner 1833, Taf. I zur 1. Abteilung (1832), Fig. 21 (Punktstich). In Schneider (1840) findet sich eine Abbildung der Lichtenbergischen Figuren in Lithografie, einem Flachdruckverfahren, das 1798 erfunden wurde und sich im 19. Jahrhundert verbreitete.

66 Busch 2009, S. 252.

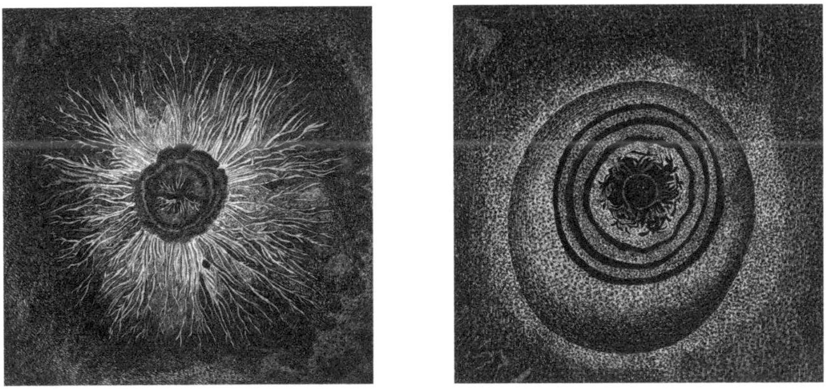

Abb. 13: Nachdruck von Lichtenbergs Abbildungen in Radierung.

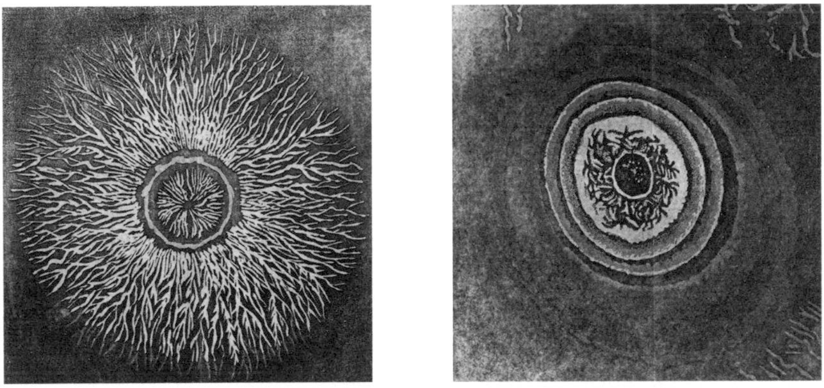

Abb. 14: Nachdruck von Lichtenbergs Abbildungen in Aquatinta.

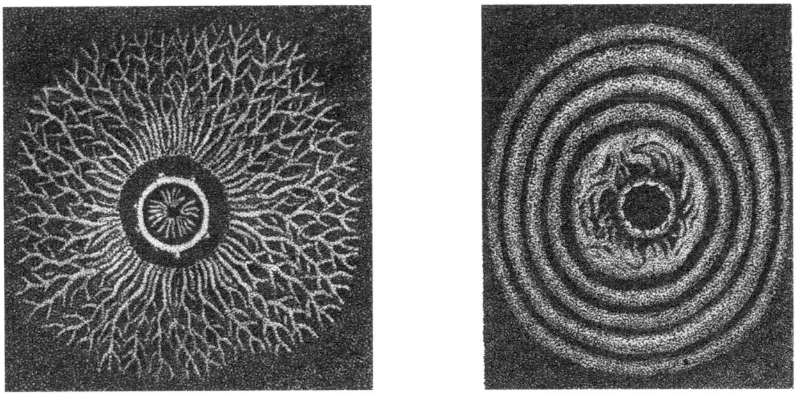

Abb. 15: Nachdruck von Lichtenbergs Abbildungen in Punktiermanier.

suchungen zur stimmigen Farbensystematik unternommen, um möglichst viele tonale Abstufungen und Zwischentöne zu klassifizieren.[67] Daneben wurde in der Druckgrafik in der ersten Hälfte des Jahrhunderts der in der Renaissance erfundene Clairobscur- bzw. Chiaroscuro-Holzschnitt wiederbelebt, der mit mehreren in verschiedenen Tonstufen eingefärbten Platten gedruckt wird, und mit bisher ungewöhnlichen Mitteltönen gearbeitet.[68] So ist das Jahrhundert sowohl in der wissenschaftlichen als auch in der künstlerischen Praxis auf die Tonalität aufmerksam geworden, weshalb man mit Busch davon sprechen kann, dass »im 18. Jahrhundert ein enorm beschleunigter Prozess der Verfeinerung des Sehens stattfindet«.[69]

Tobias Mayers *Opera Inedita* (2): Farbentheorie

Lichtenberg thematisiert in seinen Abhandlungen über die Staubfiguren wiederholt die Aufmerksamkeit und Geübtheit des Beobachters. Während die Form mancher Figuren auch »ein weniger geübtes Auge«[70] leicht erkennen könne, wird bei anderen Figuren »ein geübtes Auge«[71] vorausgesetzt. Er selbst zeigt sich als »ein aufmerksamer Beobachter«, der bei einem Experiment verschiedene Formen unterscheiden konnte: »Ich habe feinste Ringe, sowie elliptische und kreisförmige Flecken gesehen, in denen ich, wenn ich sie näher ans Auge brachte, [wiederum] Ellipsen und konzentrische Kreise wahrnahm, die sich in ganz feinen Linien auf der Oberfläche des Staubs abbildeten«.[72] Die Aufmerksamkeit muss sich in der Tat auch auf die tonalen Verhältnisse der Staubfiguren richten, weil ihre Form durch Unterschiede der Töne ihrer einzelnen Teile erkennbar wird.

Der Verfeinerungsprozess des Sehens lässt sich im Fall von Lichtenberg gut rekonstruieren. Dabei ist seine Arbeit an der Herausgabe von Mayers *Opera Inedita* wieder von großer Bedeutung. Durch diese Arbeit und insbesondere durch die Beschäftigung mit der Mondkarte und der Farbentheorie des Astronomen war Lichtenberg offenbar für die Abstufungen der Tonwerte sensibilisiert worden. Bei der Publikation der Mondkarte ging es um die Reproduktion der Zeichnung von Mayer als Druckgrafik. Lichtenberg richtete seine Aufmerksamkeit stets auf die Abstufungen des Schattens, wie oben gesehen,

67 Ebd., S. 187-189.
68 Ebd., S. 255-263. Zum Clairobscur-Holzschnitt vgl. auch Wiebel 2007, S. 79-86.
69 Busch 2009, S. 178.
70 »oculus vel minus exercitatus«. Lichtenberg 1997a, S. 160 f.
71 »oculus exercitatus«. Lichtenberg 1997b, S. 184 f.
72 »Multa in his distinguet attentus observator. Vidi annulos nitidissimos, maculas ellipticas ac circulares, in quibus propius ad oculum admotis vidi ellipses ac circulos concentricos, lineis tenuissimis in ipsa pulveris superficie expressos«. Lichtenberg 1997a, S. 160 f. Einfügung vom Übersetzer.

und kontrollierte die Arbeit von Kaltenhofer gründlich. Durch diese Arbeit vollzog er selbst den Prozess nach, in dem das Sehvermögen der Künstler durch die Reproduktion von Zeichnungen und Gemälden verfeinert wird.

Auch die Bedeutung der Publikation von Mayers Farbentheorie ist nicht zu unterschätzen. Lichtenberg setzte sich dabei mit zwei der wichtigsten Beiträge des 18. Jahrhunderts zur Farbsystematik auseinander, nämlich mit der von Mayer und der von Johann Heinrich Lambert.[73] Mayer stellt in seiner Abhandlung über die Verwandtschaft der Farben (*De affinitate colorum commentatio*), die er am 18. November 1758 in der öffentlichen Versammlung der Sozietät der Wissenschaften in Göttingen vortrug, die These auf, dass alle Farben als Mischung von drei Grundfarben, Rot, Gelb und Blau, dargestellt werden können, und beschreibt die Mischungsanteile jeder Farbe in einer mathematischen Formel. Dabei weist er klar darauf hin, dass es unzählige verschiedene Farben gibt, dass sie das menschliche Auge aber nur bis zu einer bestimmten Grenze unterscheiden kann, und stellt in Analogie zur Tonleiter eine zwölfstufige Farbenreihe auf. Er ordnet die auf diese Weise unterschiedenen und gestuften Farben in einem Dreieck an, das 91 verschiedene Farben enthält (Abb. 16). Darüber hinaus denkt er an eine weitere Abstufung dieser Farben in Hell und Dunkel, so dass eine Doppelpyramide mit insgesamt 819 Farben entstehen würde.[74] Mayers Theorie inspirierte Lambert zu seiner eigenen Untersuchung, die sich in seinem Werk *Beschreibung einer mit dem Calauschen Wachse ausgemalten Farbenpyramide* von 1772 niederschlägt. Er vertieft und modifiziert dabei die Mayer'schen Ideen und stellt eine Farbenpyramide her, die 112 Farben enthält.[75]

Lichtenbergs Kommentar zu Mayers Farbentheorie zeigt, dass er durch die Schriften von Mayer und Lambert nicht nur auf die Variabilität der Farbenabstufung aufmerksam gemacht wurde und auf Grundlage ihrer Ideen selbst eine mathematische Formulierung der Farbenmischung entwickelte. Er studierte auch aufmerksam das von Mayer hergestellte Farbendreieck, das sich im Nachlass befand, und rekonstruierte den Prozess seiner Herstellung. Das Farbendreieck von Mayer besteht aus 91 sechseckigen Papierstückchen (»areolae«, also Felder oder »Fächer«), von denen jedes mit einer anderen Farbe bemalt und an seinem Platz im Dreieck festgemacht wird.[76] Mayer habe, so Lichtenberg, die gemischten Farben wahrscheinlich nicht allein aus

73 Mit Lambert hat er sich während der Editionsarbeit auch über die Farbentheorie brieflich ausgetauscht. Vgl. Briefe an Lambert, 1.3.1774, Bw 1, S. 437-439; 3.4.1774?, ebd., S. 447 f.; Briefe von Lambert, 15.3.1774, ebd., S. 443 f.; 16.4.1774, ebd., S. 453 f.

74 Mayer 1971, S. 81-91.

75 Lambert 1772. Zur Farbsystematik von Mayer und Lambert vgl. Forbes 1980, S. 131-133; Lang 1980a u. 1980b; Stromer 1998, S. 38-40, 44-46.

76 Das Dreieck ist heute im Besitz der Niedersächsischen Staats- und Universitätsbibliothek Göttingen.

den Pigmenten der drei Grundfarben hergestellt, die sich auf den Feldern an den drei Ecken finden, sondern auch andere Pigmente verwendet, um die geeignetsten Farben hervorzubringen. »Denn in der Reihe der Grün-Farben findet sich jene heitere Farbe grünen Kupfers, die auf keine Weise durch eine trockene oder nasse Mischung von Bergblau und Königsgelb entstehen kann. Ebensowenig hat er seine rosanen und violetten Farben aus den Eckpigmenten gemischt«. Die beweglichen Papierstückchen hätten ihm die Suche nach der geeignetsten Mischung der Pigmente erleichtert, denn zum einen habe man sie einfach wechseln können, »sobald eine Farbe in allzu langsamem oder allzu schnellem oder unausgewogenem Schritt in eine andere Farbe überging«. Zum anderen habe man die Papierstückchen aus denjenigen Teilen der bemalten Blätter herausschneiden können, »in denen die Farbe in sich stimmig und gleichmäßig war«.[77] Lichtenbergs sorgfältige Beobachtungen zeigen, dass er eine optische Aufmerksamkeit entwickelt hat, die mit der »außerordentliche[n] Augenschärfe« von Mayer vergleichbar ist, von der man auch im von ihm hinterlassenen Farbendreieck »hervorragende Spuren sehen kann«.[78]

Das Sehvermögen von Lichtenberg kann ferner auch bei der Herstellung seiner eigenen Farbendreiecke verfeinert worden sein. Er stellt in seinem Kommentar zwei Methoden für die Herstellung eines Farbendreiecks vor. Als er das Farbendreieck aus trockenen Pigmenten herstellte, beurteilte er die Abstufung der Farben nach Augenmaß. Er habe die Mischungen der Pigmente mit einigen Freunden zu dem Zwecke besprochen, dass sie »mit ihren Augen urteilend bestimmten, welche von diesen Mischungen genau die mittleren zwischen den einfachen seien, aus denen sie bestanden, oder angäben, unter welche ihrer Meinung nach die mittlere fallen müßte«. »Durch Vergleich ihrer Angaben untereinander und mit meinen« habe er schließlich eine Reihenfolge der Farben festlegen können.[79] Indessen stellte er das Farbendreieck, das er den *Opera Inedita* beilegt, mit einer viel einfacheren Methode

77 »Nam in serie viridium inuenitur hilaris ille color viridis aeris, qui mixtione coerulei montani et flaui regii vel sicca vel humida neutiquam gignitur. Similiter roseos suos et violaceos non ex pigmentis angularibus miscuit. [...] Operam hanc haud parum subleuarunt areolae istae mobiles, nam primo saepius illarum ordines mutando, vel alias aliis substituendo, vbi gradu aut nimis lento, aut rapido nimis, aut inaequali, color in colorem transibat, statim apparebat, quae adhuc essent quaerendae mixtiones, quaeque ex iam inuentis reiiciendae: deinde, vbi vnaquaque mixtione chartulae maiusculae imbuerentur, areolae ex iis illarum partibus exscindi poterant, quibus color erat sibi congruens et aequabilis«. Lichtenberg 1997c, S. 98 f. Auch in seinem Brief an Lambert beschreibt Lichtenberg seine Untersuchung des Mayer'schen Dreiecks. 1.3.1774, Bw 1, S. 438.

78 »Quin haec omnia bene successerint *Mayero*, nemo dubitauerit, qui praestans, quo pollebat, oculorum iudicium nouerit, cuius et in hoc triangulo [...] eximia vestigia videre licet«. Lichtenberg 1997c, S. 100 f.

79 »Has mistiones cum amicis quibusdam communicaui eo fine, vt oculorum iudicio determinarent, quae illarum inter simplices, e quibus constabant, exacte mediae essent, vel indica-

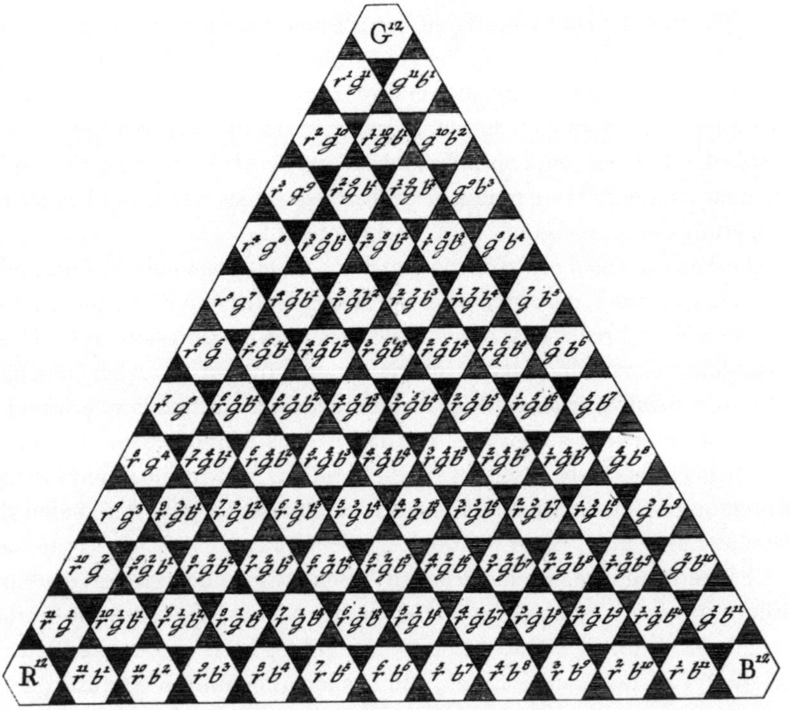

Abb. 16: Tobias Mayers Schema des Farbendreiecks; die Mischungsverhältnisse der Grundfarben sind durch Buchstaben und Zahlen dargestellt.

her. Er habe die Pigmente der drei Grundfarben in Wasser aufgelöst und mit diesen Tinten die Felder des Dreiecks in unterschiedlichen Kombinationen übereinander bemalt, so dass die Felder abstufend gefärbt wurden. »Nach Abschluß dieser Arbeit wird auch ein wenig geübtes Auge sehen, welche Fächer einer Berichtigung bedürfen, indem man nämlich einen Vergleich aller geradezu mit einem Blick vornimmt, wodurch die Abweichungen eines jeden offenbar werden«.[80] Es ist diese Geübtheit des Auges, die später bei der Beobachtung der Staubfiguren wieder relevant wird.

Die Theorie von der Mischung von drei Grundfarben teilt die Grundidee mit dem Farbdruck, der Anfang des 18. Jahrhunderts vom Maler und Kupferstecher Jakob Christoph Le Blon erfunden wurde. Le Blon stellt durch Übereinanderdruck von drei Mezzotintoplatten, die rot, gelb und blau eingefärbt werden, ein Bild mit feinen Farbabstufungen her.[81] Lichtenberg erwähnt in seinem Kommentar zu Mayers Schrift Le Blons Erfindung und betont die Nützlichkeit des Farbendreiecks für diese Kunst. Seine oben angeführte Beschreibung des praktischen Verfahrens des Mezzotinto gehört in diesen Zusammenhang. In Le Blons Schrift *L'Art d'Imprimer les Tableaux* (1756), aus der Lichtenberg im Kommentar einen Abschnitt über den Prozess des Farbdrucks zitiert,[82] wird auch das Verfahren des Mezzotinto selbst ausführlich dargelegt.[83] Darüber hinaus bemerkt Lichtenberg, dass ein von Le Blon angefertigtes Werk in der Göttinger Universität aufbewahrt werde und dass er auch die Werke von Jacques Fabien Gautier d'Agoty und seinem Sohn gesehen habe, die das Farbdruckverfahren Le Blons weiterentwickelt hatten.[84] Auch John Baptist Jackson, der sich in der ersten Hälfte des 18. Jahrhunderts mit dem oben erwähnten Clairobscur-Holzschnitt beschäftigte, kommt zur Sprache.[85] Lichtenberg lernte also den Farbdruck nicht nur theoretisch, sondern auch mit eigenen Augen kennen, was sicherlich seinen Blick für die tonale Abstufung der Farben schärfte.

Die Lichtenbergischen Figuren wurden in demjenigen Zeitalter entdeckt, in dem sich in Kunst und Wissenschaft die Aufmerksamkeit für die subtile

rent, intra quas mediam cadere existimarent. Illorum sententiis inter se et cum mea collatis, sequentia stabiliri posse credidi«. Ebd., S. 104 f.

80 »Finito hoc labore, oculus minus exercitatus videbit, quibus areolis correctio sit applicanda, comparatione quippe omnium vno quasi obtutu instituta, aberrationes singularum manifestante«. Ebd., S. 110 f.

81 Vgl. Koschatzky 1975, S. 140 f.

82 Lichtenberg 1997c, S. 114 f.

83 Le Blon 1756.

84 Lichtenberg 1997c, S. 116 f. Zu Gautier d'Agoty und seinen Söhnen vgl. Koschatzky 1975, S. 141.

85 Lichtenberg 1997c, S. 116 f. Zu Jackson vgl. Wiebel 2007, S. 81 f.; Busch 2009, S. 259-263. Lichtenberg entleiht 1774 aus der Göttinger Bibliothek neben der Schrift von Le Blon auch die Bücher von Gautier d'Agoty und Jackson, die ihre Werke in Farbdruck enthalten. Vgl. Hinrichs/Joost 1989, S. 52 f.

Abstufung der Töne und ein dafür sensibles feines Sehvermögen entwickelten. Die Staubfiguren traten vor diesem Hintergrund als ein interessanter, aber auch anspruchsvoller Gegenstand auf. Die Abbildung der Lichtenbergischen Figuren in Mezzotinto zeigt, dass es ihrem Entdecker nicht weniger um die visuelle Wahrnehmung der Objekte und die adäquateste Wiedergabe dieses Eindrucks geht als um die Erforschung ihrer elektrophysikalischen Eigenschaft. Das erstere Interesse ist aber ein ebenso epistemisches wie das letztere. Die Druckgrafik teilte, wie gesehen, im 18. Jahrhundert mit der Optik und der Farbentheorie die Frage der Wahrnehmung und sinnlichen Erkenntnis, und in diesem Themenbereich[86] ist eine der spezifischen epistemischen Bedeutungen der Staubfiguren zu ihrer Entdeckungszeit zu sehen. Die visuelle Eigenschaft der Staubfiguren war ein aktuelles Thema, in dem Kunst und Wissenschaft zusammentrafen. Die Abbildung, ihr Darstellungsstil insbesondere, ist also ein wesentlicher Teil der wissenschaftlichen Arbeit an diesem neuen elektrischen Phänomen, obwohl sie nichts zu seiner physikalischen Erklärung beizutragen scheint.

Die Editionsarbeit an Mayers *Opera Inedita* spielte für Lichtenberg sowohl in Bezug auf die Beobachtung als auch in Bezug auf die Abbildung der Staubfiguren eine bedeutende Rolle. Während Lichtenberg bei der Vorbereitung von Mayers Mondkarte für den Druck die Bedeutung der Darstellungsstile der wissenschaftlichen Bilder kennenlernte, erlebte er bei der Auseinandersetzung mit der Farbentheorie des Astronomen sowohl durch wissenschaftliche Theorie und Praxis als auch durch Anschauung der künstlerischen Werke die tonale Differenzierung. Ihm waren also die Voraussetzungen für die Verfeinerung des Sehens gegeben. Es ist plausibel, dass seine Beschäftigung mit der Tonalität in der Editionsarbeit an Mayers Nachlass zu dem differenzierten Sehvermögen beitrug, mit dem er einige Jahre später die Staubfiguren beobachten sollte. Die Abbildung der Lichtenbergischen Figuren in Mezzotinto ist ein anschauliches Ergebnis des Zusammenwirkens von Kunst und Wissenschaft in der visuellen Wahrnehmung und Darstellung im 18. Jahrhundert.

86 Man kann diesen Themenbereich als ästhetisch im etymologischen Sinne von *aisthetis* bezeichnen. Auch Dieter Kliche weist auf die Stellung der Lichtenbergischen Figuren im Kreuzungspunkt zwischen Physik und Ästhetik als Aisthetik hin, wobei er allerdings den Begriff des Ästhetischen in Lichtenbergs Beschäftigung mit den Staubfiguren nicht ausführlich erklärt. Vgl. Kliche 2003, S. 37.

3. Abdruck der Lichtenbergischen Figuren

»Diese neue Art der Druckkunst«

Die Lichtenbergischen Figuren wurden zu ihrer Entdeckungszeit nicht nur mit druckgrafischen Mitteln abgebildet. Als in der Versammlung der Königlichen Sozietät der Wissenschaften in Göttingen am 3. Mai 1777 zum ersten Mal von der Entdeckung der Staubfiguren berichtet wurde, wurden sechs Abdrucke der Figuren gezeigt, die, »ob sich gleich der Abdruck nie ohne einige Quetschung machen läßt, doch ein sehr schönes Ansehen« hatten.[1] Lichtenberg beschreibt in seiner ersten Abhandlung, wie er diese Abdrucke hergestellt hat: Er habe bei der Entdeckung der Figuren bemerkt, dass sie nach dem Abwischen des Staubs von neuem wieder entstehen, und zwar »irgendwie noch schöner«. »Daher legte ich vorsichtig pressend ein schwarzes, mit einer klebrigen Materie bestrichenes Blatt Papier auf die Figuren, wodurch es mir gelang, Abdrücke von den Figuren zu machen, von denen die Königliche Sozietät sechs gesehen hat«. »Diese neue Art der Druckkunst« (»novum hoc Typographiae genus«) war ihm sehr willkommen, weil er in seinen »Untersuchungen weiter gehen wollte und weder Zeit noch Lust hatte, die Figuren alle abzuzeichnen oder zu zerstören«.[2]

Der Abdruck der Lichtenbergischen Figuren entspricht selbst der Definition der Druckgrafik: Die in Druckfarbe (Harzstaub) auf einer Druckform (der Harzplatte) mit geeigneten Mitteln (elektrische Entladung) aufgebrachten Gebilde (die Lichtenbergischen Figuren) werden durch Aufpressen auf den Druckträger (Papier) wiederholbar übertragen.[3] Lichtenberg schreibt auch einmal, dass er so viele »Auflagen« (»editions«) von den Figuren machen kann, wie er will, weil nach einem »Abdruck« (»impression«) durch das Streuen von neuem Harzstaub auf die Harzplatte sofort wieder neue Figuren gebildet werden.[4] Im 18. Jahrhundert entwickelte sich – wie im letzten Kapitel gesehen – die Druckgrafik als Reproduktionsmittel der Malerei und Zeichnung, und zur Zeit der Entdeckung der Lichtenbergischen Figuren waren verschiedene druckgrafische Techniken in Gebrauch. Es verwundert deshalb

1 [Kästner] 1777, S. 570.

2 »Sed gratissimum spectaculum mihi praebebat, cum illas vix destrui posse viderem, penna nempe aut pede leporino leniter absterso pulvere, impedire non potui, quominus eaedem paullo ante destructae formae denuo ac nitidiores quodammodo resurgerent. Itaque chartam nigram materia viscida oblitam figuris imponens ac leviter premens ectypa figurarum mihi facere contigit, quorum sex Societas Regia vidit. Pergratum mihi erat novum hoc Typographiae genus, ad ulteriora quippe properanti, et neque tempus neque animum habenti, figuras aut omnes delineandi aut destruendi«. Lichtenberg 1997a, S. 150-153. Er beschreibt im Brief an Johann Christian [?] Ehrmann vom 20.3.1780 die Methode ausführlicher. Vgl. Bw 2, S. 44.

3 Vgl. Koschatzky 1975, S. 11.

4 Brief an Jean André Deluc, 28.8.1777, Bw 1, S. 734.

nicht, wenn Lichtenberg den Abdruck der Staubfiguren als eine »neue Art der Druckkunst« bezeichnete, die sich unter die damals bekannten druckgrafischen Verfahren einreihen sollte. Wie »neu« aber war um 1800 der Abdruck der Lichtenbergischen Figuren als wissenschaftliches Bild, und in welchem Verhältnis stand der Abdruck zur Abbildung der Staubfiguren, die mit den herkömmlichen druckgrafischen Mitteln hergestellt wurde?

In der modernen Darstellung der Lichtenbergischen Figuren wird nicht selten erwähnt, dass mit ihnen die Prinzipien entdeckt worden seien, auf denen die Elektrofotografie bzw. Xerografie beruhe.[5] Diese Würdigung klingt umso überzeugender, als der Erfinder der Elektrofotografie, Chester F. Carlson, dem 1938 in den USA zum ersten Mal der Versuch des Fotokopierens gelang, retrospektiv die Lichtenbergischen Figuren als den »ersten elektrostatischen Aufzeichnungsprozess« anerkennt.[6] Beim Fotokopierer entsteht die Kopie, indem Kohlenstaub von den geladenen Stellen der Walze angezogen, auf Papier abgerollt und durch Erhitzen fixiert wird.[7] Aus heutiger Sicht scheint es deshalb keine Übertreibung zu sein, wenn man sagt, dass Lichtenberg mit dem Abdruck der Staubfiguren »vom Prinzip her einen Urahnen der Xerox-Kopiermaschine hergestellt« habe.[8]

Diese Einschätzung beschränkt jedoch die Bedeutung des Abdrucks der Lichtenbergischen Figuren auf den technologischen Aspekt des Verfahrens. Darüber hinaus wird dabei die Distanz unterschätzt, die zwischen der Erfindung von Lichtenberg und der von Carlson liegt. Für die Entstehung der Elektrofotografie waren nicht nur neue Elemente wie die Fotoleitung unentbehrlich, die Lichtenberg noch nicht kannte,[9] sondern ihm war auch die Fotografie als solche überhaupt nicht bekannt,[10] nach der Carlson seine Erfindung benannte. Die Bezeichnung *Electrophotography* weist eher auf den Bruch zwischen den beiden Erfindungen hin als auf die Kontinuität. Um die epistemische Bedeutung des Abdrucks der Lichtenbergischen Figuren zu ihrer Entdeckungszeit herauszuarbeiten, soll das Verfahren im Folgenden im Kontext der zeitgenössischen Wissenskultur betrachtet werden, bevor es als eine Urform der Xerografie gewürdigt wird.

5 Z.B. Zimmermann 1988, S. 162; Brix 1992, S. 405 f.; Heilbron 2005.

6 Carlson 1965, S. 16. Zur Erfindungs- und Entwicklungsgeschichte der Elektrofotografie im Zusammenhang mit den Lichtenbergischen Figuren vgl. Bayer 1993.

7 Zimmermann 1988, S. 162.

8 Pfannkuchen 2009, S. 82.

9 Bayer 1993, S. 176.

10 Zwar hatte er – angeregt durch die Hinweise seines Freundes Jöns Matthias Ljungberg im Jahr 1769 – eine Vorstellung von einem Mittel, mit dem man die Bilder in der Camera obscura auf Papier fixieren könnte, aber was ihm dazu einfiel, war die Anwendung des Bologneser Leuchtsteins, nicht der Silbersalze, und er setzte die Idee schließlich nicht in die Praxis um. Vgl. Gravenkamp 2007.

Lichtenberg selbst hat zwar nicht viel über den Abdruck der Staubfiguren geschrieben, aber das Verfahren interessierte einige der zeitgenössischen Naturforscher, und seine einfache Methode des Abdrucks wurde von ihnen zu weit komplizierteren Verfahren verfeinert. Anhand ihrer Arbeiten wird hier zuerst die Bedeutung des Abdrucks der Lichtenbergischen Figuren rekonstruiert, die man um 1800 in diesem Verfahren sah.

Lichtenbergische Figuren als Ornament

Die »neue Art der Druckkunst« von Lichtenberg fand ihren ersten Widerhall in England. Der englische Geistliche und Naturforscher Abraham Bennet stellt in seinem Werk *New Experiments on Electricity* von 1789 neben verschiedenen Experimenten mit den Lichtenbergischen Figuren auch seine Methode ihres Abdrucks vor. Er gibt dabei eine detaillierte Beschreibung von den einzelnen Schritten der Herstellung des Abdrucks. Während Lichtenberg die Figuren aus Harzstaub auf ein mit klebriger Materie bestrichenes schwarzes Papier übertrug, stellt Bennet die Figuren aus einem pulverisierten Gemisch aus Farb- und Klebstoff her und druckt sie auf Papier ab, das vorher in Wasser getaucht und so aufgeweicht worden ist.[11] Nachdem das Papier vorsichtig auf die Figuren gelegt und mit einem Tuch oder einem mit Tuch bezogenen hölzernen Roller gepresst worden ist, wird es wieder auf die Oberfläche des Wassers gelegt, mit der bedruckten Seite nach unten, um den überflüssigen Staub zu entfernen. Nach dem Trocknen des Papiers ist der Abdruck schließlich fertig. »By the above process it is obvious that leather, callico, or linen, as well as paper, may be printed with these figures, and the effects of the diffusion of electricity upon a resinous plate be exhibited to those who have not leisure or inclination to perform the experiments«.[12]

Bennet sieht den Abdruck als eines der Mittel an, die aus feinem Staub bestehenden und deswegen fragilen Lichtenbergischen Figuren zu fixieren. Die Methode des Abdrucks gehört in seinem Buch in eine Reihe von Verfahren, mit denen sich die Staubfiguren festhalten und bewahren lassen: Die Figuren können durch Hitze auf einer mit Siegellack überzogenen Glasplatte fixiert oder aus fein pulverisiertem Email auf Porzellan hergestellt und mit diesem gebrannt oder mit Glas bedeckt werden.[13] Bei all diesen Verfahren kommt es Bennet in erster Linie darauf an, die Staubfiguren mit möglichst geringer Beschädigung zu fixieren und haltbar zu machen, wie er im Zusam-

11 Das ist ein beim Druck von Kupferstichen übliches Verfahren. Vgl. Bosse 1765, S. 252-254.

12 Bennet 1789, S. 45-50. Zitat S. 49.

13 Ebd., S. 45-51. Die Fixierung der Figuren durch Hitze und durch Bedecken mit Glas hatte bereits Lichtenberg angewendet. Vgl. Briefe an Johann Andreas Schernhagen, 23.2.1778, Bw 1, S. 794; an Franz Ferdinand Wolff, 13.7.1783, Bw 2, S. 654; 10.2.1785, Bw 3, S. 44.

menhang mit dem Versuch des Brennens des mit den Figuren verzierten Porzellans am ausdrücklichsten äußert: »In this way the ramifications and shades may be indelibly fixed and preserved, without any diminution of their beauty«.[14]

Die Beschreibung der Methode des Abdrucks von Bennet wurde 1795 von Tiberius Cavallo in der vierten Auflage seines Werks *A Complete Treatise on Electricity* unverändert zitiert.[15] Hier wird der Abdruck ebenfalls als ein Mittel zur Fixierung der Staubfiguren dargestellt. Die Figuren könnten, so Cavallo, auf allen Arten von elektrischen oder halbelektrischen Substanzen gemacht und durch Bedecken mit einer Glasplatte, durch Schmelzen der Harzplatte oder des Staubs durch Hitze oder durch Übertragen auf Papier konserviert werden.[16] Er stellt aber dabei neben den Verfahren der Fixierung der Figuren, wie sie auch Bennet beschrieben hat, ein weiteres Experiment vor, bei dem die Staubfiguren keine Rolle spielen: die Färbung eines Tuchs durch elektrische Entladung auf ein Metall. Laut Cavallos Beschreibung legt man eine Karte, aus der eine beliebige Figur ausgeschnitten worden ist, auf den Seidenstoff und darüber ein Goldblättchen; wenn man das Goldblättchen mit einer Batterie, sicherlich von Leidener Flaschen, verbinde und sie entlade, schmelze es und dringe in den Seidenstoff ein, so dass das Tuch mit einer purpurnen Figur gefärbt werde. »I need hardly observe, that by changing the metallic leaf, as well as the figure in the card, many beautiful ornaments may, by this means, be marked upon silk«.[17] Darüber hinaus weist Cavallo darauf hin, dass manche der Abdrucke der Lichtenbergischen Figuren auch unabhängig von ihrem wissenschaftlichen Wert »sehr schöne Verzierun-

14 Bennet 1789, S. 50.

15 Cavallo 1795, Bd. 3, S. 148-154.

16 Ebd., S. 148. Er nennt auch das Brennen der Staubfiguren aus Email auf Porzellan. Ebd., S. 145.

17 Ebd., S. 155 f. Es handelt sich hier um die elektrische Erscheinung, die im späten 18. Jahrhundert durch das Experiment des niederländischen Naturforschers Martinus van Marum bekannt geworden ist. Van Marum stellt in seiner *Beschreibung einer ungemein großen Elektrisier-Maschine und der damit im Teylerschen Museum zu Haarlem angestelten Versuche* (1786-98) den Prozess der Oxidation von Metallen durch elektrische Entladung, den er Kalzination nennt, mit Abbildungen dar. Er konnte aber dabei in Wirklichkeit das Gold nicht oxidieren, obwohl er die aufgrund der Entladung am Gold auf dem Papier entstehenden Spuren in purpurnen Farben für das Ergebnis einer Oxidation hielt. Sie lassen sich laut Willem Dirk Hackmann tatsächlich auf die Pulverisation von Gold durch Entladung zurückführen. Vgl. Hackmann 1974. Gerhard Wiesenfeldt und Friedrich Weltzien bringen van Marums Experiment in Zusammenhang mit den Lichtenbergischen Figuren, weil es sich bei beiden um eine Selbstrepräsentation der Natur handle. Weltzien weist auch darauf hin, dass Adolf Traugott von Gersdorf neben den Versuchen der Lichtenbergischen Figuren auch mit der Kalzination nach van Marums Methode experimentierte. Vgl. Wiesenfeldt 2006, S. 272-275; Weltzien 2007, S. 36 f.; Weltzien 2011, S. 197-200.

gen« sind und dass sie als solche »in Zukunft bei verschiedenen Manufakturen eingeführt werden könnten«.[18]

Cavallos Erwartung ist nicht unbegründet. Die oben erwähnte Idee, Lichtenbergische Figuren aus Email auf Porzellan zu brennen, stammt Bennet zufolge nicht von ihm selbst:

> Mr. Wedgwood proposed to fix the figures by projecting fine powder'd enamel, after the electricity was diffused upon porcelain, and then to bake the plate or vessel (thus ornamented) in the usual way. This experiment was tried at his house, and the figures were very well fixed; but the weather being then unfavourable, they were not so beautiful as might be expected.[19]

Es handelt sich hier um Josiah Wedgwood, den großen englischen Porzellanmanufakturisten des 18. Jahrhunderts. Bennet dankt ihm und mehreren renommierten Naturforschern wie Joseph Banks, Erasmus Darwin und Joseph Priestley am Anfang seines Buches für ihre Unterstützung.[20] Wedgwood und Bennet – wie auch Darwin und Priestley – waren Mitglieder der *Lunar Society* in Birmingham, einer Gesellschaft von intellektuellen und prominenten Persönlichkeiten aus England, und Bennet hatte in diesem Zusammenhang die Bekanntschaft des Töpfers gemacht.[21] Wedgwood war nicht nur ein erfolgreicher Unternehmer, sondern zugleich ein erfahrener Experimentator und interessierte sich für die Anwendung der Wissenschaft und Technologie in seiner Keramikmanufaktur.[22] Neben der Verbesserung der Materialien gehörte die Technik der Dekoration von Porzellan zu seinen Hauptinteressen.[23] Es liegt deshalb nahe, dass Wedgwood auf den Gedanken kam, mit der neuen elektrischen Erscheinung seine Produkte zu ornamentieren.

Obwohl das Experiment mit den Staubfiguren Wedgwood wahrscheinlich nicht gut genug gefiel und ein mit Lichtenbergischen Figuren verziertes Stück aus seiner Manufaktur nicht bekannt ist, weist diese Episode besonders deutlich auf einen Aspekt der Bedeutung des Abdrucks der Lichtenbergischen Figuren am Ende des 18. Jahrhunderts hin. Sowohl beim Brennen als auch beim Abdruck der Figuren handelt es sich um die Fixierung der Figuren auf einem Körper, sei es Porzellan, sei es Papier, Tuch oder Leder, und es ist nicht

18 »But independent of this scientific instruction, some of those impressions are very beautiful ornaments, and as such, it is not unlikely, that they may hereafter be introduced in various manufactures«. Cavallo 1795, Bd. 3, S. 141.

19 Bennet 1789, S. 50.

20 Ebd., o.S.

21 Vgl. Elliot 1999, S. 68-70; Schiffer 2003, S. 242-244. Zur *Lunar Society* vgl. Uglow 2002.

22 Vgl. Reilly 1992, Dolan 2005.

23 Er hatte z.B. das *transfer-printing*, d.h. die Technik, in Kupfer gestochene Bilder auf die Oberfläche von Porzellan zu übertragen, in seiner Manufaktur eingeführt und damit auf dem Markt einen großen Erfolg gehabt. Vgl. Reilly 1992, S. 30f., 77; Reilly 1995, 427f.; Dolan 2005, S. 83-87.

nur der wissenschaftliche Wert, sondern eher die Schönheit der Staubfiguren, die dafür ausschlaggebend ist. Zwar spricht Bennet von der Möglichkeit, die Art der Elektrizität in der Luft mithilfe der Lichtenbergischen Figuren aufzuzeichnen und in Form von Abdrucken einem entfernten Land mitzuteilen,[24] aber seine äußerst detaillierte Beschreibung der Methode des Abdrucks verrät neben dem wissenschaftlichen auch ein ästhetisches Interesse, das beim Brennen der Staubfiguren auf Porzellan in den Vordergrund tritt. Cavallo spricht expliziter als Bennet von der Schönheit des Abdrucks der Figuren, die auch den Manufakturisten Wedgwood hauptsächlich interessieren musste. Cavallo stellt sogar neben den Versuchen mit den Lichtenbergischen Figuren auch ein Experiment vor, das mit ihnen nichts zu tun hat, das aber ebenfalls auf die dekorative Anwendbarkeit einer elektrischen Erscheinung hinweist, nämlich die oben erwähnte Färbung eines Tuchs durch elektrische Entladung auf ein Metall.

Die Rezeption des Abdrucks der Lichtenbergischen Figuren in England zeigt, dass er um 1800 als ein Verfahren galt, das den ästhetischen Aspekt der Staubfiguren hervorhebt. Die Schönheit der Staubfiguren, die Lichtenberg bei ihrer Entdeckung als einen weiteren Vorzug neben ihrer wissenschaftlichen Verwendbarkeit ansah[25] und die auch andere zeitgenössische Naturforscher faszinierte,[26] rückt durch den Abdruck in den Mittelpunkt der Aufmerksamkeit: Der Abdruck kann als ein Fixierungsmittel der Lichtenbergischen Figuren fungieren, so dass diese sich in Ornamente verwandeln.

Naturselbstdruck

Das Interesse an seiner Anwendung als Verzierung war charakteristisch für die Rezeption des Abdrucks der Lichtenbergischen Figuren in England; gleichzeitig wurde das Verfahren im deutschsprachigen Raum weiterentwickelt. Cavallos Untersuchung wurde 1797 ins Deutsche übersetzt[27] und fand in dem Oberlausitzer Gutsherrn und Naturforscher Adolf Traugott von Gersdorf einen interessierten Leser. Er hatte während seines Besuchs bei Lichtenberg in Göttingen im Jahr 1783 die Staubfiguren kennengelernt und in den 1790er Jahren begonnen, selbst mit ihnen zu experimentieren.[28] In einem Aufsatz von 1800 stellt er neben den Experimenten der Staubfiguren, zu denen er

24 Bennet 1789, S. 49f.
25 Vgl. oben I. Teil.
26 Die Schönheit der Lichtenbergischen Figuren wird um 1800 von mehreren Naturforschern erwähnt. Um nur einige zu nennen: Donndorff 1784, S. 239; Troostwyk/Krayenhoff 1790, S. 358; Pfaff 1823, S. 80.
27 Cavallo 1797.
28 Goetz 1967a, S. 419f.; Goetz 1967b, S. 91f.; Lemper 1974, S. 261-264; Herrmann [2007], S. 66-71; Klammt 2007; Weltzien 2007, S. 32-35; Welzien 2011.

durch die Lektüre von Cavallos Werk im Jahr 1798 angeregt worden sei,[29] eine Methode ihres Abdrucks dar:

> Mein Wunsch, die ausnehmend schönen und merkwürdigen Wirkungen dieser Versuche auf Harzkuchen durch gute und richtige Abzeichnungen davon aufzubewahren, war wegen der auserordentlichen, ja wirklich unglaublichen Mühe, sie, selbst von der geschiktesten Hand, getreu abzeichnen zu lassen, auch der, bei ihrer so unendlichen Mannigfaltigkeit darzu erforderlichen vielen Zeit, allzuvielen und allzugrossen Schwierigkeiten unterworfen, und die gleichfalls von Cavallo beschriebene Art Abdrüke davon zu machen, noch gar zu unvollkommen, bis ich endlich, durch Hülfe des allgemein bekannten vortreflichen Landschaftzeichners, Hrn. Nathes in Görliz, ein ziemlich leichtes Mittel herausgebracht habe, schöne und ganz getreue Abdrüke davon zu machen.[30]

Die hier Cavallo zugeschriebene Methode des Abdrucks stammt, wie gesehen, eigentlich von Bennet. Gersdorf beschreibt im Anschluss seine eigene Methode, die nicht weniger kompliziert ist als diejenige seines englischen Vorgängers. In der Tat stellte Gersdorf in Zusammenarbeit mit dem Maler und Zeichner Christoph Nathe zahlreiche Abdrucke der Lichtenbergischen Figuren her, von denen heute noch mehr als 1300 im Kulturhistorischen Museum Görlitz aufbewahrt werden und eine einzigartige Sammlung dieser Art bilden (Abb. 17).[31]

Während Bennet und Cavallo im Abdruck der Lichtenbergischen Figuren vor allem ein Mittel zu ihrer Fixierung sehen, richtet Gersdorf seine Aufmerksamkeit auf einen anderen Aspekt dieses Verfahrens. Es ist, wie er sagt, der Wunsch nach einem möglichst treuen Abbild der Staubfiguren, wie es auch ein sehr geschickter Künstler nicht leisten könnte, der ihn zur Entwicklung einer eigenen Methode des Abdrucks bewegt habe. Für diesen Zweck zeigen sich die Lichtenbergischen Figuren als ein anspruchsvoller Gegenstand. Sie nehmen nicht nur je nach den Bedingungen der Experimente unterschiedliche Formen an, sondern zeigen, wie im letzten Kapitel gesehen, auch jeweils subtile Abstufungen der Tonwerte. Während Lichtenberg geschickte Kupferstecher die Abbildung der Staubfiguren in Mezzotinto herstellen ließ, um ihre tonalen Verhältnisse wiederzugeben, kann der Abdruck verständlicherweise viel einfacher Bilder hervorbringen, die die Figuren sowohl bezüglich der Töne als auch der Form getreu abbilden; werden doch beim Abdruck die Lichtenbergischen Figuren selbst als Druckform eingesetzt.

29 Gersdorf 1800, S. 103.
30 Ebd., S. 111.
31 Lemper 1974, S. 264; Herrmann [2007], S. 66-71. Weitere Beispiele des Abdrucks der Lichtenbergischen Figuren von Gersdorf zeigen Abb. 21 und 24.

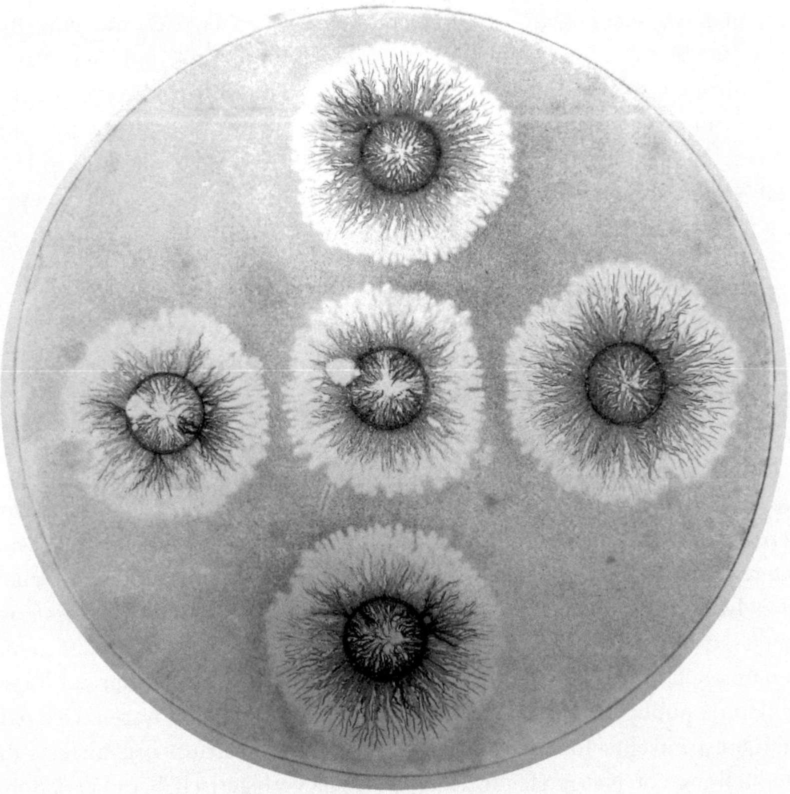

Abb. 17: Abdruck der Lichtenbergischen Figuren
von Adolf Traugott von Gersdorf.

Gersdorfs Erklärung der Motivation zur Herstellung des Abdrucks lässt erkennen, dass der Abdruck der Lichtenbergischen Figuren mit einer bestimmten Art der Druckkunst Zweck und Methode teilt: mit dem Naturselbstdruck, d.h. demjenigen Druckverfahren, bei dem die Naturobjekte selbst eingefärbt und auf Papier abgedruckt werden. Der Naturselbstdruck hat parallel zur Entwicklung der künstlerischen Techniken der Druckgrafik in Holz und Kupfer seine eigene Geschichte. Das älteste bisher bekannte Zeugnis des Selbstdrucks von Pflanzen entstand im 13. Jahrhundert in Syrien. Seit dem 15. Jahrhundert verbreitete sich das Verfahren über Italien in die europäischen Länder, wo es weiterentwickelt wurde. Im *Codex Atlanticus* von Leonardo da Vinci findet sich ein Abdruck eines Salbeiblattes mit einer Beschreibung der Methode dieses Druckverfahrens.[32] Während nach der Anweisung von Leonardo die Pflanzen mit Lampenruß eingefärbt werden, verwendete man später Druckerschwärze und Druckerpresse.[33]

Der Naturselbstdruck war unter anderem für die Botanik von Interesse. Neben dem Pflanzengarten und dem Herbarium, d.h. einer Sammlung von getrockneten und gepressten Pflanzen, sowie der gezeichneten oder gestochenen Abbildung verwendete diese Wissenschaft den Abdruck als eines ihrer Dokumentationsmittel.[34] Während man den Naturselbstdruck anfangs hauptsächlich als Unikat zum Zweck der privaten Benutzung herstellte, wurden im 18. Jahrhundert vor allem in Deutschland mehrere Bücher der Pflanzenkunde publiziert, die mit Naturselbstdrucken illustriert waren. Der Arzt und Naturforscher Johann Hieronymus Kniphof in Erfurt organisierte die Herstellung von Naturselbstdrucken erstmals verlegerisch. Sein Werk *Botanica in originali*, das 1733 bei der Erfurter Buchdruckerei von Johann Michael Funcke erschien und zahlreiche Pflanzenabdrucke enthielt, wurde bis 1764 mehrmals erweitert und verbessert und gab Anregungen zu ähnlichen Unternehmen.[35]

Obwohl mit dem Naturselbstdruck wegen der Empfindlichkeit der Pflanzen viel weniger Abzüge hergestellt werden können als mit Holzschnitt oder Kupferstich, sah man darin Vorzüge, die anderen Dokumentationsmitteln der Botanik fehlten. Als Kniphof 1729 die Publikation eines Werks mit Naturselbstdrucken ankündigt, vergleicht er das Verfahren nicht nur mit dem Her-

32 Karen M. Reeds zufolge stammt der Abdruck von Leonardos Schüler Francesco Melzi und die Beschreibung von Leonardo selbst, und beide entstanden nach 1507. Reeds 2006, S. 205-211.

33 Zur Geschichte des Naturselbstdrucks vgl. Fischer 1933; Natur im Druck 1995; Cave 2010.

34 Zum Naturselbstdruck in der Botanik vgl. Nissen 1966, S. 243-250; Blunt/Stearn 1994, S. 156-158; Saunders 1995, S. 141-145; Geus 2000; Reeds 2006; Lack 2008, S. 19; Klinger 2010; Kusukawa 2012, S. 37-39.

35 Zum Naturselbstdruck in Deutschland des 18. Jahrhunderts vgl. Fischer 1933, S. 186-188; Natur im Druck 1995, S. 12-17; Cave 2010, S. 44-53; Klinger 2010. Zu Kniphof und seinem Werk vgl. auch Schalldach 1985 u. 1988; Kümmel 2012.

barium und behauptet, dass mit dem Abdruck »ein weit dauerhafteres und gleichwol eben so vollkommenes *Herbarium vivu*m« verfertigt wird, »als wie die *ordinair*en sind«. Er zieht den Abdruck auch der Abbildung in Kupferstich oder Holzschnitt vor:

> Daß die bekannte Art, die Kräuter nach dem Leben abzudrucken und also recht beständige *Herbaria viva* zu verfertigen, allerdings wenigstens vor denen kostbahren *Botani*schen, mit denen saubersten Kupfferstichen und Holtzschnitten gezierten Wercken, einen ziemlichen Vorzug habe, das wird verhoffentlich ein jeder vernünftiger *Botanicus* gar willig zugestehen, weil nemlich diese letztern von des Mahlers Kunst und menschlichen Unvermögen *dependir*en; jene aber, statt der Kupffer-Platte oder Holtz-Forme, von einem ausgetruckneten Kraute, als dem *Originali* selbst, pflegen abgedruckt zu werden[.][36]

Dass der Naturselbstdruck den Gegenstand viel exakter wiedergibt als die Zeichnung oder der Kupferstich, weil es sich dabei um den Abdruck der Pflanze selbst handelt, ist ein in der Lobrede auf diese Drucktechnik immer wieder auftauchendes Argument. Der Wolfenbütteler Arzt und Naturforscher Franz Ernst Brückmann, der 1733 in einem öffentlichen Schreiben an Kniphof dessen Darstellung der Geschichte des Naturselbstdrucks widerspricht und die Erfindung dieser Kunst einem Engländer zuschreibt, stimmt ihm gleichzeitig darin zu, dass

> dergleichen Abdrucke von lebendigen Kräutern aufm Pappier so schön, so fein und accurat sich præsentiren, daß sie kein Mahler oder Kupffer-Stecher mit seinem zärtesten Pinsel, Farbe und geschärfften Grabstichel so zart und fein nacharbeiten, mahlen, zeichnen, oder stechen kan, als sie in diesen künstlichen Abdrucken zu sehen sind; denn jedes Blat einer solchen abgedruckten Pflantze stellet aufm Pappier accuratissime die allerzartesten Venas, subtilesten Nervos, horumque ductus & canales, mit allen die Kreutz und Queer lauffenden Linien und Zügen vor, so in jedem Blat des Krauts nur befindlich; überdiß wird auch jedes Kraut, jedes Blat, jede Blume in natürlicher Grösse und Umschreibung auf- und abgedrucket.[37]

Diese Ansichten teilt auch der Regensburger Apotheker Ernst Wilhelm Martius, der 1784 in der Vorrede seiner Anweisung des Naturselbstdrucks sagt: »Wenn gleich die Hand des Zeichnens [sic] der Abbildung einer Pflanze durch abwechselndes Licht und Schatten ein schönes Ansehn verschaft; so wird man doch immer einen großen Unterscheid finden, wenn man eine solche Schilderung gegen das Original hält, wovon in verschiednen kostbaren

36 Kniphof 1729, S. 779. Hervorhebungen im Original.
37 Brückmann 1733, o.S.

Werken Beispiele genug vorhanden sind«. Deshalb werde es »einem jeden Liebhaber der Botanik nicht unangenehm seyn, sich Abbildungen zu verfertigen, die der Natur vor allen andern, weil sie von den Urbildern der Pflanzen genommen sind, am nächsten gleich kommen«.[38]

Es ist diese Überlegenheit des Naturselbstdrucks über die Zeichnung oder den Kupferstich, die Gersdorf in Bezug auf den Abdruck der Lichtenbergischen Figuren wiederholt. Wie der Naturselbstdruck ist der Abdruck der Staubfiguren auch vom »Urbild« bzw. »*Originali*« der Staubfiguren genommen. Die Treue der Wiedergabe der Gegenstände, die eine unendliche Mannigfaltigkeit und Kompliziertheit zeigen, wird sowohl beim Abdruck der Pflanzen als auch bei demjenigen der Lichtenbergischen Figuren durch den unmittelbaren Kontakt der Bildvorlage mit dem Bildträger ohne Intervention der Hand des Künstlers erreicht. Der Abdruck der Lichtenbergischen Figuren reiht sich also in die Tradition des Naturselbstdrucks ein; er hat ein Paralleles in der Botanik, der schon lange das Verfahren zur Verfügung stand, ein treues Abbild der Pflanzen durch Abdruck von ihnen selbst herzustellen. Mit der »neuen Art der Druckkunst« erfand Lichtenberg eine Variante des Naturselbstdrucks für die Elektrizitätsforschung, die somit eine Alternative der bildlichen Darstellung der Staubfiguren erhielt – ebenso wie die botanische Illustration mit dem Abdruck der Pflanzen ihre Ausdrucksmöglichkeiten erweiterte.[39]

Die botanische Illustration um 1800

Der Naturselbstdruck bleibt aber in der botanischen Illustration im Ganzen eine Sondermethode, und er genießt um 1800 nicht immer Hochschätzung. Botanik, eine auf Beobachtung angewiesene Wissenschaft, verdankt ihre Entwicklung in großem Maße der Abbildung. Dem Studium der Pflanzen, die von kurzlebiger und fragiler Natur sind, dient die bildliche Repräsentation als ein unentbehrliches Hilfsmittel, um die morphologischen Informationen über die Pflanzen aufzuzeichnen und zu überliefern, damit die Pflanzen identifiziert und klassifiziert werden können. Dabei spielen die Buchdruckerkunst und die Druckgrafik für die Verbreitung der Pflanzenabbildungen eine große Rolle. Seit dem Ende des 15. Jahrhunderts enthielten die Bücher der Pflanzenkunde gedruckte Abbildungen, zuerst in Holzschnitt und ab Ende des 16. Jahr-

38 Martius 1784, Vorrede, o.S.

39 Der Abdruck der Pflanzen sollte Kerrin Klinger zufolge eigentlich eine Alternative zum feuchtigkeits- und schimmelanfälligen Herbarium sein (vgl. Klinger 2010, S. 83), aber wie hier gesehen, wurde er im 18. Jahrhundert eher als eine Alternative zur Abbildung betrachtet. Klinger weist auch darauf hin, dass der Naturselbstdruck auch nicht von Manipulation frei ist (ebd., S. 85, 93), was aber die Praktiker dieses Verfahrens im 18. Jahrhundert nicht problematisierten.

hunderts in Kupferstich und Radierung. So entstanden im 18. und frühen 19. Jahrhundert viele botanische Prachtwerke, die mit zahlreichen Pflanzenabbildungen illustriert sind, welche in Kupferstich oder Radierung, manchmal aber auch mit anderen druckgrafischen Techniken hergestellt und handkoloriert wurden. Sie sind Produkte der engen Zusammenarbeit von Naturforschern mit Künstlern, deren Geschicklichkeit auf die Bewertung der botanischen Publikationen einen nicht geringen Einfluss hatte. Die Botanik ist also eine visuelle Wissenschaft für die vegetative Natur auf der Erde, wie es die Astronomie für die Himmelskörper ist.[40]

Die Bedeutung der Abbildung und der dafür verwendeten Druckkunst für die Botanik wird auch in den Lehr- und Wörterbüchern dieser Wissenschaft um 1800 thematisiert. Es fällt dabei auf, dass der Naturselbstdruck, entgegen der Lobrede von denjenigen, die sich mit dieser Kunst beschäftigten, nicht vorbehaltlos geschätzt wird: Die Abdrucke seien »nur Sillhouetten oder Schattenrisse von Pflanzen, welche, ob sie gleich nur bloße Umrisse liefern, doch wenn sie mit Fleisse gemacht sind, dazu dienen können, um sich einige Vorstellung von der abgedruckten Pflanze zu machen«;[41] sie würden »zwar sehr genau werden, aber die feineren Theile der Blume gehn völlig verloren«;[42] einfach gesagt: »Eigentlich liefern sie bloß treue Umriße«.[43] Obwohl die Technik des Naturselbstdrucks im Laufe des 18. Jahrhunderts verbessert wurde und auch Abdrucke entstanden, die die Pflanzen nicht nur im Umriss, sondern auch bis ins Detail der Blattstrukturen wiedergeben, tauchten die negativen Urteile über den Abdruck immer wieder auf.[44] Ein anonymer Rezensent der Anweisung zum Naturselbstdruck von Martius verurteilt das Verfahren sogar insgesamt. Er beantwortet die Frage, »Ob übrigens die Botanik durch diese Kunst, und wenn sie auch aufs höchste getrieben würde, viel gewinnen, oder ob selbige jemals eine glänzende Rolle spielen werde?«, mit Nein. »Es ist ein zu großer, zu wichtiger Unterschied, zwischen guten Kupferabbildungen oder auch einer kunstmäßig getrockneten Pflanze, und einem solchen Abdruck«.[45] Kniphofs, Brückmanns und Martius' Einschätzung des Abdrucks wird hier ganz grundsätzlich widersprochen.

40 Zur Geschichte der botanischen Illustration vgl. Nissen 1966; Blunt/Stearn 1994; Saunders 1995; Lack 2008. Auch Johann Jakob Haid, der Vater von Johann Elias, und Joël Paul Kaltenhofer arbeiteten an den Illustrationen der bedeutenden botanischen Werke des 18. Jahrhunderts. Zu Haid vgl. Nissen 1966, S. 176 f.; zu Kaltenhofer ebd., S. 208 f.

41 Borckhausen 1797, Bd. 1, S. 3.

42 Willdenow 1798, S. 456.

43 Suckow 1786, 1. Teil, S. 143.

44 Den Tadel, dass der Abdruck wie der Schattenriss nur den Umriss der Pflanzen, und zwar der »abgestorbenen und zerquetschten«, wiedergibt, wiederholt auch Johann Beckmann in seinen *Beyträgen zur Geschichte der Erfindungen*. Beckmann 1782-1805, Bd. 1, 4. St., S. 516.

45 Anonymus 1787-88, S. 147.

Die in der Botanik um 1800 allgemein geringe Schätzung des Naturselbstdrucks lässt sich nicht durch seine begrenzte Auflagenhöhe allein erklären. Vielmehr verbirgt sich darin eine bestimmte Auffassung von wissenschaftlichen Bildern, die die für diese Zeit charakteristische Erkenntnisweise spiegelt. Die botanische Illustration des 18. und frühen 19. Jahrhunderts zielt nicht auf ein individuelles Porträt einer Pflanze. Ihr geht es nicht um die Wiedergabe der einzelnen konkreten Exemplare der Pflanzen, die man vor sich hat, sondern im Gegenteil um die Darstellung eines idealisierten Musterbeispiels einer Spezies. Bei der Abbildung einer Pflanzenart werden aus der unendlichen Variationsbreite unter den einzelnen Exemplaren die wesentlichen Eigenschaften und allgemeinen Kennzeichen betont und unwichtige Details und individuelle Abweichungen ausgelassen. Was in der botanischen Abbildung dargestellt werden soll, ist also ein Idealbild bzw. ein Typ.[46]

Es handelt sich hier um den epistemischen Wert der »Naturwahrheit« (»truth-to-nature«), die Lorraine Daston und Peter Galison für dominant in den Wissenschaften des 18. und frühen 19. Jahrhunderts halten. In ihrem Buch *Objectivity* stellen die beiden Wissenschaftshistoriker anhand der Bilder in wissenschaftlichen Atlanten fest, dass es in diesem Zeitalter bei der Betrachtung der Natur um die hinter ihrer Variabilität liegenden Typen geht, die durch Auswählen, Vergleichen, Beurteilen und Verallgemeinern entdeckt werden. Die Eingriffe der Naturforscher (und der von ihnen beauftragten Künstler), die bei der Herstellung der Bilder den Gegenstand interpretieren, rekonstruieren und sogar verbessern, werden deshalb keinesfalls getadelt, sondern umgekehrt als unentbehrliche Tätigkeiten der Wissensformation anerkannt. Die botanischen Abbildungen des 18. und frühen 19. Jahrhunderts sind typische Beispiele für die Bilder der »Naturwahrheit«, die Daston und Galison anführen. Sie sind das »Vernunft-Bild« (»reasoned image«) der Pflanzen, das auf die Standardisierung und Generalisierung der Objekte zielt.[47]

Demgegenüber verkörpert der Naturselbstdruck die »mechanische Objektivität« (»mechanical objectivity«), die Daston und Galison zufolge erst um die Mitte des 19. Jahrhunderts in den wissenschaftlichen Atlanten aufkam. »By *mechanical objectivity*«, so Daston und Galison, »we mean the insistent drive to repress the willful intervention of the artist-author, and to put in its stead a set of procedures that would, as it were, move nature to the page through a strict protocol, if not automatically«.[48] Es handelt sich also um das Konzept, das man in der Regel als die wissenschaftliche Objektivität bezeichnet, die aber – so lautet die These der beiden Wissenschaftshistoriker – eine

46 Nickelsen 2000, bes. S. 27-64. Diese Tendenz prägt übrigens die botanische Abbildung im Allgemeinen. Vgl. auch Nissen 1966, S. 3-8; Saunders 1995, S. 9-12.

47 Daston/Galison 2007, S. 55-83.

48 Ebd., S. 121. Hervorhebung im Original.

Geschichte hat.[49] Gefordert wird nun die möglichste Unabhängigkeit von menschlicher Intervention bei der Bildproduktion, durch die das individuelle Objekt mit allen seinen zufälligen Besonderheiten exakt wiedergegeben werden soll. Der Naturselbstdruck ist neben dem Schattenbild, mit dem er um 1800 verglichen wurde, eine der primitiven Methoden der mechanischen Bildgebung, und in diesem Zusammenhang lässt sich die Geringschätzung des Naturselbstdrucks in der Botanik zu dieser Zeit verstehen: Er repräsentiert unter der Vorherrschaft der »Wahrheit« in den Wissenschaften die »Objektivität«, ein ganz anderes, ja ihr entgegengesetztes epistemisches Prinzip. Der Jenaer Botaniker August Johann Georg Carl Batsch bemerkt 1787 über den Abdruck der Pflanzen: »Man glaubte dadurch der Natur am nächsten zu kommen, aber selbst die vollkommensten Arbeiten dieser Art, an denen ich die Wegräumung so vieler Hindernisse bewundern muß, zeigen mir noch immer, daß sie gegen die Natur und gegen ihren Zweck sehr unvollkommen sind«.[50] Hier ist der Unterschied zwischen der Wahrheit und der Objektivität in aller Kürze ausgesprochen: Der Abdruck gibt zwar den Gegenstand objektiv, »der Natur am nächsten«, wieder, aber unter der Norm der Wahrheit zeigt er sich als mangelhaft; er ist also »gegen die Natur [...] sehr unvollkommen«.

Abb. 18: Abbildung einer strahlenförmigen Lichtenbergischen Figur.

Die These von Daston und Galison von der Geschichte der wissenschaftlichen Objektivität lässt sich auch an der Abbildung der Lichtenbergischen Figuren um 1800 nachvollziehen. Die Bilder der Staubfiguren in den physikalischen Schriften des späten 18. und frühen 19. Jahrhunderts zeigen eine deutliche Standardisierung der Form. Die Abbildungen in Lichtenbergs beiden Abhandlungen, die die einzelnen Figuren nicht nur mit differenzierten Tonwerten, sondern auch in unterschiedlicher und unregelmäßiger Form darstellen, sind eine Ausnahme. Am häufigsten zu sehen ist eine strahlenförmige Figur, d.h. eine Figur, bei der mehrere Striche radial vom Mittelpunkt ausgehen (Abb. 18).[51] Sie wird, mit welcher druckgrafischen Technik sie auch dargestellt ist, zu einer harmonischen und regelmäßigen Form vereinfacht

49 Daston und Galison legen in ihrem Buch auch dar, dass im frühen 20. Jahrhundert als eine Reaktion auf die »mechanische Objektivität« ein weiterer neuer epistemischer Wert, das »geschulte Urteil« (»trained judgment«), entsteht.

50 Batsch 1787-88, 1. Teil, S. 322.

51 Dieser Typ des Bildes findet sich in Bennet 1789, Frontispiz; Böckmann 1789, Fig. 10; Cavallo 1795, Bd. 3, Fig. 6; Gamauf 1812, Bd. 3, Taf. 2, Fig. 22; Kastner 1810, Taf. I, Fig. 15 (Abb. 18 auf dieser Seite); Kastner 1820, Fig. 16; Neumann 1820, Taf. XII, Fig. 271; Brandes 1832, Taf. III, Fig. 71; Kastner 1833, Taf. I zur 1. Abteilung (1832), Fig. 21 links.

bzw. stilisiert. Dieses Bild entspricht der Charakteristik der positiven Lichtenbergischen Figuren, die immer wieder als »strahlende Figuren«[52] oder »Sterne«[53] beschrieben wurden. Hingegen werden die negativen Figuren, die als schwieriger zu beschreiben galten, nur selten abgebildet.[54] Die regelmäßige Strahlenfigur ist also das »Vernunft-Bild« der Lichtenbergischen Figuren, das von den Abweichungen zwischen den einzelnen Figuren abstrahiert und das hinsichtlich der Form Wesentliche und Charakteristische dieses elektrischen Phänomens darstellt. Indessen erscheinen Abbildungen von weniger standardisierten Lichtenbergischen Figuren erst nach 1830.[55] Wie für die botanische Illustration galt auch für die Abbildung der Lichtenbergischen Figuren um 1800 das Ideal der Wahrheit.

Der Anspruch auf Wahrheit stand in keinem Spannungsverhältnis zu demjenigen auf Schönheit. Die botanische Illustration diente im 18. und frühen 19. Jahrhundert nicht nur wissenschaftlichen Zwecken, sondern sie wurde auch in der Produktion von Luxusgütern wie Stickerei, Miniatur- und Porzellanmalerei und Seidenweberei eingesetzt.[56] Die Verbindung zwischen der botanischen Illustration und der Dekoration lässt sich an den Dekoren auf Porzellan exemplarisch veranschaulichen. Die europäischen Porzellanmanufakturen produzierten in dieser Epoche Tafel- und Kaffeeservice, die mit Pflanzenabbildungen verziert waren, welche nach den Vorlagen der illustrierten Publikationen der Botanik angefertigt wurden. Die Abbildungen aus den botanischen Werken wurden aufs Porzellan kopiert, wobei die wissenschaftlichen Bezeichnungen der Pflanzen nicht selten ebenfalls angegeben wurden.[57] In der botanischen Porzellanmalerei stehen also die Wahrheit und die Schönheit in Einklang; sie ist ein *wahres* und zugleich *schönes* Bild.

Auch der Abdruck der Lichtenbergischen Figuren wurde um 1800 unter ästhetischen Gesichtspunkten betrachtet. Die Rezeption des Abdrucks der Staubfiguren in England deutet darauf hin, dass man die Lichtenbergischen Figuren wie die Pflanzenbilder für die Verzierung von Porzellan oder Textilien hätte verwenden können. Auch Gersdorf ist hier keine Ausnahme. Zwar sieht er im Abdruck eine Möglichkeit zum treuen Abbild der Staubfiguren ohne Vermittlung durch die menschliche Hand, aber er wendet sich schließlich dem Ästhetischen des Abdrucks zu. Gersdorf beendet seine Beschreibung der Methode des Abdrucks mit dem Hinweis, dass er zum Ende des ganzen Pro-

52 Z.B. Scholz 1816, S. 326.
53 Z.B. Arnim 2007c, S. 238-240.
54 Vgl. oben Kap. 1. Bilder der negativen Figuren finden sich in Kastner 1820, Fig. 15; Kastner 1833, Taf. I zur 1. Abteilung (1832), I, Fig. 21 rechts.
55 Vgl. Brandes 1832, Taf. III, Fig. 72-75; Schneider 1840, Tafel.
56 Daston/Galison 2007, S. 100-103.
57 Pflanzen auf Porzellan 1979; Das Flora Danica-Service 1999. Auch bei Wedgwood wurden solche Dekorationen eingeführt. Vgl. Blunt/Stearn 1994, S. 188; Reilly 1995, S. 72.

zesses »den schönsten und glättesten Abdruk« ausschneide, wozu er »hölzerne Rähmen von der gehörigen Grösse« habe.[58] Die von ihm hinterlassenen Abdrucke, für die er die Staubfiguren aus verschiedenfarbigen Pulvern hergestellt und ornamental arrangiert hat, zeigen ebenfalls über das wissenschaftliche Interesse hinaus ein Interesse an Schönheit.

Der Abdruck der Lichtenbergischen Figuren wurde, obwohl er wie der Naturselbstdruck ein mechanisch hergestelltes Bild der Staubfiguren ist, um 1800 anders eingeschätzt als sein Pendant in der Botanik. Während der Naturselbstdruck wegen der von ihm verkörperten Objektivität in der Botanik im Allgemeinen gering geschätzt wurde, wurde der Abdruck der Lichtenbergischen Figuren in ästhetischer Hinsicht positiv bewertet. Die anscheinend gegensätzlichen Einschätzungen derselben Art des Abdrucks in zwei unterschiedlichen Zusammenhängen sind aber die zwei Seiten einer Medaille. Sowohl der Abdruck der Pflanzen als auch derjenige der Staubfiguren wurden nicht als ein Bild der Objektivität wahrgenommen. Stattdessen fand man im Abdruck der Lichtenbergischen Figuren die Schönheit, die man sonst in den Bildern der Wahrheit sah. Wegen des normativen Anspruchs auf das Allgemeine und Idealtypische der Natur in den Wissenschaften um 1800, den häufig das ästhetische Interesse begleitete, wurde der Abdruck der Lichtenbergischen Figuren, der eigentlich ein *objektives* Bild ist, als ein *schönes* Bild anerkannt – eine für diese Zeit spezifische Betrachtungsweise, denn das ästhetische Interesse sollte seinerseits im späten 19. Jahrhundert, als sich die Norm der Objektivität durchsetzte, in der Praxis der wissenschaftlichen Bilder unterdrückt werden.[59]

Zwischen Druckgrafik und Fotografie

In der ersten Hälfte des 19. Jahrhunderts entstand eine weitere neue Art von Bildern, die ein dem Naturselbstdruck ähnliches Aussehen haben, aber mit einem anderen Mittel hergestellt werden: mit der Fotografie. Das späte 18. und frühe 19. Jahrhundert gilt als die Vorgeschichte der Fotografie. Zwar beeindruckte 1839 Louis Daguerre in Paris die Welt mit seiner Technik der Fixierung der Bilder in der Camera obscura auf versilberten Metallplatten, doch bereits seit dem Ende des 18. Jahrhunderts beschäftigten sich mehrere Wissenschaftler und Autodidakten mit Experimenten und Spekulationen bezüglich der künftigen Fotografie.[60] Einer von ihnen, Thomas Wedgwood, der jüngste Sohn Josiahs, begann vermutlich in den 1790er Jahren mit Experi-

58 Gersdorf 1800, S. 116.

59 Daston/Galison 2007, S. 174, 184, 187.

60 Gernsheim 1982, S. 7-28; Batchen 1999. Auch Lichtenberg könnte zu diesen von Batchen so bezeichneten Proto-Fotografen gezählt werden. Vgl. S. 109, Anm. 10.

menten, die mit dem fotografischen Prozess zu tun haben. Er legte Objekte auf mit Silbernitrat imprägniertes Papier oder Leder und bildete ihre Umrisse mithilfe von Licht ab. Es gelang ihm aber weder, Bilder in der Camera obscura festzuhalten, noch, die durch unmittelbaren Kontakt der Objekte entstandenen Bilder vor der weiteren Wirkung des Lichts zu schützen und dauerhaft zu fixieren.[61] Erst sein Landsmann William Henry Fox Talbot fand vierzig Jahre später eine Lösung für dieses Problem. Er machte 1839, kurz nach der Veröffentlichung der Daguerreotypie, seine eigene Methode bekannt, die er *Photogenic Drawing* nannte. Er fand nicht nur ein Fixierungsmittel für die Lichtbilder, sondern entwickelte auch den Positiv-Negativ-Prozess, der als das Grundprinzip der modernen Fotografie gilt.[62]

Die Fotografie wurde in der zweiten Hälfte des 19. Jahrhunderts in den Wissenschaften weitgehend als Medium für objektive Bilder bevorzugt. Zwar war die Fotografie weder die Ursache des Aufkommens der objektiven Bilder noch das einzige Mittel zur mechanischen Bildproduktion, aber der Automatismus des fotografischen Prozesses, den bereits die Erfinder dieser Technik betonten, konnte bei der Herstellung der wissenschaftlichen Bilder als der schlagende Beweis ihrer Objektivität angeführt werden.[63] Talbot erläutert die Eigenschaften der Fotografie, indem er die Differenz dieses Mediums zu den ihm vorangegangenen manuellen Techniken der Bildherstellung hervorhebt.[64] Die Fotografie lasse die Naturobjekte »sich selbst zeichnen ohne Hilfe durch den Zeichenstift des Künstlers«;[65] fotografische Bilder seien also geschaffen vom »Zeichenstift der Natur«, wie sein erstes mit Fotografien illustriertes Buch von 1844-46 heißt: *The Pencil of Nature*. Am nachdrücklichsten spricht er von den Tafeln seines Buches:

> It may suffice, then, to say, that the plates of this work have been obtained by the mere action of Light upon sensitive paper. They have been formed or depicted by optical and chemical means alone, and without the aid of any one acquainted with the art of drawing. It is needless, therefore, to say that they differ in all respects, and as widely as possible, in their origin, from plates of the ordinary kind, which owe their existence to the

61 Davy 1903. Vgl. auch Gernsheim 1982, S. 24-28; Batchen 1999, S. 26-31.

62 Arnold 1977, S. 97-127; Gernsheim 1982, S. 53-62.

63 Daston/Galison 2007, S. 125-190. Sie weisen auch darauf hin, dass die Eigenschaft der Objektivität aber nicht fraglos der Fotografie zugeschrieben werden kann. Vgl. ebd., S. 125. Einige Beiträge in Geimer (2002), wo auch eine frühe Fassung eines Teils des Buches von Daston und Galison abgedruckt ist, entwickeln bzw. modifizieren ihre These durch Fallstudien.

64 Geimer 2001, S. 135-142.

65 So im Titel seiner Abhandlung *Some Account of the Art of Photogenic Drawing, or, The Process by Which Natural Objects May Be Made to Delineate Themselves without the Aid of the Artist's Pencil* von 1839. Vgl. Talbot 1980.

united skill of the Artist and the Engraver. They are impressed by Nature's hand.[66]

Man kann hier ohne Mühe den Nachklang der Lobrede hören, die im 18. Jahrhundert dem Naturselbstdruck gewidmet wurde. In der Tat stand die frühe Fotografie zur Pflanzenwelt in enger Beziehung. Schon Thomas Wedgwood hatte auf die Anwendbarkeit seiner Methode auf Blätter hingewiesen,[67] und Talbot wandte das Verfahren des *Photogenic Drawing* zuerst auf Pflanzen an: »The first kind of objects which I attempted to copy by this process were flowers and leaves, either fresh or selected from my herbarium«. Er legte dabei die Pflanzen unmittelbar auf ein lichtempfindlich präpariertes Papier und setzte es dem Sonnenlicht aus, um eine Art Fotogramm herzustellen. »These it renders with the utmost truth and fidelity, exhibiting even the venation of the leaves, the minute hairs that clothe the plant, &c. &c.«.[68] Die von Talbot hergestellten Fotogramme der Pflanzen zeigen eine deutliche Ähnlichkeit mit dem Naturselbstdruck. Hinsichtlich des Informationswertes unterscheiden sich die beiden Arten der Bilder nicht wesentlich voneinander. Beide entstehen durch unmittelbaren Kontakt des Abzubildenden mit dem Bildträger, wobei der Naturselbstdruck durch den physischen Druck der Pflanzen auf den Bildträger entsteht, während das Fotogramm das Ergebnis eines chemischen Prozesses ist.[69]

Darüber hinaus interessierte sich Talbot für die Nutzbarkeit der Fotografie für die Botanik, eine der Wissenschaften, denen er sich lebenslang mit Leidenschaft widmete. Seit seiner Schulzeit beschäftigte er sich mit botanischen Untersuchungen und korrespondierte mit prominenten Botanikern in England, später auch auf dem Kontinent. Bald nach der Erfindung des *Photogenic Drawing* schickte er ihnen die mit diesem Verfahren hergestellten Bilder, darunter auch die Fotogramme der Pflanzen, um den potenziellen Nutzen der Fotografie für die Botanik zu demonstrieren.[70] Es ist unter anderem die minutiöse Exaktheit der Wiedergabe der komplizierten Formen der Natur, die Talbot dabei als Vorzug der Fotografie betont.[71]

Entgegen Talbots Erwartung blieb die Botanik der Fotografie gegenüber distanziert. Botanik ist eine der Disziplinen, die nach dem Aufkommen der »mechanischen Objektivität« in den Wissenschaften in der bildgebenden

66 Talbot 1969, Introductory Remarks.
67 Davy 1903, S. 191.
68 Talbot 1980, S. 24.
69 Geimer 2001, S. 141 f.; Bredekamp 2010, S. 186-188; Cave 2010, S. 81-87.
70 Vgl. Arnold 1977, S. 34 f., 254-266; Smith 1993.
71 Smith 1993, S. 37 f. Auch in seiner Abhandlung *Some Account of the Art of Photogenic Drawing* von 1839 weist Talbot auf den Nutzen der Methode als Hilfsmittel für die Naturforscher hin, und zwar für diejenigen, die auf der Reise Pflanzen sammeln. Talbot 1980, S. 26.

Praxis weiter an der »Naturwahrheit« festhielten.[72] Die Fotografie und andere mechanische Verfahren der Bildproduktion wie der Naturselbstdruck, der seinerseits um die Mitte des 19. Jahrhunderts eine neue verfeinerte Technik entwickelte,[73] waren für die Botaniker im Allgemeinen nicht attraktiv. Talbot schickte auch an William Jackson Hooker, einen der prominentesten Botaniker seiner Zeit, zwei Arbeitsproben und fragte nach seiner Meinung über die Publikation eines botanischen Werks mit Fotografien. Die Antwort des Botanikers, dass ihm unter den zugeschickten Bildern die Reproduktion einer Radierung mittels des *Photogenic Drawing* am besten gefällt und dass die fotografische Abbildung der Pflanze hingegen qualitativ noch nicht für botanische Werke ausreicht,[74] steht stellvertretend für die Reaktion der Botanik auf die Fotografie, zumal Hooker selbst kein schlechter Zeichner war und an der Illustration mehrerer botanischer Publikationen arbeitete.[75]

Anders als die Botanik zögerte die Elektrizitätsforschung mit der Anwendung des neuen Bildmediums nicht, und zwar in der Erforschung der Lichtenbergischen Figuren.[76] Mitte des 19. Jahrhunderts wurde eine Methode entwickelt, elektrische Entladungsfiguren mit den Verfahren der Fotografie herzustellen. Dabei handelt es sich nicht um Staubfiguren, sondern man lässt die Entladung von der Elektrode unmittelbar auf die fotografische Platte übergehen. Dadurch entstehen auf der Platte Figuren, die wie die Staubfiguren bei positiver und negativer Elektrizität unterschiedliche Formen annehmen (Abb. 19). Die fotografischen Lichtenbergischen Figuren – so werden sie später oft bezeichnet – wurden zuerst auf Daguerreotypplatten, Jodsilberpapier und nassen Kollodionplatten hergestellt und ab den 1880er Jahren auf Trockenplatten.[77] Da die fotografischen Figuren einfacher zu erzeugen sind als die Staubfiguren, wurden sie seit dem Ende des 19. Jahrhunderts für die Erforschung der Lichtenbergischen Figuren und der elektrischen Entladung häufig eingesetzt. Auch Fred H. Merrill und Arthur R. von Hippel, die 1939 die Lichtenbergischen Figuren auf Grundlage der Theorie der Atome und ihrer Elektronenhülle erklärten, experimentierten mit den fotografischen Figuren.[78]

72 Daston/Galison 2007, S. 105-109. Zur Rezeption der Fotografie in der botanischen Illustration vgl. auch Nissen 1966, S. 252-254; Saunders 1995, S. 145-148.

73 Alois Auer, der Direktor der k. k. Hof- und Staatsdruckerei in Wien, entwickelte in der Mitte des 19. Jahrhunderts eine Methode, aus dem Abdruck eines Objektes auf einer Bleiplatte mithilfe der Galvanoplastik eine kupferstichähnliche Druckplatte herzustellen. Natur im Druck 1995, S. 24; Cave 2010, S. 94-101.

74 Arnold 1977, S. 265; Smith 1993, S. 40.

75 Nissen 1966, S. 126 f.; Blunt/Stearn 1994, S. 261.

76 Zur Anwendung der Fotografie auf die Elektrizitätsforschung vgl. auch Wolf-Czapek 1911, 1. Teil, S. 14-18.

77 Oberbeck 1894, S. 20-22; Przibram 1927, S. 392; Takahashi 1979, S. 8 f.

78 Merrill/Hippel 1939.

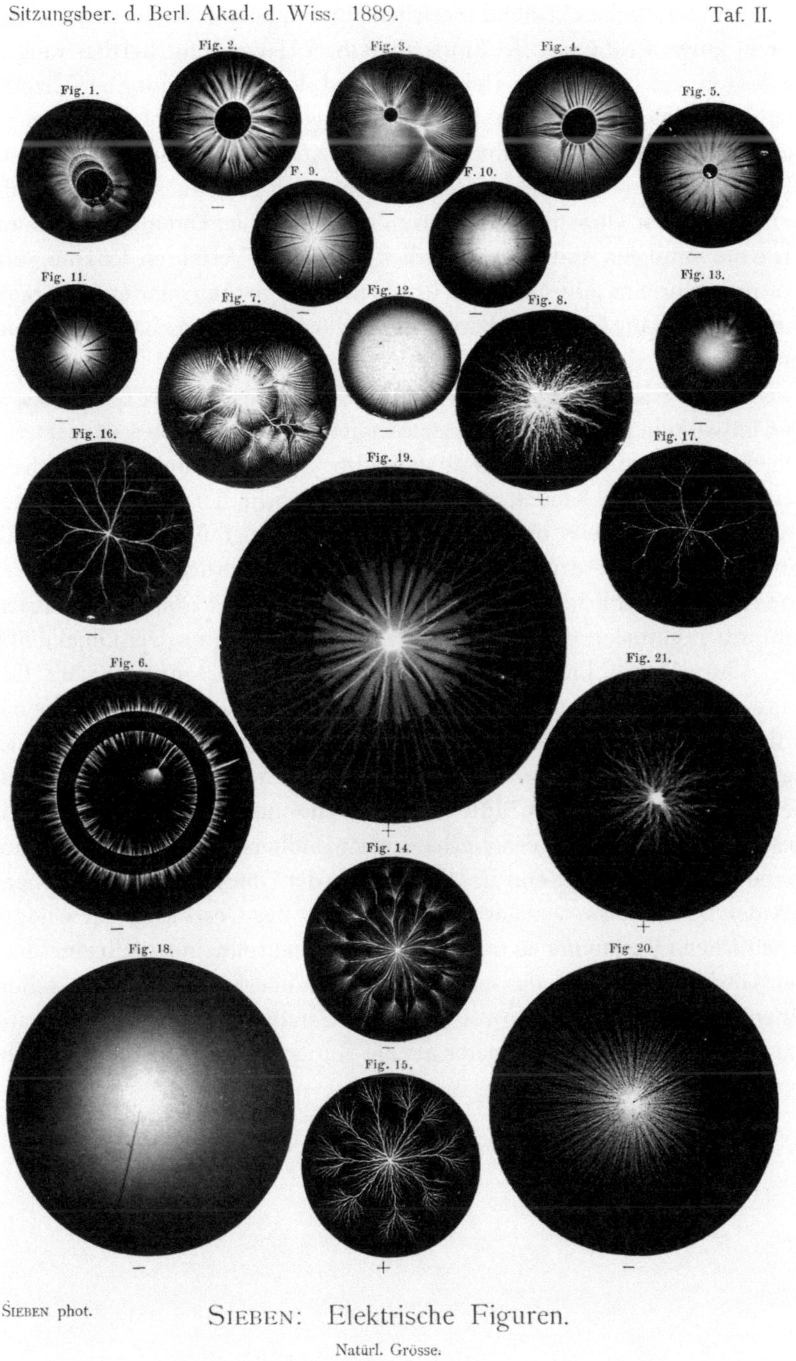

Abb. 19: Fotografische Lichtenbergische Figuren.

Die fotografischen Lichtenbergischen Figuren unterscheiden sich von den Staubfiguren nicht nur in der Einfachheit ihrer Herstellung. Bei den fotografischen Figuren finden die Herstellung und die Aufzeichnung gleichzeitig statt: Die Figuren entstehen durch Entladung auf die Fotoplatte, wobei sie sich zugleich darauf aufzeichnen. Man braucht also die Figuren weder abzubilden noch abzudrucken, um sie zu fixieren und ein treues Abbild von ihnen zu erhalten. Diese Funktionen werden nun von der Fotografie übernommen, die somit den Abdruck entbehrlich macht. Das Verfahren der Fotografie war nicht nur eine Alternative zu den Lichtenbergischen Figuren aus Staub; mit der Fotografie kam der Abdruck der Lichtenbergischen Figuren zu einem Ende.

Der Abdruck der Lichtenbergischen Figuren wurde zu einer Zeit erfunden und entwickelt, zu der in den Wissenschaften ein ganz anderes Konzept von Objektivität dominant war als ab der Mitte des 19. Jahrhunderts. Medienhistorisch gesehen handelt es sich um die Epoche der weit entwickelten Druckgrafik einerseits und der entstehenden Fotografie andererseits. Als eine Art Naturselbstdruck unterscheidet sich der Abdruck der Staubfiguren von der herkömmlichen Druckgrafik darin, dass er das Objekt mechanisch, d.h. mit minimaler subjektiver Intervention, wiedergibt. Die Objektivität des Abdrucks der Lichtenbergischen Figuren als wissenschaftliches Bild wurde aber um 1800 nicht anerkannt, sondern er wurde in erster Linie aus ästhetischen Gründen geschätzt – wie es für die wissenschaftlichen Bilder damals üblich war, die vermittelst des menschlichen Urteils und Eingriffs hergestellt wurden. In der Mitte des 19. Jahrhunderts wurde dann die Rolle des Abdrucks als Mittel der mechanischen Bildherstellung durch die Fotografie übernommen, die nun als Wahrzeichen der Objektivität galt. Die »neue Art der Druckkunst« von Lichtenberg kam in der Geschichte der wissenschaftlichen Objektivität zu früh auf die Welt und sollte innerhalb eines halben Jahrhunderts durch das neue Bildmedium überholt werden. Sie gehört einem grundlegend anderen epistemischen Paradigma an als die Xerografie bzw. Elektrofotografie, die später als die Fotografie erfunden und nach ihr benannt wurde.

4. Lichtenbergische Figuren als Schrift- und Bildmedium

»Eine neue Art der Steganographie«

Lichtenberg trug seine erste Abhandlung über die Staubfiguren in der öffentlichen Versammlung der Königlichen Sozietät der Wissenschaften in Göttingen am 21. Februar 1778 vor. Zwei Tage später schrieb er in einem Brief an Johann Andreas Schernhagen über eines der Experimente, die er in der Sozietät vorgestellt hatte, besonders ausführlich:

> Als ich sagte ich wolte nun, in einem Zug, ein GR schreiben, das selbst Francklin respecktiren würde, da hätten Sie sehen sollen, wie alles drückte und als es mir ohne Anstoß gelang, so legten einige die Hände vor Verwunderung zusammen. Es ist ein Versuch, den ich Ew. Wohlgeboh*ren* zeigen zu können wünschte, er würde Sie sicherlich in Verwunderung setzen, und dabey ist er lehrreich.[1]

Es handelt sich hierbei um das Experiment des Schreibens mit den Lichtenbergischen Figuren. Lichtenberg erläutert das Verfahren, das er durch Zufall entdeckt hat, in seiner Abhandlung mit Hilfe von Illustrationen (Abb. 20):

> Man lade eine Leidener Flasche A (Figur 7), die mit innerer und äußerer Belegung, einem Stift und einer leitenden Kette versehen ist, stark mit +E. Dann lege man mit der einen Hand die leitende Kette an einen Nagel der Einfassung D, fasse mit der anderen die Flasche an ihrer äußeren Belegung an und mache mit ihrem Stift C verschiedene Striche auf der Oberfläche des Elektrophors; diese werden später, wenn man Staub darauf gestreut hat, selbst noch nach mehreren Tagen wunderschön zum Vorschein kommen und aus Schachtelhalm geflochtenen Kränzen nicht unähnlich sein. Wenn man dagegen den *Elektrophor isoliert*, dann die Spitze der Flasche an einen Nagel der Einfassung hält und mit einem Gelenk der leitenden Kette Striche macht (Figur 8), werden diese Striche Perlenschnüren gleichen.[2]

1 Brief an Schernhagen, 23.2.1778, Bw 1, S. 793. Hervorhebung im Original.

2 »Phiala Lugdunensis A (Fig. 7) vestimentis suis interioribus ac exterioribus, stilo, ac catena deducente instructa, probe impleatur +E. Deinde altera manu catena deducente ad clavum baltei D admota, et altera phialae vestimento exteriore prehenso, fiant stilo C varii ductus in Electrophori superficie, qui postea insperso pulvere, vel plurium dierum intervallo, apparebunt nitidissimi, et corollis, quas ex equiseto vieveris, non dissimiles. Si e contario post *insulatum Electrophorum* apex phialae applicetur ad clavum baltei, ductusque fiant articulo quodam catenae deducentis, (Fig. 8) lineis margaritarum similes apparebunt«. Lichtenberg 1997a, S. 162f. Hervorhebung im Original. Eine ähnliche Beschreibung befindet sich mit einer Handzeichnung auch im Brief an Schernhagen vom 18.3.1778, Bw 1, S. 804.

Der zweite Fall betrifft das Experiment mit der negativen Elektrizität. Es ist das Monogramm König Georgs III. von England, *Georgius Rex*, das Lichtenberg in der Versammlung der Sozietät geschrieben hat.[3]

Das Verfahren, das Lichtenberg als »eine neue Art der Steganographie« (»novum Steganographiae genus«),[4] d.h. der Geheimschreibekunst, bezeichnet, beschäftigte ihn in den Wochen vor und nach der Sozietätsversammlung. Lichtenbergs Briefe an Schernhagen von Anfang Februar bis Mitte März 1778 dokumentieren, wie er den Versuch entwickelte, und zeigen seine Begeisterung und seinen Stolz auf die Erfindung.[5] Am 5. Februar berichtet er zum ersten Mal vom Schreiben mit den positiven Staubfiguren,[6] am 26. Februar davon, dass er »das elecktrische Schreiben zu einem viel größern Grad von Vollkommenheit gebracht« habe, und auch vom Schreiben mit den negativen Figuren.[7] Am 2. März teilt er die Entdeckung mit, dass ein »Elecktrische[r] Nahme[ ]« »auf der Kehrseite [der Isolatorplatte] noch einmal in einer gantz andern Schrifft, nur umgekehrt, erscheint«.[8] Er kommt schon am Anfang auf die Idee, auf diese Weise Personennamen zu schreiben,[9] und er schreibt nicht nur das Monogramm des Königs, sondern auch den Namen bzw. die Initialen seines Lehrers Abraham Gotthelf Kästner und die Schernhagens, und schenkt sie den beiden letztgenannten unter Glas und im Rahmen.[10] Dabei betont er die Neuheit seiner Erfindung: Es sei eine Art, »in welcher noch niemals eines Menschen Nahme geschrieben worden ist«, und er hoffe, dass Schernhagen seinen Namen in seiner Stube »zu meinem Andencken und der Erfindung zu Ehre aufhängen« werde.[11]

Trotz der Begeisterung des Erfinders wird in der neueren Forschung zur Wissenschaftsgeschichte der Lichtenbergischen Figuren das »elecktrische

3 In der 3. Auflage der *Encyclopædia Britannica* findet sich eine Abbildung der Lichtenbergischen Figuren, die das Monogramm GR darstellen. Vgl. Encyclopædia Britannica 1797, Bd. 6, Taf. CLXXIX (Abb. 5 in diesem Band). Zu diesem Bild vgl. auch oben II. Teil. Ulrich Joost weist auch auf den Zusammenhang des Bildes (er meint dasjenige im Nachdruck der 3. Auflage und in der 5. Auflage der *Encyclopædia Britannica*) mit dem zu Beginn des Kapitels zitierten Brief von Lichtenberg an Schernhagen hin. Vgl. Wagnis der Aufklärung 1992, S. 352. Auch in der Sammlung der Abdrucke der Lichtenbergischen Figuren von Adolf Traugott von Gersdorf im Kulturhistorischen Museum Görlitz sind Buchstaben zu sehen (Abb. 21). Sie sind aber vermutlich nicht mit der Leidener Flasche geschrieben, sondern mit metallenen Formen (s. unten) hergestellt worden. Zu Gersdorf und zum Abdruck der Staubfiguren vgl. oben Kap. 3.

4 Lichtenberg 1997a, S. 162 f.

5 Bw 1, Nr. 440, 450, 451, 452, 454, 458, 460.

6 Bw 1, S. 783.

7 Bw 1, S. 795.

8 Bw 1, S. 797.

9 Brief an Schernhagen, 5.2.1778, Bw 1, S. 783.

10 Zum Namen Kästners vgl. Brief an Schernhagen, 23.2.1778, Bw 1, S. 794; zu dem Schernhagens vgl. Briefe an denselben, 2.3.1778, ebd., S. 796 f.; 5.3.1778, ebd., S. 798; 15.3.1778, ebd., S. 803; 18.3.1778, ebd., S. 804.

11 Brief an Schernhagen, 5.2.1778, Bw 1, S. 783.

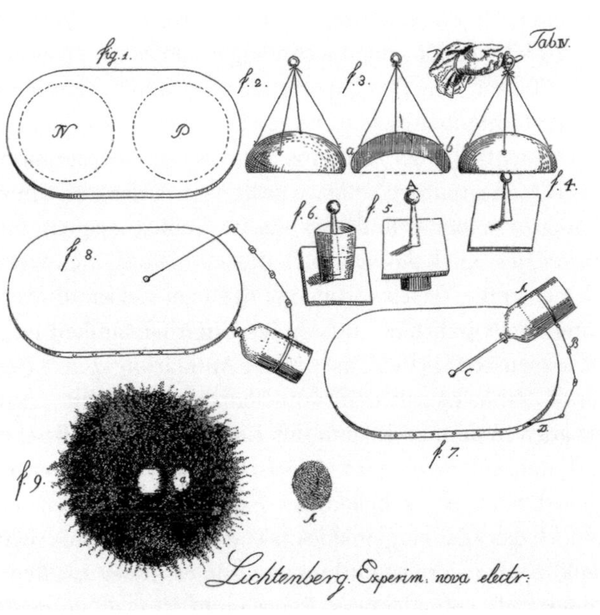

Abb. 20: Anweisung für Lichtenbergs »Steganographie« (Fig. 7 u. 8).

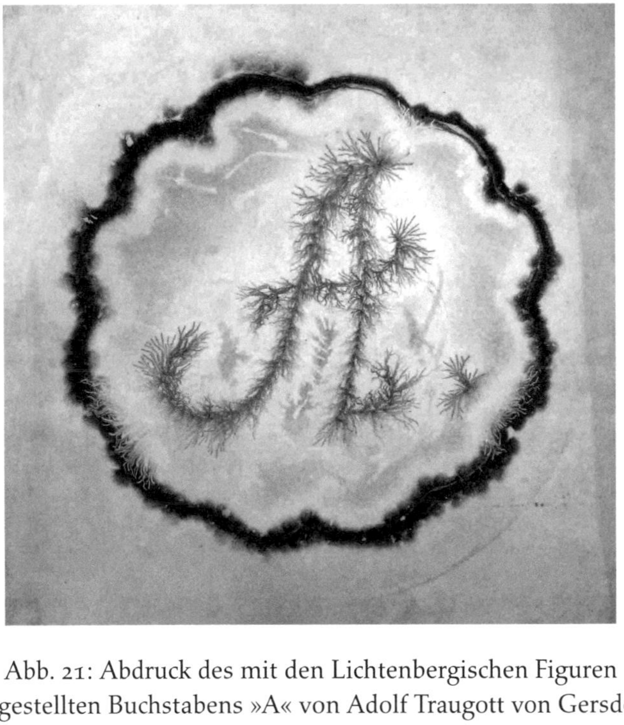

Abb. 21: Abdruck des mit den Lichtenbergischen Figuren hergestellten Buchstabens »A« von Adolf Traugott von Gersdorf.

Schreiben« selten als ein zentrales Thema erörtert. Die Vernachlässigung dieses Versuchs könnte auf seinen technologischen, sogar spielerischen Charakter zurückzuführen sein. Das Experiment trägt weniger zur physikalischen Erforschung der Lichtenbergischen Figuren bei als zur Erschließung des »technologische[n] Potential[s] der Figuren«,[12] und es war eine »zumindest scheinbare Spielerei«.[13] Lichtenberg selbst wusste von Anfang an um den spielerischen Charakter seiner Erfindung: »Es ist freilich gespielt, allein ein so schönes lehrreiches Spiel, daß ich mich dessen nie schämen werde. Francklins Versuch, den er die Verschwörung nennt ist ein viel Kindischeres Spiel«.[14] Die Betonung der Nützlichkeit neben der Unterhaltsamkeit ist typisch für den populärwissenschaftlichen Diskurs der Aufklärungszeit.[15] Der Vergleich seines eigenen Versuchs mit dem von Benjamin Franklin, dessen Namen Lichtenberg auch in dem zu Beginn des Kapitels zitierten Brief nennt, verweist auf das mehr oder weniger Spielerische beider Experimente. Die »Verschwörung« ist ein damals bekanntes Experiment mit dem elektrischen Schock, das auch das »Zaubergemälde« (»The magical picture«) heißt.[16] Nachdem es Franklin 1751 vorgestellt hatte, wurde es in der zweiten Hälfte des 18. Jahrhunderts als belustigendes Experiment in viele, zumeist populärwissenschaftliche Schriften zur Physik aufgenommen.[17] Und auch das Experiment des Schreibens bzw. Zeichnens mit den Lichtenbergischen Figuren fand ab den 1780er Jahren dort einen festen Platz, wie weiter unten noch näher erläutert werden wird.

Die Rezeption von Lichtenbergs »Steganographie« in der zeitgenössischen Populärwissenschaft bestätigt die breite Aufmerksamkeit, auf die sie – anders

12 Gamper 2009, S. 90.

13 Nordmann 2006, S. 121. Nordmann, der Lichtenbergs »Geheimschreibekunst« ins Zentrum seiner Betrachtung stellt, ist eine Ausnahme in der neueren Forschung zur Wissenschaftsgeschichte der Lichtenbergischen Figuren. Aber Lichtenberg erfand sie keineswegs »nach Erschöpfung seines theoretischen Interesses an den Staubfiguren«, wie Nordmann behauptet (ebd., vgl. auch S. 122 f.). Er war damals noch in der frühesten Phase seiner Untersuchung der Figuren und setzte diese noch einige Jahre fort, obwohl ihm viele Phänomene letztendlich unerklärbar blieben.

14 Brief an Schernhagen, 5.2.1778, Bw 1, S. 783.

15 Vgl. Hochadel 2000, S. 114.

16 Franklin 1751, S. 27 f. Es handelt sich um ein Porträt des Königs, das man heimlich metallisiert und elektrisiert; wer es nichts ahnend berührt, erhält einen elektrischen Schlag. Der Operator, der die nicht metallisierte Stelle des Bildes hält, erhält keinen Schlag, womit er angeblich seine Treue beweist. Wenn mehrere Leute einander bei der Hand halten, bekommen alle den Schlag, deshalb nennt Franklin dieses Experiment »The Conspirators«, die der deutsche Übersetzer seines Werkes als die »Verschwörung« übersetzt. Vgl. Franklin 1983, S. 23. Die Anmerkung der Herausgeber von Lichtenbergs Briefwechsel, dass mit der »Verschwörung« »die amerikan. Unabhängigkeitserklärung« gemeint ist, sollte deshalb korrigiert werden. Vgl. Bw 1, S. 784.

17 Z.B. Guyot 1772-75, Bd. 2, 4. Teil, S. 119-122; Wiegleb/Rosenthal 1779-1805, Bd. 2, S. 19-21; Adams 1784, S. 299 f.; Langenbucher 1788, S. 304. Zu elektrischen Spielen im 18. Jahrhundert vgl. Fraunberger 1967.

als in der neueren Forschung – um 1800 stieß. In der Tat wird sie nicht nur in den populärwissenschaftlichen, sondern in den physikalischen Schriften des späten 18. und frühen 19. Jahrhunderts im Allgemeinen häufig thematisiert, wenn es um die Lichtenbergischen Figuren geht. Dabei werden die Lichtenbergischen Figuren selbst sogar nicht selten als die Schriften oder Züge beschrieben, die mit der Leidener Flasche auf der Isolatorplatte geschrieben bzw. gezeichnet und durch Bepuderung sichtbar gemacht werden.[18] Das große Interesse am Schreiben und Zeichnen mit den Lichtenbergischen Figuren prägt also ihre zeitgenössische Rezeption überhaupt. Im Folgenden wird daher die »Steganographie« von Lichtenberg im Kontext der zeitgenössischen Wissensdiskurse betrachtet und der Hintergrund der Erfindung sowie der Rezeption rekonstruiert, um einen Aspekt der Bedeutung der Staubfiguren um 1800 zu erschließen. Zunächst soll der Sachverhalt der Geheimschreibekunst erläutert werden, nach der Lichtenberg seine Erfindung benannte.

»Sympathetische Dinten«

Die Geschichte der Steganografie in Europa reicht bis in die Antike zurück. Seither wurden verschiedene Verfahren entwickelt, um geschriebene Informationen unsichtbar zu machen.[19] Unter diesen Techniken ist es vor allem die Geheimtinte, mit der Lichtenbergs »Steganographie« vergleichbar ist. Diese Flüssigkeit, die nach dem Trocknen keine erkennbaren Spuren hinterlässt und nur durch chemische oder physikalische Behandlung wieder sichtbar wird, wurde schon in der Antike verwendet und erlangte in der Renaissance größere Bekanntheit.[20] Der italienische Naturphilosoph Giambattista della Porta z.B. widmet ein Kapitel seines 1558 zuerst veröffentlichten und 1589 erweiterten Werkes *Magia naturalis* den »verborgenen Schrifften« und gibt mehrere Rezepte für Geheimtinte an.[21]

Die *Magia naturalis* von Porta, die praktische Kenntnisse und Experimente aus verschiedenen Natur- und Lebensbereichen versammelt, wurde in mehrere Sprachen übersetzt und bis weit ins 17. Jahrhundert hinein viel gelesen. Sie trug somit zur Verbreitung einer Gattung naturkundlicher Literatur bei, einer umfangreichen Sammlung von Experimentieranleitungen im weitesten Sinne. Sie erlebte in der zweiten Hälfte des 18. Jahrhunderts den Höhepunkt ihrer Popularität in den meist mehrbändigen Sammlungen von Kuriositäten und unterhaltsamen Experimenten, die häufig unter dem Titel »Natürliche

18 Z.B. Gehler 1787-96, 1. Teil, S. 824.
19 Kahn 1966; Schmeh 2009.
20 Kahn 1966, S. 522 f.; Schmeh 2009, S. 79 f.
21 Porta 1680, 2. Teil, S. 632-682.

Magie« erschienen.[22] In dieses populärwissenschaftliche Literaturgenre wurden auch die »Verschwörung« von Franklin und die »Steganographie« von Lichtenberg aufgenommen, und auch die Geheimtinte gehörte hierher. *Die natürliche Magie, aus allerhand belustigenden und nützlichen Kunststücken bestehend* (1779-1805) von Johann Christian Wiegleb und Gottfried Erich Rosenthal z.B., eines der umfang- und auch erfolgreichsten Werke dieser Art, thematisiert in ihren insgesamt 20 Bänden mehrmals die »sympathetische Dinte«, d.h. »eine jede Flüssigkeit, mit welcher man schreiben kann, ohne daß die Buchstaben auf einige Weise zum Vorschein kommen, und nicht eher gelesen werden können, bis man einige Mittel angewendet hat, die ihnen eine Farbe verschaffen«.[23] Schon im ersten Band kommen »sympathetische Dinten« zur Sprache, die nach dem Mittel zum Sichtbarmachen der Schrift in sechs Arten klassifiziert werden: durch 1. eine andere Flüssigkeit, 2. Luft, 3. eine pulverisierte färbende Materie, 4. Feuer, 5. Wasser und 6. Wärme.[24] Zu diesen sechs Grundarten der Geheimtinte kommen im Laufe der Bände unterschiedliche Variationen hinzu.[25] Die »Steganographie« mittels unsichtbarer Tinte bildet also im ausgehenden 18. Jahrhundert einen Teil des (populären) Wissens.

Die »Steganographie« mit den Lichtenbergischen Figuren ähnelt in mehrfacher Hinsicht derjenigen mit der Geheimtinte. Unter anderem gibt es zwischen den beiden eine bezeichnende Verwandtschaft in der Ausführung: Das Schreiben mit der Leidener Flasche auf der Harzplatte erfordert prinzipiell dieselbe Handbewegung wie das Schreiben mit der Feder auf Papier, wie Lichtenberg einmal Schernhagen mitteilt: »Merckwürdig ist daß diese Schrifft eben so geschwind verfertigt wird, als ich sie mit der Feder auf Papier reise, ja sie muß geschwind gemacht werden, sonst wird sie nicht schön«.[26] Die Ähnlichkeit wird später mit der Erfindung der »elektrischen Feder« (»electrical pen«) gesteigert, eines mit Elektrizität versorgten rohrartigen Schreibgeräts, das der englische Naturforscher Abraham Bennet zur Verfeinerung des Schreibens mit den Lichtenbergischen Figuren entwickelte: »[W]ith the smallest pen lines may be drawn as fine as can be made with ink«.[27]

22 Schimank 1968, S. 39f.; Lind 1992, S. 32; Hochadel 2000, S. 123f.; Hochadel 2004; Klosa 2009, S. 151-165.

23 Wiegleb/Rosenthal 1779-1805, Bd. 1, S. 183. Zur Darstellung der »Sympathetischen Tinten« bei Wiegleb/Rosenthal vgl. auch Klosa 2009, S. 175-178.

24 Wiegleb/Rosenthal 1779-1805, Bd. 1, S. 183.

25 Ebd., Bd. 3, 4, 10, 11.

26 Brief an Schernhagen, 2.3.1778, Bw 1, S. 797.

27 Bennet 1789, S. 54. Der »electrical pen« besteht aus einem großen Rohr eines Thermometers, dessen Innenseite versilbert und dessen Außenseite vergoldet wird. An einem Ende wird eine stumpfe Nadel fixiert. Dem Instrument wird die Elektrizität geliefert, indem man während des Zeichnens gelegentlich mit der Spitze der Nadel den Knopf einer geladenen Leidener Flasche berührt. Zum »electrical pen« von Bennet vgl. Schiffer 2003, S. 243f.

Die auf solche Weise geschriebene Schrift ist – wie die mit der Geheimtinte angefertigte – unsichtbar und wird erst »später, wenn man Staub darauf gestreut hat, selbst noch nach mehreren Tagen wunderschön zum Vorschein kommen«.[28] Besonders ist die Gemeinsamkeit mit der »[s]ympathetische[n] Dinte von der dritten Art« unverkennbar, also mit der Gruppe der Geheimtinten,

> die keine Farbe besitzen, und also, wenn sie zu einer Schrift oder Abzeichnung auf dem Papier angewendet werden, unsichtbar bleiben, dabey aber doch nach der ordentlichen Abtrocknung ein wenig Klebrigkeit zurücklassen; worinne dann der Grund beruhet, daß man das damit verzeichnete Unsichtbare sichtbar machen kann, wenn man ein zartes farbigtes Pulver darüber streuet.[29]

Vor dem Hintergrund des zeitgenössischen Wissens über die Geheimschreibekunst ist die Erfindung von Lichtenberg tatsächlich »eine neue Art der Steganographie«. Statt der chemischen Reaktion der Materie bei der Geheimtinte ist es die Wirkung der neuen »elektrischen Materie«, also der Elektrizität, die hier die unsichtbare Schrift sichtbar macht. Wie einer der zeitgenössischen Naturforscher ausdrücklich formuliert, erfand Lichtenberg ein Mittel, »verborgene Schrift auf eine neue und angenehme Art zum Vorschein kommen zu lassen«.[30]

»Leuchtende Gemählde« und »Glänzende Buchstaben«

Trotz der methodologischen Ähnlichkeit mit der Geheimtinte steht in der *Natürlichen Magie* von Wiegleb/Rosenthal das Schreiben und Zeichnen mit den Lichtenbergischen Figuren nicht bei der »sympathetischen Dinte«. Während die Geheimtinte in die Kategorie »Chemische Kunststücke« eingeordnet ist, stehen die Lichtenbergischen Figuren unter der Rubrik »Elektrische Kunststücke«, was auf einen weiteren Kontext der »Steganographie« von Lichtenberg hinweist.

In der zweiten Hälfte des 18. Jahrhunderts war bereits eine auf Elektrizität basierende Schrift- und Zeichenkunst bekannt gewesen, bevor Lichtenberg seine Geheimschreibekunst erfand. Im zweiten Band des Werkes von Wiegleb und Rosenthal befinden sich unter den »Elektrische[n] Kunststücke[n]« Versuche, »Leuchtende Gemählde zu machen« und »Wie man ein Wort mit glänzenden oder leuchtenden Buchstaben vorstellen solle«.[31] Dabei handelt

28 Lichtenberg 1997a, S. 162 f. Vgl. S. 129, Anm. 2.
29 Wiegleb/Rosenthal 1779-1805, Bd. 1, S. 193 f.
30 Troostwyk/Krayenhoff 1790, S. 367.
31 Wiegleb/Rosenthal 1779-1805, Bd. 2, S. 4-11.

es sich um das Verfahren, mittels elektrischer Funken, die bei einer Entladung entstehen, Buchstaben oder andere leuchtende Figuren herzustellen. Man leimt, so Wiegleb und Rosenthal, auf einen Glasstreifen kleine viereckige oder runde Zinnblätter in der Form der darzustellenden Buchstaben bzw. Figuren mit einem geringen Zwischenraum nebeneinander auf; wenn man über den Leiter, der an beiden Enden der Reihe der Zinnblättchen angeschlossen ist, diese elektrisiert, leuchten die Schriften und Bilder aufgrund der in den Zwischenräumen entstehenden Funken (Abb. 22). Der Versuch beruht laut den Verfassern auf den Grundsätzen, dass die Elektrizität erstens »allezeit den kürzesten Weg durchlauffe« und dass sie zweitens »erst alsdann sichtbar werde, wenn sich ein Zwischenraum, er mag so klein seyn, als er will, zwischen dem elektrisirten und zwischen dem nicht elektrisirten, der ihm in die Nähe kommt, findet«; alsdann wird man »zwischen solchen beyden Körpern einen sehr lebhaften und glänzenden Funken gewahr«.[32]

Der Erfinder dieses Verfahrens ist mit großer Wahrscheinlichkeit der französische Naturforscher Jean Antoine Nollet, der 1767 im dritten Band seiner *Lettres sur l'électricité* die »kleinen Illuminationen« (»petites illuminations«) ausführlich darlegt.[33] Die Anweisung und Erklärung im Werk von Wiegleb und Rosenthal folgt der von Nollet bis ins Detail,[34] und ähnliche Darstellungen finden sich auch in anderen populärwissenschaftlichen Schriften: »Das elektrische Alphabet«,[35] »Die leuchtende ähnliche Silhouette von einer verlangten Person, oder das sichtbare Nacht-Portrait«,[36] »Der erleuchtete Nahme«,[37] »Die leuchtende Schrift«,[38] »the Luminous Word«,[39] »How to represent words, trees, landscapes, &c. by electricity«[40] – die elektrische Illumination von Schriften und Bildern mit der Technik der *petites illuminations* wurde seit den 1770er Jahren in mehreren Sammlungen physikalischer Spiel-

32 Ebd., S. 4.

33 Nollet 1753-67, Bd. 3, S. 274-295, hier S. 287.

34 Die unmittelbare Quelle von Wiegleb/Rosenthal ist die Sammlung *Neue physikalische und mathematische Belustigungen* von Guyot, aus der Text und Abbildungen zur elektrischen Illumination fast unverändert in die *Natürliche Magie* aufgenommen wurden. Vgl. Guyot 1772-77, 5. Teil, S. 300-310. Wiegleb nennt in der Vorrede zum ersten Band Guyots Bücher als die Hauptquelle seines Werkes. Vgl. Wiegleb/Rosenthal 1779-1805, Bd. 1, Vorrede, S. III. Die Darstellung in der französischen Originalfassung von Guyots Werk stützt sich offenbar auf Nollet. Vgl. Guyot 1772-75, Bd. 2, 4. Teil, S. 56-66.

35 Wiegleb/Rosenthal 1779-1805, Bd. 7, S. 85 f.; Seiferheld 1787-1808, 2. Lieferung, S. 57-60.

36 Wiegleb/Rosenthal 1779-1805, Bd. 7, S. 88 f.; Halle 1788-1801, Bd. 2, S. 537-539; Bd. 6, S. 127-129.

37 Seiferheld 1787-1808, 1. Lieferung, S. 32 f. Vgl. auch »Der leuchtende Name« in Gütle 1791, S. 138.

38 Langenbucher 1788, S. 254.

39 Adams 1784, S. 72.

40 Walker 1799, S. 380 f.

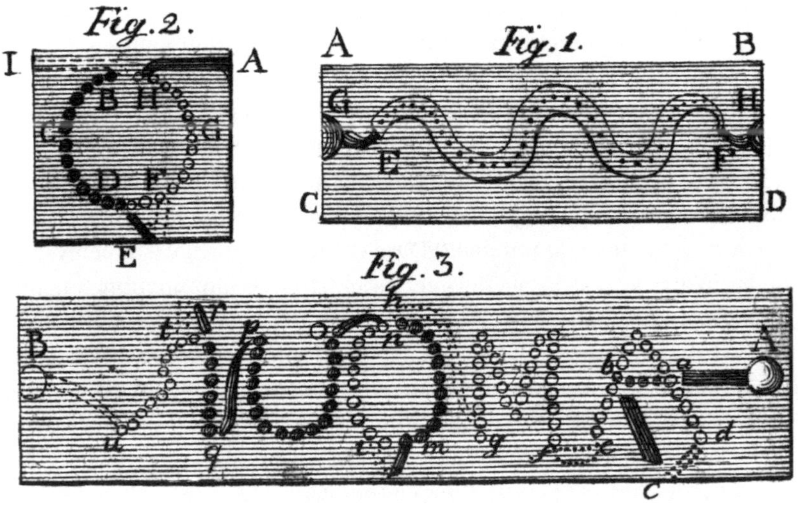

Abb. 22: Elektrische Illumination.

werke und unterhaltsamer Experimente aufgenommen und um Variationen erweitert.

Die »Steganographie« von Lichtenberg unterscheidet sich freilich in mehreren Punkten von der elektrischen Illumination. Vor allem ist das Aufkleben von metallenen Blättchen in der Form von Buchstaben und Zeichnungen eine wesentlich andere Handlung als die des Schreibens oder Zeichnens mit der Leidener Flasche. Darüber hinaus ist die Illumination eine flüchtige Kunst. Die elektrischen Funken sind ein zwar optisch auffallendes, aber augenblickliches Phänomen. »Weil aber die Funken beynahe in einem Augenblicke erscheinen, und wieder verschwinden«, so Wiegleb/Rosenthal, »so hat man gewissermaßen nicht einmahl Zeit«, mehrere auf einer Glastafel verfertigte Worte zu lesen.[41] Obwohl die Verfasser eine Methode vorstellen, die Buchstaben für beliebige Zeit leuchten zu lassen,[42] dauert der Effekt schließlich nur so lange, wie sie mit Elektrizität versorgt werden. Hingegen bieten sich die Lichtenbergischen Figuren nicht nur der dauerhaften Beobachtung dar, sondern Lichtenberg entwickelte auch Verfahren, um die Figuren entweder auf ein mit einer klebrigen Materie bestrichenes Papier abzudrucken oder sie durch Hitze einzuschmelzen und zu fixieren.[43]

41 Wiegleb/Rosenthal 1779-1805, Bd. 2, S. 9.
42 Ebd., S. 9f.
43 Vgl. oben Kap. 3. Zum Unterschied zwischen den elektrischen Funken und den Lichtenbergischen Figuren vgl. I. Teil.

Aber trotz der Unterschiede in den Verfahren und ihren Produkten hat Lichtenbergs »Steganographie« mit der elektrischen Illumination eine gewisse Gemeinsamkeit bezüglich der damit dargestellten Motive. Die Personennamen, die Lichtenberg von Anfang an mit den Staubfiguren schrieb, sind eines der in den zeitgenössischen populärwissenschaftlichen Werken beliebten Motive der elektrischen Illumination. Schon Nollet weist auf die unterhaltsame Anwendungsmöglichkeit hin, die Zuschauer mit ihren leuchtenden Namen zum Staunen zu bringen.[44] Dass er hier aber auch das Lilienwappen und das Wort »FRANCE« als Beispiel für elektrische Illuminationen nennt[45] sowie in seiner Abhandlung von 1766 den Namen des Königs »*LOUIS XV*«,[46] offenbart den Zusammenhang mit der Tradition der höfischen Feste. Die spektakulären Experimente mit elektrischen Funken seit Mitte des 18. Jahrhunderts hatten ihrerseits Vorformen im festlichen Feuerwerk des Barock, wobei Namenszüge von Herrschern und königliche Monogramme populäre Motive pyrotechnischer Vorstellungen waren.[47]

Das Monogramm des Königs Georg III., das Lichtenberg vor der Versammlung der Sozietät der Wissenschaften in Göttingen mit den Staubfiguren schrieb und später in seinen Vorlesungen wiederholte,[48] schließt sich erkennbar an die Tradition der repräsentativen Inszenierung der Verehrung mit der jeweils aktuellen Technik an: Pyrotechnik im 17. Jahrhundert und Elektrizität im 18. Jahrhundert. In den Namen seines Lehrers und seines Freundes, die er auch mit den Staubfiguren schrieb, lässt sich die Verbürgerlichung der höfischen Kultur erkennen. Die Kategorisierung der »Steganographie« von Lichtenberg unter die »Elektrische[n] Kunststücke« in der *Natürlichen Magie* von Wiegleb/Rosenthal weist also auf einen anderen Aspekt dieser Erfindung hin als auf das Mittel zum Verstecken der geschriebenen Information: Lichtenberg erfand nicht nur »eine neue Art der Steganographie«, sondern zugleich eine neue Technik der spektakulären Zurschaustellung mittels des neu entdeckten Phänomens der Elektrizität.

»Gefrorne Fensterscheiben nachzumachen«

Während Lichtenberg mit seiner »Steganographie« in erster Linie die Funktionalisierung der Staubfiguren als Schriftmedium bezeichnete, wurde sie von seinen Zeitgenossen auch als eine neue Art von Bildmedium aufgenom-

44 Nollet 1753-67, Bd. 3, S. 287.

45 Ebd., S. 282.

46 Nollet 1769, S. 332. Hervorhebung im Original. Der Naturforscher Johann Heinrich Winkler in Leipzig berichtet 1745, dass er vor »[e]inige[n] vornehme[n] Personen«, allerdings mit einer anderen Methode als Nollet, das Monogramm des Königs »Augustus Rex« mit Elektrizität erleuchtete. Vgl. Winkler 1745, S. 66.

47 Werrett 2010, S. 189-192. Vgl. auch Alewyn/Sälzle 1959, S. 22f., 52, 104.

48 Gamauf 2008, S. 504.

men und zum Zeichnen diverser Motive genutzt. Die größte Vielfalt bietet auch hier das Werk von Wiegleb und Rosenthal. Im siebten Band ihrer *Natürlichen Magie* werden »Verschiedene Abänderungen der Lichtenbergischen Figuren« in vierzehn Rubriken gegliedert und erläutert. Neben dem Verfahren, mit dem Knopf der geladenen Leidener Flasche die Oberfläche der Isolatorplatte direkt zu berühren, wird hier auch die Methode vorgestellt, über metallene Stücke beliebiger Form der Platte Elektrizität zu vermitteln (Abb. 23).[49] Mit beiden Methoden könne man neben Buchstaben auch verschiedene Bilder darstellen, z.B. Sterne, Sonne, Mond, Seegewächse, Ordensstern, Andreaskreuz usw.[50] Die Popularisierung der Lichtenbergischen Figuren als Bildmedium wird durch die Tatsache bestätigt, dass Lichtenberg selbst in seiner Vorlesung später mit ihnen auch zeichnete.[51]

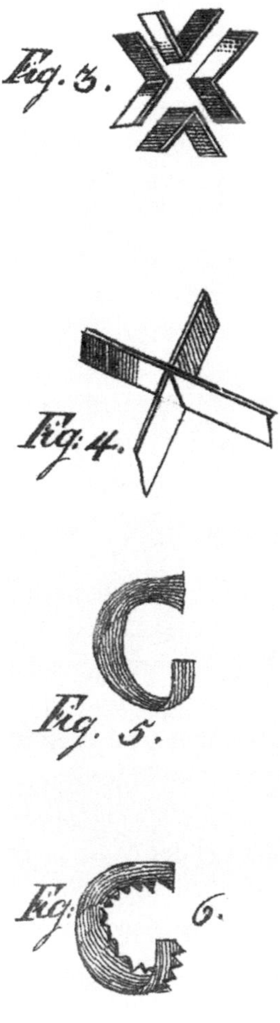

Abb. 23: Metallene Formen für die Darstellung von Buchstaben und Figuren mit den Lichtenbergischen Figuren.

Im Prozess der Rezeption als Bildmedium erlebte die Lichtenberg'sche »Steganographie« eine besondere Form der Anwendung, die der Erfinder wohl nicht erwartet hatte, an der er aber unabsichtlich mitgewirkt haben könnte. Lichtenberg bemerkt in seinem Aufsatz über die Staubfiguren von 1781, dass »man in verschiedenen Gegenden von Deutschland«, wie er hört, »einen kleinen Apparat verkaufen soll, unter dem seltsamen Titul: ein Instrument das Gefrieren der Fensterscheiben nach Hrn. Prof. Lichtenberg zu erklären«. Obwohl ihm, »als dem angeblichen Erfinder, diese Methode ganz und gar unbekannt ist«, vermutet er, dass »es kleine Elecktrophore sind, auf die man vermittelst positiv geladener Fla-

49 Auch die Methode mit den metallenen Formen lässt sich auf Lichtenberg zurückführen. Schon in seiner ersten Abhandlung zählen die »Röhren verschiedener Art«, nämlich solche aus leitenden Metallen, zu den für die Experimente vorzubereitenden Geräten. Vgl. Lichtenberg 1997a, S. 158f. Allerdings nehmen die metallenen Stücke bei ihm noch nicht so vielfältige Formen an wie bei Wiegleb/Rosenthal.

50 Wiegleb/Rosenthal 1779-1805, Bd. 7, S. 68-74. Die auf diese und ähnliche Arten angefertigten Bilder sind in der Sammlung der Abdrucke der Lichtenbergischen Figuren von Gersdorf zu sehen (Abb. 24).

51 Rogier 2004, S. 115f.

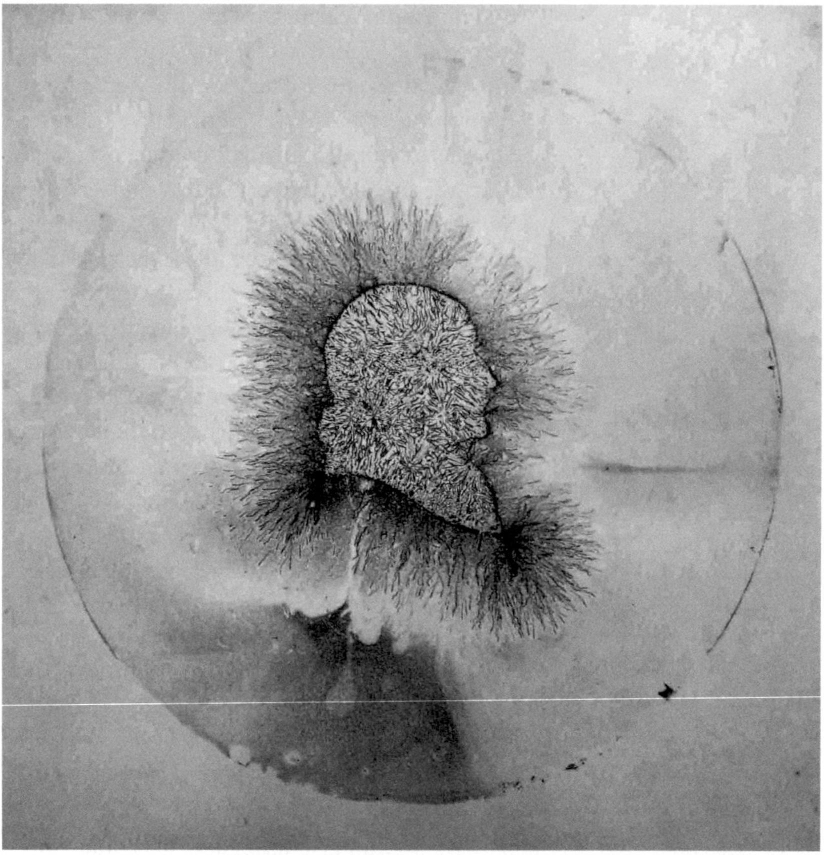

Abb. 24: Abdruck eines mit den Lichtenbergischen Figuren hergestellten Kopfprofils, gefertigt von Adolf Traugott von Gersdorf.

Abb. 25: Nachahmung der Eisblumen mit den Lichtenbergischen Figuren.

schen schreibt«, und vermutet als den Hintergrund dieser Rezeption seiner »Steganographie«: »Vermuthlich hat die Künstler ein Gleichnis verführt, das ich gebraucht habe, indem ich einige Figuren mit den Bäumchen auf gefrornen Fensterscheiben verglich«.[52] Hier ist eine der Metaphern gemeint, die in seiner Beschreibung der Entdeckungsszene der Staubfiguren zu finden ist. Er vergleicht dort die Form einiger Figuren mit »ganz fein gebildete[n] Ästchen, denen ähnlich, welche gefrorener Dampf an Fensterscheiben erzeugt«.[53]

Zwar ist fraglich, ob damals wirklich ein solcher Apparat zu kaufen war, aber die Bemerkung trifft ein für die Rezeption der Lichtenbergischen Figuren um 1800 charakteristisches Phänomen. Unter den mit den Staubfiguren darstellbaren Bildmotiven werden im Werk von Wiegleb und Rosenthal »die Figuren gefrorner Fensterscheiben«[54] genannt, nämlich die Eisblumen. Der Versuch, mit den Lichtenbergischen Figuren »gefrorne Fensterscheiben nachzumachen«, wird auch in dem ebenfalls erfolgreichen Sammelwerk *Magie, oder, die Zauberkräfte der Natur* (1783-86) von Johann Samuel Halle angeführt. Dabei zeichnet man mit dem Knopf der geladenen Leidener Flasche auf der Harzplatte des Elektrophors »Laubwerke, wie an den Fenstern anfrieren, gerade Linien, oder Buchstaben, Bäume u. dgl.« und streut darauf Harzstaub (Abb. 25).[55] Darüber hinaus fungiert der Versuch zugleich auch als Erklärung der Ursache des Phänomens: Nach dem Bepudern erblicke man, so Halle, »an jedem geraden Striche aus dessen Mitte herausfahrende Strahlen«, welches »die Eiselektricität erklärt, die im Augenblicke des Gerinnens Blumen zeichnet«.[56] Es handelt sich hier um die vermutete Wirkung der Elektrizität auf die Kristallisation des Wassers. Wie die sternförmigen Lichtenbergischen Figuren entstehen und wie sie sich aneinandersetzen und die Form junger Fichten bilden –

> [a]us eben dieser Ursache entstehen auch die Eiszweige an gefrornen Fensterscheiben. Ein jeder Schneeflocke bildet sich zum Sterne, durch eben dieselbe Wirkung der Elektrizität. Sind die Fensterscheiben trocken,

52 Lichtenberg 1781, S. 135f.

53 »ramuli nitidissime effícti iis similes, quos vapores congelati in orbiculis fenestrarum producunt«. Lichtenberg 1997a, S. 150f.

54 Wiegleb/Rosenthal 1779-1805, Bd. 7, S. 71.

55 Halle 1783-86, 1. Teil, S. 27.

56 Ebd.

> so setzen sich anfangs Sternchen in geraden oder krummen Linien aneinander, sind aber die Fenstergläser feucht beschlagen, und also mit Ableitungswasser wie eine Luftscheibe belegt, so erscheinet wegen der sich berührenden Ableitungstropfen das Fichtengesträuche größer und ausgebreitet.[57]

Zu dieser Rezeption seiner »Steganographie« bemerkt Lichtenberg mit Witz, dass er »aber auch eine andere Art von Figuren, noch schicklicher mit dem Schaft- oder Schachtelhalm (*Equisetum* oder *Hippuris*) verglichen« habe. »Also könnte man jene Maschinen auch gebrauchen die Entwickelung der Pflanzen zu erläutern; eigentlich wird von dieser Art gar nichts durch diese Versuche erläutert, welches ich freylich nur einer sehr geringen Anzahl unserer Leser wegen, erinnere«.[58] Mit dem Vergleich des Schachtelhalms beschrieb er in seiner ersten Abhandlung, wie am Anfang dieses Kapitels gesehen, die mit den positiven Staubfiguren geschriebenen Züge. Seine Bemerkung macht klar, dass er bei der Beschreibung der Staubfiguren bloß die Ähnlichkeit ihrer äußeren Form mit derjenigen von Pflanzen oder Eisblumen im Sinn hatte. Die Metapher wurde jedoch in der Rezeption substantiiert, und die Ähnlichkeit der Form wurde in die der Ursache übertragen.

Indessen erprobte man auch die Herstellung der Eisblumen selbst mit Hilfe der Lichtenbergischen Figuren. In der Fortsetzung des Werkes von Halle findet sich der Versuch, »Fensterscheiben mit beliebigen Eisblumen befrieren zu lassen«, bei dem man an einem Frosttag mit der Leidener Flasche verschiedene Figuren auf die Fensterscheiben zeichnet und statt des Staubs die Wasserdünste in den Formen der Figuren frieren lässt.[59] Es ist zu bemerken, dass der zuletzt genannte Versuch im Werk von Wiegleb/Rosenthal in die Kategorie »Meteorologische Elektricität«, eine Subkategorie der »Elektrischen Kunststücke«, eingeordnet ist.[60] In dieser Kategorie finden sich noch weitere Experimente, die nach damaliger Ansicht meteorologische Erscheinungen wie Erdbeben,[61] Wassersäulen,[62] Feuerkugeln,[63] Blitz und Gewitter[64] oder Ebbe und Flut[65] mittels der Elektrizität künstlich in kleinem Maßstab nachahmen. Meteorologische Phänomene werden sonst auch mit der elektrischen Leuchterscheinung nachgeahmt, sowohl mit der Technik der *petites*

57 Halle 1788-1801, Bd. 5, S. 127. Vgl. auch Wiegleb/Rosenthal 1779-1805, Bd. 7, S. 70.
58 Lichtenberg 1781, S. 136. Hervorhebungen im Original.
59 Halle 1788-1801, Bd. 2, S. 541 f. Vgl. auch Seiferheld 1787-1808, 4. Lieferung, S. 64.
60 Wiegleb/Rosenthal 1779-1805, Bd. 5, S. 32.
61 Ebd., S. 34 f.
62 Ebd., S. 36-39.
63 Ebd., Bd. 6, S. 45.
64 Ebd., Bd. 8, S. 42-48, 54-56.
65 Ebd., Bd. 17, S. 46-48.

illuminations von Nollet als auch auf andere Arten: »Die Blitzscheibe«,[66] »Die Nachahmung der Blitze«,[67] »Das Nordlicht durch die Kunst nachzuahmen«[68] oder »Einen Regenbogen mit seinen Farben des Nachts vorzustellen«.[69] Es wurden in der zweiten Hälfte des 18. Jahrhunderts überhaupt eine ganze Reihe von elektrischen Experimenten zur Nachahmung meteorologischer Erscheinungen bekannt. »Electricity was used to imitate a whole range of celestial and earthly meteors in the eighteenth century«, wie der Wissenschaftshistoriker Simon Werrett betont.[70]

Es handelt sich hierbei um die »elektrische Meteorologie«, eine für die Meteorologie in der zweiten Hälfte des 18. Jahrhunderts charakteristische Theorie, die die meteorologischen Phänomene mithilfe der Elektrizität zu erklären versuchte.[71] Während im 17. Jahrhundert meteorologische Erscheinungen als Wirkung von explosiven Stoffen in der Luft erklärt worden waren,[72] griff die Meteorologie im 18. Jahrhundert die Idee der Elektrizität auf, wobei Franklins Bestätigung der Elektrizität des Blitzes von 1752 als eine der wirkungsvollsten Anregungen zur Verbreitung dieser Denkweise fungierte. »Almost universally«, so Vladimir Janković, »electrical fluid became a central explanatory concept in meteorology«.[73] Dabei arbeitete man an der Beobachtung der Elektrizität in der Atmosphäre, nahm aber manchmal auch die Nachahmung der meteorologischen Phänomene durch Elektrizität als Erklärungsmodell zu Hilfe. Der französische Naturforscher Pierre Bertholon de Saint-Lazare z. B., der in seinem Werk *De l'électricité des météores* von 1787 verschiedene meteorologische Phänomene als Wirkung der Elektrizität erklärt, stellt mehrere elektrische Experimente zu ihrer Nachahmung vor, wie sie auch im Werk von Wiegleb/Rosenthal zu finden sind, um so für seine These zu argumentieren.[74] Für die elektrische Meteorologie erlangten die imitatorischen Demonstrationen der Elektrizität große Bedeutung. »Philosophers continued to make imitation epistemologically significant, with the

66 Ebd., Bd. 3, 22-25; Bd. 4, S. 25 f. Vgl. auch Halle 1783-86, 3. Teil, S. 63 f.; Langenbucher 1788, S. 393-406; Seiferheld 1787-1808, 1. Lieferung, S. 35-41. Vgl. auch »Die Blitztafel«, Seiferheld 1787-1801, 4. Lieferung, S. 43-47; 7. Lieferung, S. 50-52; Gütle 1791, S. 136 f.; »Der elektrische Blitz«, ebd., S. 141.

67 Wiegleb/Rosenthal 1779-1805, Bd. 1, S. 35 f. Vgl. auch Seiferheld 1787-1808, 1. Lieferung, S. 29-32.

68 Wiegleb/Rosenthal 1779-1805, Bd. 1, S. 34 f.

69 Ebd., Bd. 7, S. 90. Vgl. auch Halle 1788-1801, Bd. 2, S. 539; Bd. 6, S. 129.

70 Werrett 2010, S. 193.

71 Middleton 1965, S. 111-115; Moiso 1994, S. 261-273; Janković 2000, S. 146-151; Werrett 2010, S. 192-196.

72 Vgl. Janković 2000, S. 25-32; Werrett 2010, S. 59-64.

73 Janković 2000, S. 147.

74 Bertholon 1787. Zu Bertholon vgl. Werrett 2010, S. 195 f. Bertholon wird im Werk von Wiegleb/Rosenthal erwähnt. Vgl. Wiegleb/Rosenthal 1779-1805, Bd. 6, S. 43 f.

result that electrical artifices [...] constituted *models* and, thus, explanations of natural effects«.[75]

Die Lichtenbergischen Figuren wurden mitten im Zeitalter der elektrischen Meteorologie entdeckt. Auch Lichtenberg stand im Wirkungskreis dieser Wissensform. Obwohl er sich von der Nachahmung der Eisblumen mittels der Staubfiguren distanzierte, bemerkt er am Ende seiner zweiten Abhandlung über die elektrischen Figuren, dass er »alle Formen des Nordlichts [...] durch diese Figuren nachahmend dargestellt« habe, und deutet hypothetisch an, dass das Nordlicht durch die Wirkung der Elektrizität der Erde erklärbar sein könnte, die wie beim Turmalin durch Erwärmung entstehe.[76] Das Nordlicht wurde im 18. Jahrhundert wie der Blitz von vielen Naturforschern als eine elektrische Erscheinung erklärt,[77] und dabei hatte die Nachahmung mit der elektrischen Leuchterscheinung nicht selten eine begründende Funktion.[78] Lichtenbergs Hypothese folgt also erkennbar der zeitgenössischen elektrischen Meteorologie. Zwar schließt er seine Spekulation mit der Bemerkung: »Doch haben wir nun genug mit Hypothesen gespielt«,[79] aber seine Briefe zeigen, dass er sich für die Analogie der Staubfiguren zu den meteorologischen Phänomenen wie dem Nordlicht oder den Wolken weiter interessierte,[80] und auch in seiner Vorlesung thematisierte er den Vergleich des Nordlichts mit den Lichtenbergischen Figuren.[81]

Ein weiteres Thema der elektrischen Meteorologie des 18. Jahrhunderts war die Kristallisation von Wasser. Allerdings war es gegen Ende des Jahrhunderts noch umstritten, ob und wieweit die Entstehung von Schneeflocken oder Eisblumen von der Wirkung der Elektrizität abhängig sei. In Bertholons Traktat kommt die Kristallisation von Schnee zwar zur Sprache, aber der Verfasser lässt die Frage offen, ob die Elektrizität ihre einzige Ursache sei oder nur eine mitwirkende, »denn man scheint am klügsten zu handeln, wenn man sein Urtheil zurückhält, indem unsere Kenntnisse in dieser Sache noch nicht weit genug reichen, um mit Gewißheit etwas entscheiden zu können«.[82] Es liegt deshalb nahe, dass die Lichtenbergischen Figuren in dieser Spekulation als ein willkommenes Argument akzeptiert

75 Werrett 2010, S. 194. Hervorhebung im Original.

76 Lichtenberg 1997b, S. 198-201. Zitat S. 198f.: »Omnes Aurorae borealis formas [...] per istas figuras imitatione expressi«.

77 Janković 2000, S. 147f. Vgl. auch Gehler 1787-96, Bd. 3, S. 369, 375-377; Bd. 5, S. 661-664.

78 Vgl. z.B. Bertholon 1787, Bd. 2, S. 76-82.

79 »Sed jam nimis lusimus conjecturis«. Lichtenberg 1997b, S. 200f.

80 Vgl. Briefe an Jean André Deluc, 10.10.1779, Bw 1, S. 1000; an Johann Albert Heinrich Reimarus, 2.3.1780, Bw 2, S. 38f. Vgl. auch oben Kap. 1.

81 Gamauf 2008, S. 926f.

82 »Quoi qu'il en soit, il paroît qu'il est plus sage de suspendre encore son jugement; nos connoissances, sur ce point, n'étant pas assez avancées pour prononcer avec certitude«. Bertholon 1787, Bd. 2, S. 189. Dt., Bertholon 1792, Bd. 2, S. 124.

wurden. So versucht der Karlsruher Naturforscher Johann Lorenz Böckmann, der schon 1776 die elektrischen Staubfiguren entdeckt haben will,[83] »die bekannten und schönen Figuren der gefrornen Fensterscheiben« aufgrund der Ähnlichkeit der Form als eine mit den Staubfiguren identische Erscheinung zu erklären, wobei er seine Hypothese an die schon existierende Vermutung anschließt, dass das Phänomen von der Wirkung der Elektrizität hervorgerufen werden könnte.[84]

Die Tatsache, dass die Nachahmung und Erklärung der Eisblumen mit den Lichtenbergischen Figuren gegen Ende des 18. Jahrhunderts auch in populärwissenschaftlichen Schriften thematisiert wurde, zeigt die Popularität einer Tendenz in der elektrischen Meteorologie, die atmosphärischen Phänomene mithilfe der Simulation durch Elektrizität erklärbar zu machen. Die »Steganographie« von Lichtenberg passte in diesen Kontext und fungierte bei seinen Zeitgenossen nicht nur als Schrift- und Bildmedium, sondern auch als ein überzeugendes Modell zur Erklärung der Kristallisation des Wassers.[85] Die Ähnlichkeit der Lichtenbergischen Figuren mit den Eisblumen, auf die Lichtenberg in der Beschreibung ihrer Form aufmerksam macht, trägt zur Etablierung ihrer Bedeutsamkeit als Mittel zur Nachahmung des meteorologischen Phänomens bei. Die Lichtenbergischen Figuren als Bildmedium boten sich somit in der elektrischen Meteorologie des 18. Jahrhunderts als ein neues Argument an.

Das Ende der natürlichen Magie

Lichtenbergs »Steganographie« wurde in der Wissenskultur gegen Ende des 18. Jahrhunderts als eine neue Variante bereits vorhandener Techniken und Argumentationsformen erfunden und akzeptiert: als eine neue Art der Ge-

83 Vgl. S. 46f., Anm. 23. Böckmann begegnet in der Geschichte der Meteorologie als derjenige, der 1778 den Markgrafen Karl Friedrich von Baden zur Gründung eines umfassenden meteorologischen Beobachtungssystems bewegte. Sein Entwurf war kurzlebig, wurde aber von Johann Jakob Hemmer positiv aufgenommen, der bei der Gründung der Mannheimer Meteorologischen Gesellschaft von 1780 mitwirkte und das erste internationale Netz der Wetterbeobachtung initiierte. Vgl. Traumüller 1885, S. 2-4; Cassidy 1985, S. 17f.

84 Böckmann 1789, S. 156f.

85 Auch Torbern Bergmann erwähnt in seiner Theorie der Kristallisation die Ähnlichkeit der Lichtenbergischen Figuren mit Schneekristallen (Bergmann 1782, S. 18); sein Hinweis wird in den Enzyklopädien um 1800 angeführt. Vgl. oben II. Teil. Noch 1830 steht in einem Handbuch der Experimentalphysik folgende Erklärung: »Auch der Schnee mit seinen sechseckigen Sternchen, und das Gefrieren der Dünste an den Fensterscheiben, geschieht nach den nämlichen Gesetzen. Es läßt sich sogar durch ein einfaches Verfahren bewirken, daß die Fensterscheiben mit positiven oder negativen Figuren gefrieren« (Tscharner 1830, S. 358). Johann Wilhelm Ritter spricht von der Ähnlichkeit des gefrorenen Wassers mit den positiven Lichtenbergischen Figuren und der des flüssigen mit den negativen, und erklärt so die Elektrizität zum alle Körper ordnenden Prinzip. Ritter 1805, S. 258f.

heimschreibekunst, als ein neues spektakuläres Darstellungsmittel und als ein neues Erklärungsmodell meteorologischer Phänomene. Das Wissen, das den Hintergrund der Erfindung und Rezeption dieser Anwendungen der Lichtenbergischen Figuren bildet, ist unter den Begriff der »natürlichen Magie« zu fassen, wie die Titel der bereits mehrfach zitierten Literatur schon andeuten. Zwar sind die in der zweiten Hälfte des 18. Jahrhunderts unter dem Namen der »natürlichen Magie« erschienenen Werke eher populärwissenschaftlich, doch im 18. Jahrhundert waren populäre und akademische Wissenschaften noch nicht so streng voneinander getrennt wie seit dem 19. Jahrhundert,[86] was eben die zeitgenössische Rezeption von Lichtenbergs »Steganographie« veranschaulicht. Während die magische Tradition im 19. Jahrhundert in der modernen Naturwissenschaft verschwindet, beruht das Wissen des 18. Jahrhunderts noch weitgehend auf dieser in der Renaissance entstandenen Wissensform.[87]

Allerdings war die natürliche Magie von Anfang an auf die Entzauberung der Magie gerichtet. Das magische Denken in der Renaissance betont den Unterschied der natürlichen von der übernatürlichen Magie und behauptet, die wunderbar wirkenden Erscheinungen naturalistisch, d.h. als Wirkungen der Natur, erklären zu können.[88] Es geht dieser Denkweise um die Erschließung der verborgenen Kräfte der Natur, die man nachahmen, verbessern und auch zum Wohle des Menschen benutzen kann. Die oben erwähnte *Magia naturalis* von Porta ist eines der bedeutendsten Werke der natürlichen Magie im 16. Jahrhundert; der Autor definiert dieses Wissen als »nichts anders / als eine Durchschauung der gantzen Natur«: »[D]iese Kunst [...] lehret die verborgenen Eigenschafften der Dinge und die gantze Natur dermassen erkennen / [...] daß daraus solche Würckungen entstehen / die das gemeine Volck vor Wunder-Werck hält«.[89] Mit ihrem empirisch-experimentellen Charakter spielte die natürliche Magie der Renaissance eine bedeutende Rolle bei der Etablierung der experimentellen Wissenschaft im 17. Jahrhundert.[90]

Die natürliche Magie des 18. Jahrhunderts übernimmt vom magischen Denken der Renaissance die naturalistische Intention und verfolgt sie weiter. Dabei rückt das Zeitalter der Aufklärung das Konzept der Entzauberung der

86 Hochadel 2003.

87 Im Vergleich zur natürlichen Magie in der Renaissance ist diejenige im 18. Jahrhundert weniger erforscht. Vgl. Francesco 1937, bes. S. 208-210; Schimank 1968, S. 37-40; Stafford 1994, S. 94-97; Lind 1992, S. 32; Hochadel 2000, S. 123 f.; Hochadel 2004; Klosa 2009, S. 151-165.

88 Zum »Naturalismus« der natürlichen Magie der Renaissance vgl. Henry 2008, S. 57; Hine 1984.

89 Porta 1680, 1. Teil, S. 6 f.

90 Vgl. Rossi 1968, S. 1-35; Eamon 1994, S. 194-233; Henry 2008, S. 56-68.

Natur durch wissenschaftliche Kenntnisse in den Vordergrund.[91] So schließt Rosenthal in der Vorrede zum dritten Band der *Natürlichen Magie* aus dem Erfolg des Werkes, dass

> dadurch das Ungeheuer – *Wunderglaube* – gewiß aus manchem Kopfe verscheuchet seyn wird, das nur festen Fuß fassen kann, wo es Mangel an physischen, chemischen, mechanischen und mathematischen Kenntnissen findet, und also nur blos bey denen, die die Kräfte der natürlichen Dinge, und deren Wirkungen, die sie unter so mancherley Modifikationen in einander haben, nicht kennen.[92]

Die elektrische Meteorologie des 18. Jahrhunderts ist ein typisches Beispiel für das rationale Gepräge der natürlichen Magie der Aufklärung. Die Identifikation des Blitzes mit der Elektrizität veranschaulicht die Entzauberung der Natur durch die Wissenschaft exemplarisch,[93] was sich auch in der elektrischen Erklärung der Kristallisation des Wassers wiederholt.

Die natürliche Magie der Renaissance wurzelt in der für dieses Zeitalter charakteristischen Erkenntnisform. Michel Foucault zufolge beruhte das abendländische Wissen bis zum Ende des 16. Jahrhunderts auf dem Prinzip der »Ähnlichkeit«. Die Dinge der Welt sind in einem Netz unsichtbarer Ähnlichkeiten organisiert, die durch Zeichen (Signaturen) an ihrer Oberfläche signalisiert werden.[94] Die Kette der durch Korrespondenzen miteinander verbundenen Dinge von Gott bis zur niedrigsten Natur sowie die Sympathie und Antipathie der Dinge – beides auch Ideen in Portas *Magia naturalis* – gehören im Wissen der Renaissance zu den Formen der Ähnlichkeit.[95] Die Natur ist hier ein großes Buch, das mit Dingen als lesbaren Schriftzeichen gefüllt ist, und diese verweisen endlos aufeinander.[96] Die natürliche Magie der Renaissance ist also nichts anderes als der Versuch, das Buch der Natur anhand der Zeichen der Dinge zu entziffern. »Die magische Form war der Erkenntnisweise inhärent«.[97]

Die elektrische Meteorologie des 18. Jahrhunderts scheint auf den ersten Blick die Erkenntnisweise der Renaissance zu übernehmen. Es ist die Analogie zwischen den meteorologischen Phänomenen und den elektrischen Erscheinungen, auf der die elektrische Meteorologie beruht. Die elektrische Natur des Blitzes war bereits aufgrund der Ähnlichkeit dieses meteorologi-

91 Vgl. hierzu auch Hochadel 2004, S. 141 f.
92 Wiegleb/Rosenthal 1779-1805, Bd. 3, Vorrede des Herausgebers, o.S. Hervorhebung im Original.
93 Vgl. Weigl 1990, S. 175-200.
94 Foucault 1974, S. 46-77.
95 Ebd., S. 47 f., 53-55. Vgl. Porta 1680, 1. Teil, S. 47, 49-83.
96 Foucault 1974, S. 57.
97 Ebd., S. 64.

schen Phänomens mit den bei der Entladung der Leidener Flasche sichtbaren Funken gemutmaßt worden, bevor diese Vermutung mit dem von Franklin konzipierten Experiment bestätigt wurde.[98] So versuchte auch Johann Lorenz Böckmann, unter verschiedenen Bedingungen Wasserdünste unter der Wirkung der Elektrizität einzufrieren, und untersuchte die Ähnlichkeit dieser künstlichen Eisblumen mit den natürlichen, bevor er schließlich glaubte,

> einigermassen berechtigt zu seyn, zu schliessen, daß ausser der Kälte, die freilich wesentlich zur Bildung dieser Eisbäumchen ist, die Electricität doch auch eine große Rolle dabey spiele, und daß die Natur in Hervorbringung derselben würklich auf eine Weise verfahre, die derjenigen bey den Glasbomben [= der Staubfiguren] nicht sehr unähnlich ist.[99]

Er beginnt seine Abhandlung mit der Rede über die »grosse Kette« der Natur[100] und sagt, er habe aus der Überzeugung, dass »die Natur, die immer aufs einfachste wirkt, wahrscheinlich nach dem nämlichen Gesetz noch mehrere ähnliche Erscheinungen hervorbringen werde«, »ihr großes Buch« durchblättert, um auf die Idee der Eisblumen zu kommen.[101] Der Wortwahl nach klingt es, als ob er sich noch von der epistemologischen Grundform der Renaissance leiten ließe.

Aber Böckmann bezeichnet mit der Metapher von der Kette der Natur nicht die Ordnung der miteinander korrespondierenden Dinge, wie sie Porta in seinem Werk erklärt, sondern den kausalen Zusammenhang der natürlichen Gegebenheiten, »wovon sie Grund oder Folge ist«.[102] Die Ähnlichkeit zwischen den Eisblumen und den Lichtenbergischen Figuren stellt eine offenbare Analogie dar, die nicht auf die Entzifferung der verborgenen Ähnlichkeit angewiesen ist. Anders als die unendliche Spiegelung der Dinge ist es die einfache Induktion von der Ähnlichkeit der Erscheinung auf die der Ursache, die seine Theorie der elektrischen Wirkung auf die Formation der Eisblumen stützt. Das Wissen von der Ähnlichkeit, wie es die natürliche Magie der Renaissance kannte, wird also in der elektrischen Meteorologie des 18. Jahrhunderts rationalisiert: Es hat aufgehört, als Hermeneutik und Semiologie des Buches der Natur die endlos aufeinander verweisenden Ähnlichkeiten zu verfolgen, [103] und zeigt sich nun als eine Methodologie der rationalen Erkenntnis der Natur. Für die elektrische Meteorologie ist die Analogie

98 Franklin 1983, S. XIX.
99 Böckmann 1789, S. 166.
100 Ebd., S. 147f.
101 Ebd., S. 156.
102 Ebd., S. 148.
103 Vgl. Foucault 1974, S. 60f.

nicht mehr die Grundlage der Erkenntnis der Welt, sondern ein bloßes argumentatives Hilfsmittel bei der Erklärung der Natur.[104]

Die Rationalisierung der elektrischen Meteorologie war aber noch nicht abgeschlossen. Achim von Arnim radikalisierte am Ende des 18. Jahrhunderts die (Halb-)Rationalität des Analogie-Denkens der elektrischen Meteorologie und dekonstruierte zugleich diese der zweiten Hälfte des 18. Jahrhunderts eigene Form des Wissens. Arnim zeigt 1800 in seinem Aufatz *Electrische Versuche*, dass eine Ähnlichkeit der Lichtenbergischen Figuren mit der Kristallisation des Wassers nicht nachweisbar ist, indem er die These des italienischen Physikers Giovanni Aldini widerlegt, dessen Aufsatz er vorher in derselben Zeitschrift, *Annalen der Physik*, referiert hat.[105]

Aldini versucht in seinem Aufsatz von 1797, die Wirkung der Elektrizität auf die Bildung der Schneekristalle damit zu begründen, dass die Formen der Lichtenbergischen Figuren denen des Schnees ähnlich seien: »Sollten wir da nicht auf Gleichheit der Ursache schließen dürfen?«[106] Insofern wiederholt er die Logik der elektrischen Meteorologie des 18. Jahrhunderts. Was ihn von Böckmann unterscheidet, ist seine Methode der Begründung der Analogie. Bei Böckmann beruht die Ähnlichkeit zwischen den künstlichen und den natürlichen Eisblumen auf einem subjektiven Eindruck. Er beobachtete, dass die unter der Wirkung der Elektrizität künstlich gefrorenen Figuren »viele Aehnlichkeit mit den Figuren auf den Fensterscheiben« haben oder dass ihnen »die schönen Ramificationen« fehlen, »die man zuweilen an den Fensterscheiben erblikt« oder dass sie »den natürlichen immer ähnlicher« werden.[107] Aldini dagegen quantifiziert die Analogie: Um die Ursache der sternförmigen Gestalt von Schneekristallen mit sechs Strahlen in einem Winkel von 60° zueinander zu klären, zählt er die Zahl der Strahlen der ebenso sternförmigen positiven Lichtenbergischen Figuren und entdeckt, dass sie »12, 18 und 24 Strahlen« haben, dass sich aber bei schwacher Elektrizität Figuren mit »nur 6 Strahlen« zeigen, »die in ihrer ganzen Bildung dem Schnee völlig ähnlich waren«. »So wäre denn durch *neue Versuche jener Einfluß der Electricität auf die Bildung des Schnees bestätigt*«.[108]

Aldini versucht hier, der Analogie der elektrischen Meteorologie durch Quantifizierung Objektivität zu verleihen. Aufgrund der bei Lichtenbergi-

104 Bereits Johannes Kepler hält die Analogie für ein heuristisches oder erklärendes Hilfsmittel der Wissenschaft, das vom wissenschaftlichen Diskurs selbst zu unterscheiden ist. Vgl. Vickers 1984b, S. 149-155.

105 [Aldini] 1800; Arnim 1800a u. 1800b. Im Folgenden zitiert nach Arnim 2007a, 2007b u. 2007c. Die italienische Originalfassung von Aldinis Aufsatz steht nicht im 13. Bd. von *Annali di Chimica e Storia Naturale*, wie Arnim angibt, sondern im 14. Bd. (1797), S. 174-210. Vgl. Aldini 1797.

106 Arnim 2007a, S. 227.

107 Böckmann 1789, S. 164f.

108 Arnim 2007a, S. 227f. Hervorhebung im Original.

Verſuch		Verſuch	
1	6	8	4
2	6	9	6
3	6	10	5
4	9	11	5
5	8	12	3
6	6	13	6
7	6	14	6

Abb. 26: Zahl der Strahlen der Lichtenbergischen Figuren in Arnims Versuch.

schen Figuren und Schneekristallen identischen Zahl von Strahlen scheint die Identität der beiden Erscheinungen objektiv bewiesen zu sein. Es ist aber dieser Kunstgriff, anhand dessen Arnim Aldinis These außer Kraft setzt. Er kritisiert nicht nur Aldinis unzureichende Kenntnis des zeitgenössischen Forschungsstandes,[109] sondern weist auch seine Theorie gerade in ihrem Kernpunkt zurück: »Denn eben jene einzige Aehnlichkeit, die *Aldini* zu der Begründung brauchte, die Zahl der Strahlen an den Staubfiguren und am Schnee, die Winkel, (von 60° ,) unter denen sie sich an einander setzen; diese Uebereinstimmung findet hier gar nicht statt«. Arnim wiederholt das Experiment von Aldini und entdeckt: »Den Erfolg zeigte die Wiederholung gar nicht«. Dabei zählt er nicht nur die Strahlenzahl mehrerer Lichtenbergischer Figuren, die er in seinem Experiment hergestellt hat (Abb. 26), sondern auch »die Strahlenzahl aller deutlich unterscheidbaren Sterne aus den Kupfern zu *Lichtenberg's Abhandlung*« und weist ihre Unregelmäßigkeit nach. Arnim meint hier wahrscheinlich die erste Abbildung zur ersten Abhandlung über die Staubfiguren von Lichtenberg (Abb. 27). In beiden Fällen haben nicht alle Figuren sechs Strahlen, sondern die in Arnims Aufsatz angeführten Strahlenzahlen variieren unregelmäßig zwischen 3 und 9. Und bei dem von ihm selbst durchgeführten Experiment ist »gar nicht an gleiche Winkel von 60° zu denken«. Aufgrund dieser Untersuchungen kommt Arnim zu dem Schluss, dass »die Electricität noch keine erwiesene Ursach der Schnee-Krystallisation sey«.[110]

109 Arnim 2007b, S. 233 f. Er erwähnt hier auch die Abhandlung von Böckmann.
110 Arnim 2007c, S. 261-263. Hervorhebungen im Original.

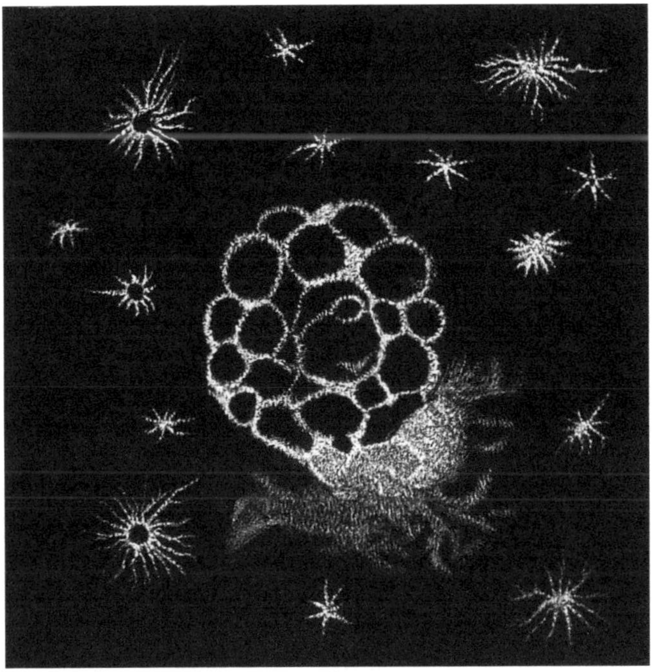

Stern	I	—	7
Stern	II	—	6
Stern	III	—	7
Stern	IV	—	7
Stern	V	—	6

Abb. 27: Die erste Abbildung zur ersten Abhandlung von Lichtenberg (oben) und die von Arnim gezählte Strahlenzahl der Staubfiguren darauf (unten).

Arnim demonstriert die Unbeweisbarkeit von Aldinis Behauptung nicht nur dadurch, dass das Ergebnis seines Experiments nicht reproduziert werden konnte – die Wiederholbarkeit der Experimente und die Reproduzierbarkeit der Ergebnisse sind Grundprinzipien der modernen experimentellen Wissenschaften. Er weist auch nach, dass Aldinis Argumentation nur scheinbar objektiv ist, indem er die Quantifizierung der Analogie präzisiert und zugleich radikalisiert. Während Aldini als die Strahlenzahl der Lichtenbergischen Figuren in seinem Experiment nur die Sechs und ihre Vielfachen nennt, veröffentlicht Arnim unregelmäßige Daten als Ergebnis seiner einzelnen Versuche. Zwar gilt die Messung und Quantifizierung seit dem 17. Jahrhundert neben dem Experiment als eine für die Naturwissenschaften charakteristische Methode,[111] aber die Quantifizierung bei Aldini erweist sich im Vergleich zu derjenigen von Arnim als unzuverlässig, weil eine exakte numerische Übereinstimmung der Theorie mit dem Ergebnis des Experiments in den modernen experimentellen Wissenschaften eher für unwahrscheinlich gehalten wird.[112] Durch das Zählen der Strahlen der Lichtenbergischen Figuren im Bild zeigt Arnim seinerseits, dass es sich bei der Quantifizierung in der Tat um eine gründlich rationale Erkenntnisweise handelt. Mit Arnim erreicht die Rationalisierung der elektrischen Meteorologie ihren Höhepunkt, was gleichzeitig ihr Ende und ihre Verwandlung in eine moderne Wissenschaft bedeutet.

Lichtenbergs »Steganographie« wurde nicht nur im Kontext der natürlichen Magie im 18. Jahrhundert erfunden und akzeptiert, sondern im Vorgang ihrer Rezeption in der elektrischen Meteorologie, einer der Erscheinungsformen der natürlichen Magie in diesem Zeitalter, veränderte sich diese ihrerseits auch: Durch ihr Streben nach einer rationalen Wissensform löst sich die elektrische Meteorologie auf, und die natürliche Magie verwandelt sich in die Naturwissenschaft. Dabei ist zu bemerken, dass der Abbruch der magischen Tradition in der Wissenschaft um 1800 nicht von außen her angestoßen wurde, sondern sich eher durch eine immanente Dynamik der natürlichen Magie selbst ergibt, die die eigene Rationalisierung verfolgt, was zu ihrer Selbstüberschreitung in die Naturwissenschaft führt. Die Geschichte der Erfindung und Rezeption von Lichtenbergs »Steganographie« spiegelt die Geschichte der natürlichen Magie des 18. Jahrhunderts, nämlich die Kontinuität und die Differenz, mit denen sie sich auf die Magie der Renaissance bezieht, sowie ihre Dekonstruktion um 1800: das Ende der natürlichen Magie.

111 Frängsmyr/Heilbron/Rider 1990; Henry 2008, S. 18-55.
112 Kuhn 1961, S. 165.

5. Lichtenbergische Figuren als Zeichen der Elektrizität

Eine neue Art des Elektroskops

In seiner zweiten Abhandlung über die Staubfiguren, die er am 19. Dezember 1778 in der öffentlichen Versammlung der Königlichen Sozietät der Wissenschaften in Göttingen las, thematisiert Lichtenberg unter zwei Aspekten die Problematik des zeitgenössischen Elektroskops bzw. Elektrometers und stellt jeweils seine eigenen Konzepte von neuen Instrumenten vor. Zuerst kommt das Fehlen eines Elektroskops zur Sprache, mit dem man die einzelnen Teile eines Körpers daraufhin untersuchen könnte, ob sie positiv oder negativ geladen sind.[1] Deswegen habe er sich ein einfaches Elektroskop angefertigt, indem er einige feine Fäserchen einer Flaumfeder an der Spitze einer Schreibfeder befestigt habe; anhand der Bewegung der Fäserchen, die vorher positiv oder negativ geladen worden sind, habe er die Elektrizitätsart einzelner Teile einer Harzplatte ermitteln können, auf der er zuvor die Figuren hergestellt habe.[2]

Bevor er aber dieses Instrument eingehend beschreibt, weist Lichtenberg auf ein weiteres Problem hin: die Schwierigkeit, die Art der Elektrizität nicht »mittelbar«,[3] d.h. über die Reaktion eines schon positiv oder negativ elektrisierten Körpers, sondern »*unmittelbar*«[4] festzustellen. Die Elektroskope im 18. Jahrhundert bestehen zumeist aus zwei leichten Körpern wie Korkkügelchen oder Goldblättern, anhand von deren Divergenz der Grad der Elektrizität zu erkennen ist.[5] Um mit diesem Typ des Geräts die Art der elektrischen Ladung zu untersuchen, elektrisiert man zuerst die Korkkügelchen entweder positiv oder negativ; sie werden von dem zu untersuchenden Körper angezogen, wenn dieser ungleichartig elektrisiert ist, und sie werden abgestoßen, wenn er gleichartig elektrisiert ist.[6] Das oben erwähnte, von Lichtenberg hergestellte einfache Elektroskop benutzt ebenfalls dieses Prinzip. Sonst war damals als Mittel zur Unterscheidung der Ladungsart auch die Lichterscheinung am spitzen Ende des elektrisierten Körpers bekannt, die der Form nach als »Feuer-« oder »Strahlenbüschel« bei positiver Elektrizität und als »Stern« oder »leuchtender Punkt« bei negativer Elektrizität bezeichnet wurde.[7] Die »Büscheln und Sternchen«, so Lichtenberg, »die ja die sichersten Kennzeichen

1 Lichtenberg 1997b, S. 186 f.
2 Lichtenberg 1997b, S. 190-193.
3 »*mediate*«. Lichtenberg 1997b, S. 186 f. Hervorhebung im Original.
4 »*immediate*«. Ebd. Hervorhebung im Original.
5 Vgl. Hackmann 1978.
6 Vgl. Gehler 1787-96, 1. Teil, S. 727 f.
7 Vgl. ebd., 1. Teil, S. 728; 4. Teil, S. 259-261.

der positiven und negativen Elektrizität sind«, seien bislang das einzige Mittel, die Art der Elektrizität »*unmittelbar*« festzustellen; aber man könne von ihnen »nur an dunklen Orten Gebrauch machen«.[8]

Um diese Nachteile der vorhandenen Mittel zu überwinden, konzipierte Lichtenberg ein Instrument, mit dem man die Art der Elektrizität, und zwar der in der Luft, unmittelbar und einfacher ermitteln könne. Dabei fungieren die Lichtenbergischen Figuren selbst als das Mittel zur Unterscheidung der Elektrizitätsart. Mit diesem Gerät wird die Elektrizität in der Luft von einem Drachen über eine Eisenschnur und einen damit verbundenen Stift bis zu einem mit Harz überzogenen und drehbaren Zylinder geleitet, auf dem während der Drehung die Veränderungen der Elektrizität in der Luft aufgezeichnet werden. Wenn man den Zylinder nach der Drehung bepudert, entstehen die Figuren, die bei positiver und negativer Elektrizität deutlich verschiedene Formen annehmen. Auf diese Weise wird das Instrument die Veränderung der Elektrizität in der Luft »auf das deutlichste anzeigen«, »und das ohne die geringste Gefahr für den Beobachter«.[9] Die Staubfiguren veranlassten Lichtenberg also zur Erfindung einer neuen Art des Elektroskops.

Das Konzept des Elektroskops unter Verwendung der Lichtenbergischen Figuren hebt die Bedeutung der Staubfiguren als Zeichen der elektrischen Ladungsart hervor. Während Lichtenberg zugibt, dass die Entstehung der Staubfiguren schwer zu erklären ist, bemerkt er schon früh, dass mit der positiven Elektrizität »eine Figur mit Strahlen« und mit der negativen eine »ohne Strahlen« erzeugt wird.[10] »[D]a ich die strahlenden Figuren immer mit einer reichlichen positiven Elektrizität verbunden gesehen habe, warum hätte ich nicht glauben sollen, daß auch die eben genannten Figuren Zeichen positiver Elektrizität seien?«[11] Die Funktion der Lichtenbergischen Figuren

8 »[...] et praeter penicillos ac stellulas, [...] certissima quippe +E et −E signa, nullum, quod nunc recorder, instrumentum, nullaque methodus inter physicos adhuc usitata fuit, quibus *immediate* de genere electricitatis corporum electricorum certiores fieri potuerint. Sed figuras has eiusmodi methodum suppeditare perspicuum esse arbitror, et quidem modo dictae, quippe quae in locis obscuratis tantum adhiberi potest, longe anteponendam«. Lichtenberg 1997b, S. 186 f. Hervorhebung im Original.

9 »[...] omnes mutationes Electricitatis in aëre interim factas distinctissime repraesentabit, et sine vllo observatoris periculo«. Lichtenberg 1997b, S. 188 f. Er gibt zu, dass er das Instrument noch nicht gebaut hat. Doch er berichtet, dass er »im letzten Sommer am 19. Juli« die Figuren zum Erkennen der Art der Elektrizität in der Luft benutzt hat und dass ihn dies zur Erfindung des Elektroskops geführt hat. Lichtenberg 1997b, S. 186-189. Und am 30. Juli 1778 schreibt er in einem Brief an Johann Andreas Schernhagen, dass er bei der Untersuchung der atmosphärischen Elektrizität mit dem Drachen »vermittelst meiner Methode durch die Figuren die Wolcken positiv« fand. Bw 1, S. 858.

10 »figuram radiantem«, »radiis vero carentem negativam«. Lichtenberg 1997a, S. 160 f.

11 »Etenim figuras radiantes semper cum generosa Electricitate positiva conjunctas vidi, quidni ergo et modo dictas Electricitatis positivae signa esse credidissem?« Lichtenberg 1997b, S. 190 f.

als Zeichen der Elektrizitätsart wurde auch in der Fachwelt um 1800 anerkannt. Wenn es in den physikalischen Lexika und Lehrbüchern um die »entgegengesetzten Elektrizitäten«, d.h. die positive und die negative Elektrizität, geht, werden neben der Lichterscheinung an der Spitze eines elektrisierten Gegenstands auch die Lichtenbergischen Figuren häufig als Mittel zur Unterscheidung der beiden Ladungsarten genannt.[12] Manche Naturforscher behaupten sogar, dass die Staubfiguren »ungleich besser geschikt sind, die Beschaffenheit einer elektrischen Kraft anzuzeigen, als das Licht an leitenden Spizen«.[13]

Die positive und negative Elektrizität selbst war aber damals ein noch umstrittener Begriff. Dass es zwei unterschiedliche Typen der Elektrisierung gibt, war seit Anfang des 18. Jahrhunderts bekannt. Es war aber gegen Ende des Jahrhunderts noch eine offene Frage, ob es sich dabei um zwei verschiedene Arten der Elektrizität handelt oder um zwei Modifikationen einer einzigen Elektrizität. Die unitarische bzw. Ein-Fluidum-Theorie, die Benjamin Franklin in der Mitte des 18. Jahrhunderts aufstellte, stieß bei den Verteidigern der dualistischen bzw. Zwei-Fluida-Theorie auf Widerspruch.[14] Und es war Lichtenberg, der der Kontroverse zwischen Dualisten und Unitariern einen Kompromiss eröffnete, indem er in seiner ersten Abhandlung über die Staubfiguren die Zeichen + und – zur Kennzeichnung von positiver und negativer Elektrizität einführte und in der zweiten Abhandlung erklärte, dass sie auf beide Theorien anwendbar sind.

Die Zeichen + und – wurden in der zeitgenössischen Elektrizitätslehre mit Beifall aufgenommen und verbreitet und sind bis heute als die universalen Zeichen für die beiden Ladungsarten in Gebrauch. Wie stellten sich aber diese Zeichen in der zeitgenössischen Diskussion um die wissenschaftlichen Zeichen dar, und welche Rolle spielten die wissenschaftlichen Zeichen überhaupt bei der Formation des Wissens um 1800? Und was für eine Bedeutung hatten dabei die Lichtenbergischen Figuren, die selbst als Zeichen der Elektrizität galten? Lichtenberg hat wohl nicht ohne Grund die Zeichen + und – in seinen Abhandlungen über die Staubfiguren eingeführt, da sie so deutlich die beiden elektrischen Ladungsarten kennzeichnen, dass er mit ihrer Hilfe ein Elektroskop konzipieren konnte. Wie beziehen sich dann die Lichtenbergischen Zeichen auf seine Figuren?

Um diese Fragen zu klären, werden im Folgenden die Charakteristika der von Lichtenberg eingeführten Zeichen + und – zuerst in der Geschichte der

12 Z.B. Gehler 1787-96, 1. Teil, S. 729; Fischer 1798-1827, 1. Teil, S. 873; Gren 1797, S. 779f.

13 Troostwyk/Krayenhoff 1790, S. 394.

14 Vgl. Heilbron 1979, S. 431-448; Meya/Sibum 1987, S. 100-104. Troostwyk und Krayenhoff versuchen in ihrer Untersuchung, mittels der Lichtenbergischen Figuren Franklins unitarische Theorie zu bestätigen. Vgl. Troostwyk/Krayenhoff 1790.

Nomenklatur der Elektrizität im 18. Jahrhundert und dann im weiteren Kontext der zeitgenössischen wissenschaftlichen Zeichen betrachtet. Nach einem Einblick in die zeitgenössische Rezeption von Lichtenbergs Zeichen wird schließlich die Bedeutung der Lichtenbergischen Figuren als Zeichen der Elektrizität in der Diskussion um die wissenschaftlichen Zeichen um 1800 erörtert.

+E und −E

Als Lichtenberg die Zeichen + und − in die Elektrizitätslehre einführte, baute er auf der Geschichte der Nomenklatur der Elektrizität im 18. Jahrhundert auf. Die Diskussion über die Theorie der Elektrizität war damals mit derjenigen über ihre Nomenklatur eng verbunden. Bei der Aufstellung einer neuen Theorie wurde auch die darin zu gebrauchende Terminologie vorgeschlagen.[15] So bezeichnete der französische Naturforscher Charles François Dufay, der 1733 die Anziehung und Zurückstoßung der elektrisierten Körper durch die Existenz von zwei verschiedenen Arten der Elektrizität erklärte, sie als »l'électricité vitrée« und »l'électricité résineuse«, d.h. als die »glaßhaffte Electricität« und die »hartzigte Electricität«, weil »vornemlich das Glaß und der Copal diejenigen zwey Materien sind, die mir zur Entdeckung dieser beyden Electricitäten Anlaß gegeben haben«.[16] Demgegenüber schlug Benjamin Franklin, als er 1751 die zwei Typen der Elektrisierung als Überschuss und Mangel an einer einzigen Art der Elektrizität erklärte, eine neue Terminologie vor: die *positive* und *negative* bzw. die *plus*- und *minus*-Elektrisierung.[17]

Franklins Terminologie wurde in der zeitgenössischen Elektrizitätsforschung schnell verbreitet und bekannt, so dass Robert Symmer in England, als er 1759 die unitarische Theorie zurückwies und die Dualität der Elektrizität erneut behauptete, die Nomenklatur seines Gegners übernahm. Dabei unterscheidet er sich von seinen Vorgängern darin, dass er die Gegensätzlichkeit der beiden Arten der Elektrizität und die Arbitrarität ihrer Bezeichnung aufzeigte.[18] Sowohl die Terminologie von Dufay als auch die von Franklin sind motivierte Bezeichnungen: Die »Glas-« und »Harzelektrizität« beziehen sich auf das Bezeichnete durch Angabe des Materials der Elektrisierung und die »positive« und »negative« Elektrizität durch Angabe der Quantität der elektrischen Materie. Hingegen ist die Terminologie von Symmer nicht motiviert. Nach seiner Vorstellung gibt es zwei positive Elektrizitäten, die einan-

15 Vgl. Goldt 1999, S. 42-67.

16 »[L]e verre & la copal sont les deux matiéres qui m'ont donné lieu de découvrir ces deux différentes électricités«. Dufay 1733, S. 469. Dt., Dufay 1745, S. 127.

17 Franklin 1751, S. 15.

18 Zur Gegensätzlichkeit vgl. Fierz 1951, S. 7; zur Arbitrarität Goldt 1999, S. 61 f.

der entgegengesetzt sind: »I think, we may fairly conclude, that what is called *negative* electricity is, in reality, a positive active power; and that electricity, in general, consists not of one alone, but of two distinct, positive powers, acting in contrary directions, and towards each other«.[19] Die Bezeichnungen »positive« und »negative« Elektrizität beziehen sich bei ihm auf das Bezeichnete weder durch einen kausalen noch durch einen quantitativen Zusammenhang, sondern durch Konvention. Sie sind also arbiträre Zeichentermini, worauf Symmer selbst hinweist: »By the terms *positive* and *negative*, I mean only to denote the opposition of two different states. The particular allotment of the one or the other term appears to me to be arbitrary«. Er wolle aber der Gewohnheit folgen und die Bezeichnung »positiv« auf die durch Reibung von klarem Glas entstandene Elektrizität anwenden und »negativ« auf die durch Reibung von rauhem oder undurchsichtigem Glas bzw. von Schwefel oder Wachs entstandene Elektrizität.[20]

Vor dem Hintergrund dieser Diskurse erweist sich Lichtenberg als ein unmittelbarer Nachfolger Symmers. Er erklärt in der zweiten Abhandlung über die Staubfiguren, dass »positiv/negativ« eine Bezeichnung ist, »die gleich gut auf die einzige Materie Franklins wie auch auf die zwei Materien Symmers paßt und die schließlich die Anhänger beider Philosophen ohne die Gefahr von Schaden und Streit gebrauchen können«[21] – eine Behauptung, die durch den Gebrauch der gleichen Terminologie durch Franklin und Symmer bewiesen worden ist. Zwar schweigt Lichtenberg von seiner Neigung zur dualistischen Theorie nicht.

> Das hindert aber nicht, daß wir die Ausdrücke »positiv« und »negativ« als die passendsten verwenden und nämlich diejenige Elektrizität, die auf leitende Körper durch blankes, aufgeladenes Glas übertragen wird, positiv, und die dieser entgegengesetzte Elektrizität negativ nennen; dies eher, um die Bedeutung der Zeichen + und – festzulegen, als um mit diesen Ausdrücken einen Überfluß an Materie einerseits und einen Mangel andererseits zu bezeichnen.[22]

19 Symmer 1759, S. 373. Hervorhebung im Original.

20 Ebd., S. 351. Hervorhebungen im Original.

21 »Quid igitur linquamus appellationem […] [qua] tam unicae isti *Franklini*, quam duabus *Symmeri* materiis aeque convenientem, quaque denique et hujus et illius philosophi assecla sine noxae ac rixae periculo uti possit«. Lichtenberg 1997b, S. 180f. Hervorhebungen im Original.

22 »Sed hoc non obstat, quominus aptissimis positivi ac negativi notionibus utamur, eam nempe Electricitatem, quae per vitrum politum excitatum cum corporibus propagantibus communicatur, positivam, et huic oppositam negativam appellantes, magis, quo signorum + et – significatum stabiliamus, quam illis vocibus abundantiam materiae in altera, in altera vero defectum significaturi«. Ebd.

Lichtenberg wiederholt hier die Ansichten von Symmer, dass die Terminologie »positiv/negativ« eine arbiträre Bezeichnung für das polare Gegensatzpaar der Elektrizitätsarten ist, und äußert ihre Anwendbarkeit auf die beiden Theorien explizit, wie sie seine Vorgänger demonstriert haben.

Das eigentliche Verdienst Lichtenbergs liegt deshalb darin, dass er diese Auffassung mit den Zeichen + und – bzw. +E und –E, wie er und nach ihm auch seine Zeitgenossen die beiden Ladungsarten zu notieren pflegten, zum Ausdruck brachte. Die mathematischen Zeichen + und – waren im 18. Jahrhundert außer als Zeichen der Addition und Substraktion auch als die für die »entgegengesetzten Größen« bekannt. Abraham Gotthelf Kästner, der Göttinger Professor für Mathematik und Physik und Lehrer Lichtenbergs, erklärt in seinem Kompendium der Mathematik die »entgegengesetzten Grössen« als die »Grössen von einer Art, die unter solchen Bedingungen betrachtet werden, daß die eine die andere vermindert«. »Eine von diesen Grössen, welche man will, heißt man *positiv* oder *bejahend*, die ihr entgegengesetzte *negativ* oder *verneinend*«, und sie können je mit den Zeichen + und – bezeichnet werden. Dabei unterstreicht er die Arbitrarität der Bezeichnung und die symmetrische Gegensätzlichkeit des Bezeichneten: »Es ist willkührlich, welche von beyden man bejahend nennen will«. »Wenn man zu einer verneinenden Grösse, die ihr gleiche bejahende setzet, so heben beyde einander auf und geben zusammen 0 [Null]«. »In diesem Verstande kann man eine verneinende Grösse *weniger als nichts* nennen; sie ist nähmlich weniger als nichts in Absicht auf die entgegengesetzte«.[23]

Lichtenberg, der 1766 in seiner ersten gedruckten Arbeit den Begriff der »entgegengesetzten Größen« thematisiert und auf die zuletzt zitierte Stelle in Kästners Werk verweist,[24] versteht die Zeichen + und – genau im Sinne des Mathematikers, wenn er sie auf die Elektrizität anwendet.[25] Er erläutert später in den *Anfangsgründen der Naturlehre* von Johann Christian Polykarp Erxleben die Bedeutung der Zeichen + und – eingehender. Wenn er hier von der dualistischen Theorie spricht, in der man die Existenz von zwei verschiedenen elektrischen Materien annehme, »deren jede für sich, ein Franklinisches positives E ist, beide reele Wesen, nur daß sie sich unter einander ziehen und durch ihre Vereinigung alle sensible Elektricität vernichten, sich aufheben wie + und – (*contrarie opposita*)«,[26] versteht er + und – als Zeichen für das gegensätzlich-symmetrische Verhältnis von zwei Wesen, die sich gegenseitig aufheben. Deshalb sieht er in der Beschreibung Erxlebens, die Harz- und die

23 Kästner 1758, S. 59-62. Hervorhebungen im Original.

24 Lichtenberg: Von dem Nutzen, den die Mathematik einem Bel Esprit bringen kann. SB 3, S. 312.

25 Zum Verhältnis von Lichtenberg und Kästner vgl. auch Nordmann 2003, S. 8-10.

26 Erxleben 1794, S. 519. Hervorhebung im Original.

Glaselektrizität schienen »in so fern einander entgegengesetzt zu seyn, daß immer die eine die andere vernichtet«, die Rechtfertigung des Gebrauchs der Zeichen + und – für die Elektrizität: Sie sind »also wissenschaftlich«.[27]

Die Mathematik ist die Wissenschaft, die Lichtenberg als vorbildhaft für die Elektrizitätslehre ansieht. Bei der Einführung der Zeichen + und – geht es ihm nicht nur darum, die Termini »positiv« und »negativ« als arbiträre Bezeichnungen eines Gegensatzpaares festzulegen, sondern er versucht auch, die der Chemie entlehnte Terminologie aus der Elektrizitätslehre zu beseitigen. Er sieht, dass »die Worte ›positiv‹ und ›negativ‹ in dieser Lehre von einigen neueren Naturforschern zunehmend aufgegeben werden, und daß man stattdessen die Ausdrücke ›Phlogiston‹ und ›Säure‹ gebraucht«.[28] In der zweiten Hälfte des 18. Jahrhunderts erkannten manche Naturforscher in der Elektrizität die zeitgenössische chemische Theorie der Verbrennung wieder, nach welcher brennbaren Körpern bei der Verbrennung der hypothetische Stoff Phlogiston entweiche, und nannten die beiden Arten der Elektrizität »*acide*« und »*phlogistische*«[29] bzw. »feurige« und »phlogistische« Elektrizität[30] oder »Feuer« und »Säure«[31]. Lichtenberg befürchtet, dass »durch derartige Änderungen die Lehre von der Elektrizität, die die Naturforscher mit allen Kräften dem [mathematischen] Rechnen näherzubringen sich anstrengen sollten, von den mathematischen Wissenschaften wiederum weiter entfernt wird«, weil die chemische Erklärung der Elektrizität noch umstritten sei.

> Daß es hingegen entweder zwei Elektrizitäten oder zwei verschiedene Modifikationen einer einzigen Materie gibt, die sich nach den Regeln positiver und negativer Größen gegenseitig aufheben, das, glaube ich, steht außer allem Zweifel und behauptet, meiner Meinung nach, unter den wenigen Sätzen, die in dieser Lehre zu einer mathematischen Gewißheit erhoben sind, den ersten Platz.[32]

27 Ebd., S. 479.

28 »Voces positivi ac negativi in hac doctrina a recentioribus quibusdam philosophis deseri incipi video, phlogisti scilicet ac acidi terminos illis substituentibus«. Lichtenberg 1997b, S. 178 f.

29 Kratzenstein 1781, S. 145. Hervorhebungen im Original.

30 Forster 1784, S. 156.

31 Wilcke 1777, S. 68.

32 »Sed vereor, ne hujusmodi alterationibus doctrina de Electricitate, quam omnibus viribus eniti deberent philosophi, ut calculo subjiciant, a mathematicis scientiis longius iterum dimoveatur. [...] At dari aut duas Electricitates aut unicae materiae duas modificationes diversas se mutuo destruentes secundum regulas quantitatum positivarum ac negativarum, extra omnem dubitationem positum esse, et inter paucas quae in hac doctrina ad mathematicam certitudinem sunt elatae, propositiones primum hancce locum obtinere persuasum habeo«. Lichtenberg 1997b, S. 178-181. Einfügung vom Übersetzer.

Die Mathematisierung bzw. Quantifizierung, die die neuzeitlichen Wissenschaften charakterisieren, sind seit Mitte des 18. Jahrhunderts auch in der Elektrizitätsforschung zu beobachten. Die Formulierung des elektrostatischen Kraft-Abstand-Gesetzes von Charles Augustin de Coulomb von 1785, die auf exakten Messungen beruht, ist das erste manifeste Ergebnis des Strebens nach einer Quantifizierung der Elektrizitätslehre.[33] Mathematische Kenntnisse galten auch als Voraussetzung für die Berechtigung der Experimentalphysik als akademische Wissenschaft, was Kästner besonders eifrig propagierte.[34] Lichtenberg sah hingegen die Bedeutung der Mathematik in erster Linie in ihrer Repräsentationsfunktion. Michael Gamper weist darauf hin, dass Lichtenberg die Mathematik schätzte wegen ihrer »Möglichkeiten für die klare Präsentation von Sachverhalten, die bereits durch experimentelle Praktiken gesichert waren«, während sie für die Erlangung neuer Erkenntnisse untauglich sei.[35] Bereits in seiner ersten Publikation betont Lichtenberg die Rolle der Mathematik als eines rationalen Darstellungssystems: Der »Meßkünstler« bedient sich »oft solcher Ausdrücke« wie *weniger als nichts*, »um schnell und kurz zu sagen, was sonst kaum ein langsam convergierender Paragraphe würde gesagt haben, und dieses verdiente in allen Wissenschaften, wo es ohne Undeutlichkeit geschehen kann, nachgeahmt zu werden«.[36]

Es ist diese praktisch-repräsentative Bedeutung der Mathematik, die auch Lichtenbergs Verwendung von Franklins Nomenklatur der positiven und der negativen Elektrizität und seine Einführung der mathematischen Zeichen + und – prägt: »Damit koppelte er eine mathematisch gestützte terminologisch-semiotische Entscheidung«, so Gamper, »von der ontologischen Frage ab. Mathematik erhielt ihre Bedeutung in diesem Fall dadurch, dass sie eine modellunabhängige, praktische Beschreibung eines Sachverhalts erlaubte, die nicht auf Wahrheit zielte beziehungsweise rekurrierte, sondern auf adäquate funktionale Darstellung«.[37] Aufgrund dieser Auffassung der Mathematik schließt er nicht nur die Terminologie, sondern auch die Zeichen der Chemie von der Elektrizitätslehre aus: »[I]ch halte es für sehr wahrscheinlich, daß die Physiker auch in Zukunft Erweiterungen dieser Wissenschaft nicht so sehr von den Zeichen der Apotheker als von denen der Mathematiker zu erwarten haben«.[38] Bei Lichtenbergs Bemühung um die Mathematisierung

33 Heilbron 1979, S. 450-489; Meya/Sibum 1987, S. 110-116; Hochadel 2003, S. 289-293; Gamper 2009, S. 65-67.

34 Kästner 1783. Vgl. Hochadel 2003, S. 291 f.

35 Gamper 2009, S. 94.

36 Lichtenberg: Von dem Nutzen, den die Mathematik einem Bel Esprit bringen kann. SB 3, S. 312 f.

37 Gamper 2009, S. 94.

38 »[M]ihi quidem probabile esse videtur, et in posterum ulteriorem physicos huius scientiae amplificationem non tam a signis pharmacopolarum quam mathematicorum exspectare debere«. Lichtenberg 1997b, S. 180 f.

der Elektrizitätslehre handelt es sich nicht um die Quantifizierung der Elektrizität, sondern eher um die Beschreibung der elektrischen Phänomene mittels des mathematisch-algebraischen Darstellungssystems, und dies setzte er mit den Zeichen +E und −E beispielhaft in die Praxis um.

Chemische Zeichen um 1800

Die »Zeichen der Apotheker«, d.h. die chemischen Zeichen für die Substanzen, erlebten aber ihrerseits um 1800 eine radikale Änderung. Die Chemie hatte seit ihrer Vorform, der Alchemie, Systeme von Symbolen und Zeichen entwickelt, und sie gestaltete diese um die Wende vom 18. zum 19. Jahrhundert mit klarem Bewusstsein nach dem Vorbild der Mathematik um. Die Reform der chemischen Zeichen exemplifiziert die Rolle der wissenschaftlichen Zeichen für die Wissensformation im späten 18. und frühen 19. Jahrhundert deutlich und bildet den zeitgenössischen Kontext für die Zeichen +E und −E von Lichtenberg.

In der Chemie herrschten bis ins 18. Jahrhundert noch weitgehend die Symbole, die sich von der Alchemie herleiteten. Es begannen aber im 18. Jahrhundert mit der Entwicklung der chemischen Erforschung Versuche, den weniger geregelten Gebrauch der alchemistischen Zeichen durch ein neues Ausdruckssystem zu ersetzen, das den neuen Erkenntnissen entsprach.[39] Einen weiteren Schritt in diese Richtung gingen die französischen Chemiker gegen Ende des Jahrhunderts. Während im 18. Jahrhundert in der Erklärung der Verbrennung die Phlogistontheorie vorherrschte, nahm in den 1770er Jahren Antoine-Laurent Lavoisier Untersuchungen vor, mit denen er die Phlogistik widerlegte und zeigte, dass die Verbrennung mit der Theorie des Sauerstoffs und der Oxidation erklärbar ist. Mit der antiphlogistischen Theorie läutete Lavoisier einen Paradigmenwechsel in der Chemie ein – die sogenannte Chemische Revolution, die zugleich eine Revolution der Terminologie und Zeichen war.[40] Um die zeitgenössische Chemie mit der neuen Theorie zu durchdringen, veröffentlichte Lavoisier 1787 zusammen mit drei Kollegen die neue Nomenklatur der chemischen Substanzen, die der antiphlogistischen Chemie entspricht. Dabei publizierten sie in ihrer *Méthode de nomenclature chimique* auch das neue System der chemischen Zeichen, das von Jean Henri Hassenfratz und Pierre August Adet entworfen worden war.

39 Zur Geschichte der chemischen Zeichen vgl. Walden 1927; Crosland 1978, S. 225-281; Beretta 1993, S. 329-367.

40 Zur Chemischen Revolution vgl. Golinski 2003; Carrier 2009. Zur Reform der chemischen Nomenklatur und ihrer Zeichen vgl. Walden 1927, S. 89-92; Crosland 1978, S. 168-192, 245-255; Anderson 1984; Levere 1990; Roberts 1992; Beretta 1993, S. 362-367; Durner 1994, S. 152-161; Winthrop-Young 1997.

Die neue chemische Nomenklatur und die zugehörigen Zeichen wurden auf Grundlage einer bestimmten Sprachphilosophie konzipiert. Lavoisier erläutert in *Méthode de nomenclature chimique* die »Metaphysik der Sprachen«,[41] die ihr Projekt unterstützt. Er stellt fest, dass es den Sprachen nicht bloß darum geht, »durch Zeichen Begriffe und Bilder auszudrücken«; sondern »sie sind meistens wahre analitische Methoden, durch deren Hilfe wir vom Bekannten zum Unbekannten, und bis zu einem bestimmten Standpunkte nach Art der Mathematiker fortschreiten«.[42] Es ist die Algebra, die dabei als das Modell der Sprache dienen soll:

> Die Algebra ist vorzugsweise eine analitische Methode; man erfand sie, die Geistesarbeiten zu erleichtern, den Gang des Vernunftschlusses abzukürzen, in wenig Linien einzuschränken, was sonst viele Seiten Arbeit erfodern würde, endlich auf eine bequemere, geschwindere und zuverläßigere Art zur Auflösung sehr verwickelter Aufgaben zu gelangen. Allein es läßt sich gar leicht bemerken, daß die Algebra eine wahrhafte Sprache sey. Sie hat, wie alle Sprachen, ihre vorstellende Zeichen, ihre Methode, und, wenn man sich so ausdrücken darf, auch ihre Grammatik. Also ist eine analitische Methode eine Sprache, und eine Sprache eine analitische Methode, und diese beyde Ausdrücke sind in gewissem Verstande gleichvielbedeutend oder synonim.[43]

Lavoisier beruft sich hier auf die Ansichten von Étienne Bonnot de Condillac, der in seinem Werk *La Logique* (1780) zeige, »wie man die algebraische Sprache in die gemeine Sprache, und so umgekehrt, übersetzen könnte, wie der Gang des Geistes in beyden Fällen der nämliche, wie die Kunst, Vernunftschlüsse zu machen, die Kunst zu analisiren sey«.[44] Analyse ist Condillac

41 »la métaphysique des langues«. Lavoisier 1787, S. 5. Dt., ders. 1978, S. 18.

42 »Les langues n'ont pas seulement pour objet, comme on le croit communément, d'exprimer par des signes, des idées & des images: ce sont, de plus, de véritables méthodes analytiques, à l'aide desquelles nous procédons du connu à l'inconnu, & jusqu' à un certain point à la manière des mathématiciens«. Ebd., S. 6. Dt., S. 19.

43 »L'algèbre est la méthode analytique par excellence: elle a été imaginée pour faciliter les opérations de l'esprit, pour abréger la marche du raisonnement, pour refferrer, dans un petit nombre de lignes, ce qui auroit exigé un grand nombre de pages de discussion; enfin, pour conduire d'une manière plus commode, plus prompte & plus sûre à la solution de questions très-compliquées. Mais un instant de réflexions fait aisément appercevoir que l'algèbre est une véritable langue: comme toutes les langues, elle a ses signes représentatifs, sa méthode, sa grammaire, s'il est permis de se servir de cette expression: ainsi une méthode analytique est une langue; une langue est une méthode analytique, & ces deux expressions sont, dans un certain sens, synonimes«. Ebd., S. 6 f. Dt., S. 19.

44 »Il y a fait voir comment on pouvoit traduire le langage algébrique en langage vulgaire & réciproquement; comment la marche de l'esprit étoit la même dans les deux cas; comment l'art de raisonner étoit l'art d'analyser«. Ebd., S. 7 f. Dt., S. 19 f. Zum Einfluss Condillacs auf Lavoisier vgl. Crosland 1978, S. 170 f.; Levere 1990, S. 210-214; Yamaguchi 2002, S. 209-219.

zufolge die zentrale Methode der Erkenntnis, bei der die Gedanken in ihre einfachen Bestandteile zerlegt und wieder zusammengesetzt werden. Bei einer richtigen Analyse werden die Gedanken genauso wie die Dinge geordnet, um die es in der Erkenntnis geht. Die Analyse gelingt aber nur mittels eines wohlgebildeten Systems von Zeichen, dessen vorbildliche Form Condillac in der Algebra sieht.[45] Algebra gilt ihm also als eine »wohlgebildete Sprache«,[46] die der Analyse Einfachheit und Präzision verleihen kann – eine Sprache, so paraphrasiert Lavoisier Condillac, »in welche man die stuffenweise und natürliche Ordnung der Begriffe eingewebt hat«,[47] und diese Art der Sprache sei für die Reformation der Chemie unentbehrlich, weil »die Logik der Wissenschaften wesentlich mit ihrer Sprache« zusammenhänge.[48] Es würde unmöglich sein, »die Wissenschaft zu vervollkommnen, wenn man nicht die Sprache vervollkommnen wollte«.[49]

In der neuen chemischen Nomenklatur, die auf diese Sprachtheorie gegründet wird, werden die einfachen Substanzen mit einfachen Wörtern bezeichnet und die Namen der Verbindungen durch Kombination der Bezeichnungen einfacher Substanzen und unterschiedliche Suffixendungen bzw. Variationen des Grundwortes gebildet. Auf diese Weise lässt sich der Zusammenhang zwischen den Substanzen systematisch und analytisch herstellen. Und analog zu der Nomenklatur werden die neuen chemischen Zeichen entworfen: »Auf gleiche Art haben Hr. Hassenfratz und Adet durch die Vereinigung der karakteristischen Zeichen der einfachen Substanzen die karakteristischen Zeichen der zusammengesetzten Substanzen verfertiget, dergestalt, daß die Vereinigung ihrer Zeichen sehr genau die Reihe der bekannten Verbindungen darstellet«.[50] Also werden die einfachen Substanzen mittels einfacher geometrischer Figuren, die meistens die Anfangsbuchstaben ihrer lateinischen Namen enthalten, und ihrer regelmäßigen Modifikation dargestellt und die Verbindungen durch Kombination dieser Zeichen. Dabei sehen die Verfasser der neuen Zeichen ebenfalls ihr Vorbild in der Algebra: »Die chemischen Zeichen müßen wie die Zeichen der Algebra beschaffen seyn,

45 Anderson 1984, S. 22-25, 37-40; Levere 1990, S. 211-213; Rider 1990, S. 114-120; Franzen 1996, S. 189; Yamaguchi 2002, S. 21-41, 195-209.

46 »une langue bien faite«. Condillac 1948, S. 401. Vgl. auch Lavoisier 1787, S. 12. Dt., ders. 1978, S. 23.

47 »une langue dans laquelle on aura saisi l'ordre successif & naturel des idées«. Lavoisier 1787, S. 12. Dt., ders. 1978, S. 23.

48 »[L]a logique des sciences tient essentiellement à leur langue«. Ebd.

49 »[I]l seroit impossible de perfectionner la science, si on n'en perfectionnoit le langage«. Ebd., S. 13. Dt., S. 24.

50 »C'est de même par la réunion des signes caractéristiques des substances simples que MM. Hassenfratz & Adet composent les signes caractéristiques des substances composées; en sorte que la réunion de leurs caractères représente fort exactement l'ordre des combinaisons connues«. [Lavoisier/Berthollet/Fourcroy] 1787, S. 290. Dt., [dieselben] 1978, S. 341.

welche die Operationen des Geistes bezeichnen«.[51] Die Orientierung auf das algebraische Zeichensystem lässt sich hier deutlicher als bei der Nomenklatur erkennen, weil es sich um die Zeichen im einfachsten Sinne handelt, wie bei der Algebra.

Es handelt sich bei der neuen chemischen Nomenklatur und dem Zeichensystem der Franzosen um die Erkenntnisweise, die Michel Foucault als für das Wissen des 17. und 18. Jahrhunderts charakteristisch beschreibt. Eine der Wissensformen, die für das Denken dieses Zeitalters fundamental waren, nennt er *mathesis*, »universale Wissenschaft des Maßes und der Ordnung«.[52] Damit ist allerdings keine Mathematisierung der Empirie gemeint, sondern die Analyse und die Kombinatorik, die mittels eines arbiträren Zeichensystems die Welt ordnungsfähig machen. »Ein willkürliches Zeichensystem muß die Analyse der Dinge in ihren einfachsten Elementen gestatten. Es muß bis hin zum Ursprung zerlegen, aber es muß auch zeigen, wie die Kombinationen dieser Elemente möglich werden, und die bildliche Genese der Komplexität der Dinge gestatten«.[53] Das Wissen im »klassischen Zeitalter« muss also »eine Sprache herstellen, die wohlgestaltet ist, das heißt, daß sie analysierend und kombinierend, wirklich die Sprache des Rechnens (*langue des calculs*) ist«[54] – eine Erkenntnis, zu deren Vertretern auch Condillac gezählt wird.[55] Es ist naheliegend, dass die neue chemische Nomenklatur und die zugehörigen Zeichen das Wissen der *mathesis* exemplarisch demonstrieren, und das gilt auch für die Zeichen der Elektrizität, die Lichtenberg eingeführt hat.

Die Nomenklatur der französischen antiphlogistischen Chemie erregte in der zeitgenössischen Fachwelt großes Aufsehen, wobei sie vor allem von phlogistischer Seite heftig angegriffen wurde.[56] Zu den Kritikern in Deutschland zählt auch Lichtenberg, der sich in der Vorrede zur sechsten Auflage der *Anfangsgründe der Naturlehre* von Erxleben (1794) zu diesem Thema äußert.[57] Allerdings lehnte er weder die antiphlogistische Theorie selbst noch die neue Nomenklatur im Ganzen ab. Es ist die Einmischung der Hypothesen – als eine solche sieht er die Theorie des Sauerstoffs an: »Ist nicht ***oxygène***

51 »Il doit en être comme des caractères de l'algèbre, qui désignant les opérations des l'esprit«. Hassenfratz/Adet 1787, S. 255. Dt., dieselben 1978, S. 314.

52 Foucault 1974, S. 90.

53 Ebd., S. 96.

54 Ebd., S. 97. Einfügung vom Übersetzer.

55 Vgl. ebd. S. 95, 97.

56 Zur Rezeption der neuen chemischen Nomenklatur vgl. Crossland 1978, S. 184-214; Durner 1994, S. 156-161.

57 Vgl. Pörksen 1988, bes. S. 99-101; Winthrop-Young 1997; Nordmann 2005.

(**Sauerstoff**) schon wieder eine Hypothese?«[58] – in die Bezeichnungen, die Lichtenberg an der neuen chemischen Nomenklatur kritisiert.

> Wäre es nicht vielleicht besser gewesen statt des hypothetischen ***oxide*** *de plomb rouge* schlechtweg ***plombide*** *rouge* zu sagen, eben so ***Mercuride*** *rouge par le feu*. Wie nun aus ***Mercure***. ***Mercuride*** wird, durch die Basis der **dephlog**. Luft, oder auch einen allgemeinen **Sauerstoff**, oder durch Entfernung des **Brennstoffs**, das gehört in den Vortrag und nicht in das Wort.[59]

»Die Wörter sollen ja bloße Zeichen für den Begriff und keine Definitionen seyn«.[60] Die wissenschaftlichen Termini sollen also arbiträre Zeichentermini sein, die zur Konvention geworden sind und auch dann noch verwendbar sind, wenn die durch sie bezeichneten Begriffe umgedeutet werden.

In Lichtenbergs Kritik an der neuen chemischen Nomenklatur in den 1790er Jahren wiederholt sich sein Verhalten, mit dem er am Ende der 1770er Jahre der Diskussion um die dualistische und die unitarische Theorie der Elektrizität eine Auflösung brachte.[61] Wie in der Elektrizitätslehre geht es ihm auch in der Chemie weniger um die Entscheidung für die phlogistische oder die antiphlogistische Theorie als um das zeichenhafte Bezugssystem der Terminologie, die auf verschiedene Theorien anwendbar sein soll. Dabei sagt Lichtenberg zwar nichts über die neuen chemischen Zeichen; seine Hochschätzung des Systems der Nachsilben in der neuen chemischen Nomenklatur weist aber auf die Affinität seiner Ansichten von wissenschaftlichen Zeichen zu denjenigen der Franzosen hin. Er nennt es eine »herrliche Methode«, dass z.B. bei *Sulfate* (»Schwefelgesäuertes Salz«), *Sulfite* (»Schwefelsaures Salz«) und *Sulfure* (»Geschwefelt«) durch »gleichsam eine Art von Declination« gewisse Relationen ausgedrückt werde: »Hierin ist nichts hypothetisches und kennt man einmal die Bedeutung dieser *casuum*, so wird eine Menge von Verhältnissen sehr leicht verständlich bezeichnet«.[62] Die Namen der Substanzen fungieren hier in der gleichen Weise als analytische Me-

58 Erxleben 1794, S. XXXVIII; auch Lichtenberg 2005, S. 903. Hervorhebung im Original; die Kursive ist dort nicht fett gedruckt.

59 Erxleben 1794, S. XXXVI; auch Lichtenberg 2005, S. 901. Die Antiqua im Original ist durch Kursive wiedergegeben und die Kursive dort ist hier kursiv und fett gedruckt.

60 Ebd. Diese Bemerkung findet sich in verschärfter Form auch in den *Sudelbüchern*. Vgl. SB 1, K 19.

61 Die Gemeinsamkeit zwischen den beiden Diskussionen wird auch von einer Notiz in den *Sudelbüchern* bestätigt, in der das »[B]arbarische« der neuen chemischen Nomenklatur mit den von ihm eingeführten Zeichen der Elektrizität verglichen wird: »Nichts ist [in] der ganzen Theorie, das dem + und –E ähnlich ist«. SB 2, J 1686.

62 Erxleben 1794, S. XXXV f.; auch Lichtenberg 2005, S. 901. Die Antiqua im Original ist hier durch Kursive wiedergegeben. Die deutschen Begriffe der Substanzen stammen von Durner 1994, S. 155.

thode wie die Algebra, und diese Eigenschaft ist in den neuen chemischen Zeichen noch deutlicher zu sehen als in der Nomenklatur, da sie die Verbindung der Substanzen durch Kombination der einfachen Symbole darstellen. In Bezug auf die Auffassung der wissenschaftlichen Sprache als analytische Methode steht Lichtenberg den Verfassern der neuen chemischen Nomenklatur und Zeichen sehr nahe.

Das wird durch die zeitgenössische Rezeption von Lichtenbergs Zeichen bestätigt. Die Zeichen +E und −E wurden von der zeitgenössischen Fachwelt in demselben Sinne aufgenommen, in dem die Franzosen das neue System der chemischen Zeichen entwarfen. Mit diesen »bequemen Bezeichnungen« werden im *Physikalischen Wörterbuch* von Johann Samuel Traugott Gehler die elektrischen Erscheinungen auf algebraische und d.h. analytische Weise formuliert: »[E]ine Kugel mit +E und eine mit −E zogen sich an, und verloren durch die Mittheilung alles E, weil +E −E = 0. Dies ist nichts weiter, als eine kurze und bequeme Art, sich über die Erscheinungen auszudrücken, wozu man sonst viel mehr Worte braucht«.[63] Die Zeichen +E und −E seien also »nicht blos willkührlich, sondern *wissenschaftlich*«.[64]

Indessen erreichte die Mathematisierung, genauer gesagt die Algebraisierung der chemischen Zeichen am Anfang des 19. Jahrhunderts einen Höhepunkt. Jöns Jacob Berzelius in Schweden veröffentlichte um 1814 im Zusammenhang mit der chemischen Proportionslehre ein neues chemisches Zeichensystem. Hier werden die einfachen Elemente mit den Anfangsbuchstaben ihrer lateinischen Namen bezeichnet und die Proportionen der Komponenten der Verbindungen durch Kombination dieser Buchstaben und unter Verwendung von Zahlen, dem algebraischen Zeichen der Addition (+) und einigen besonderen Zeichen ausgedrückt.[65] Am quasi-algebraischen Aussehen der chemischen Formel von Berzelius[66] lässt sich die Parallelität zwischen den elektrischen Zeichen von Lichtenberg und der Reform der chemischen Zeichen um 1800 am anschaulichsten erkennen.[67] Lichtenberg, der die Mathematik als ein rationales Repräsentationssystem einschätzte, führte mit den Zeichen +E und −E ein Ausdrucksmittel in die Elektrizitätslehre ein, das mit den zeitgenössischen chemischen Zeichen die Grundidee teilt und ihnen zeitlich sogar vorausgeht.

63 Gehler 1787-96, 1. Teil, S. 724.

64 Ebd., S. 727. Hervorhebung im Original.

65 Walden 1927, S. 94-99; Crosland 1978, S. 265-281.

66 Vgl. Nye 1993, S. 91; Klein 1999, S. 12.

67 Berzelius nahm später auch die Zeichen +E und −E zur Kennzeichnung des »Elektrizitätsstoffs« in sein Zeichensystem auf. Vgl. Walden 1927, S. 97.

+E und OE

Die Zeichen +E und −E setzten sich, wie gesehen, in der Elektrizitätslehre um 1800 als mathematisch-wissenschaftliche Notation der positiven und der negativen Elektrizität durch. Dabei wurden auch die Lichtenbergischen Figuren diesem Zeichensystem untergeordnet. Während sich die beiden elektrischen Ladungsarten, die die Staubfiguren verkörpern, als +E und −E bezeichnen ließen, wurden die Herstellungsweise und die Form der Staubfiguren ebenfalls häufig mithilfe der Zeichen +E und −E beschrieben. Sie wurden sogar von manchen Naturforschern als »+E Figur« und »−E Figur« bezeichnet.[68] Dabei beziehen sich die Zeichen auf die Bezeichneten, die Staubfiguren, nur durch Konvention; sie sind also arbiträre Bezeichnungen für die beiden Arten der Lichtenbergischen Figuren.

Von dieser allgemeinen Rezeption der Zeichen Lichtenbergs weicht diejenige von Johann Wilhelm Ritter ab, der sie in dem kurz vor seinem Tod erschienenen Werk *Fragmente aus dem Nachlasse eines jungen Physikers* (1810) auf eine eigene Weise akzeptiert und modifiziert. Dabei schließt der Naturforscher der Frühromantik auch die Lichtenbergischen Figuren in die Reflexion mit ein. Ritters Rezeption der Zeichen +E und −E stellt eine Alternative zur zeitgenössischen Auffassung der wissenschaftlichen Zeichen dar und eröffnet einen neuen Aspekt der Bedeutung der Lichtenbergischen Figuren als Zeichen der Elektrizität.

In den *Fragmenten*, die aus 700 Gedankenskizzen und Aphorismen über diverse Themen der Naturforschung und Erkenntnistheorie bestehen,[69] sind + und − die am häufigsten auftauchenden wissenschaftlichen Zeichen. Dabei fungieren sie zumeist als Zeichen für die Polarität eines sich aufhebenden Gegensatzpaares in der Natur – dies ist die Bedeutung, die Lichtenberg bei der Einführung jener Zeichen in die Elektrizitätslehre hervorgehoben hat. Ritter erweitert allerdings ihren Verwendungsbereich und wendet sie über die Elektrizität hinaus auf andere Naturerscheinungen an:

> Rigidität ist das Resultat einer Indifferenz, einer Indifferenz zweier bloß Kohärenter. Also gibt es zweierlei Kohäsion, + und − Kohäsion, und + und − kohärente Körper.[70]

> Ob wohl Nebel und Schweif die verschiedenen *Mondarten* der Kometen sind? – Der Schweif der kontrahierte, der Nebel der expandierte Mond kurz + und − Mond?[71]

68 Z.B. Kortum 1795.
69 Vgl. Wetzels 1973, S. 56-60; Specht 2010, S. 155-159.
70 Fragment Nr. 120. Vgl. Nr. 122. Zitate aus den *Fragmenten* folgen Ritter 1984.
71 Fragment Nr. 533. Hervorhebung im Original.

Die polare Struktur der ganzen Natur und ihre ursprüngliche Einheit, eines der Grundprinzipien der romantischen Naturphilosophie, prägt auch Ritters Gedankenwelt.[72] Er führt in den *Fragmenten* neben dem Gegensatz von positiver und negativer Elektrizität zahlreiche Fälle von Polarität in der Natur an, von denen hier nur einige Beispiele genannt werden sollen: Sauerstoff und Wasserstoff, Nord- und Südpol des Magneten, Kathode und Anode, Apogäum und Perigäum des Mondes, ultraviolettes und infrarotes Licht, Säuren und Basen, Rigidität und »Gaseität«, Wärme und Kälte, Irritabilität und Sensibilität, Männlichkeit und Weiblichkeit.[73] In all diesen Fällen wird die Polarität nicht statisch gedacht, sondern sowohl die Differenz als auch die Indifferenz existieren »nur *in* und *während* Prozessen«: »[E]ine absolute Indifferenz ist etwas ebenso Widernatürliches, als eine absolute Differenz«, und diese Überzeugung stellt Ritter ebenfalls mit den Zeichen + und – sowie mit der Zahl 0 dar:

> Ist nicht, weder Indifferenz (= 0), noch ebensowenig Differenz (= + und – völlig getrennt), der natürliche Zustand eines Gegensatzes, sondern relative Differenz aus ›Steigerung‹ zu zween relativen Indifferenzen bestehend?[74]

In der Reflexion über die Polarität der Natur, die mit den Zeichen + und – explizit ausgedrückt wird, modifiziert Ritter manchmal die Formulierungen +E und –E:

> Die Lichtgebung einer Sonne, ihr Ausströmen von + oder –M(asse), sieht äußerst gleich dem Ausströmen einer Metallkugel nach allen Seiten, die von irgendwoher mit ±*E* geladen wird. Die Ladung scheint bei der Sonne durch den ewig wiedererstehenden Pol von +M, der den Schwerpunkt ausmacht, zu geschehen.[75]

> Der Sauerstoff ist das –M der Erde mit dem ±M des Äthers verbunden. Der Wasserstoff ist dasselbe, nur aus einer anderen Zeit. Aller Gegensatz von Masse fällt allemal nur in das Frühere und Spätere. So ist Wasser Indifferenz von Zeitaltern.[76]

Die Zeichen +E und –E erleben aber in den *Fragmenten* noch eine andere, radikalere Art der Modifikation. Ritter schlägt hier wiederholt vor, die Zeichen für die Polarität und ihre Indifferenz, + 0 –, gegen + (bzw. × oder ∗) ⊗ O auszutauschen:

72 Wetzels 1973, S. 5 f., 95, 100-103, 115, 122; Specht 2010, S. 190 f.
73 Specht 2010, S. 191.
74 Fragment Nr. 161.
75 Fragment Nr. 92. Hervorhebung im Original.
76 Fragment Nr. 99. Vgl. auch Nr. 95-98, 271.

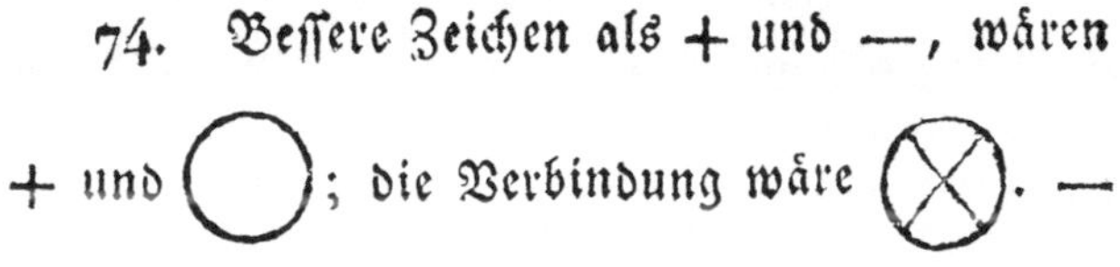
74. Bessere Zeichen als + und —, wären + und ◯; die Verbindung wäre ⊗. —

Abb. 28: Ritters Fragment Nr. 74.

> Bessere Zeichen als + und –, wären + und ○; die Verbindung wäre ⊗.[77] (Abb. 28)
>
> Es gibt eine Polarität des Raums. Es sind die entgegengesetzten Figuren ∗ und ○, in der Verbindung ⊛ oder ⊗.[78]

> Alle Kraft hat sonach ihren Ursprung in der Polarität. [...] So viel Pole, so viel Indifferenz. +⊗○ ist das Zeichen der Welt.[79]

Entsprechend diesem neuen Zeichensystem wird das Gegensatzpaar +E und –E auch umgestaltet in +E und ○E:

> + ist zugleich Symbol der Evolution, ○ Symbol der Involution. Wirklich herrscht auf der evolubelsten Seite der Natur +E (Sauerstoff), auf der involubelsten aber ○E (Wasserstoff) vor.[80]

Ein entscheidender Faktor der Umgestaltung des Zeichensystems von Ritter ist in der Hieroglyphentheorie von Johann Gottfried Herder zu finden, die der Philosoph in seinem Werk *Älteste Urkunde des Menschengeschlechts* (1774-76) darstellt.[81] In dieser geschichtsphilosophischen Untersuchung der antiken Kultur, Religion und Wissenschaft widmet Herder der Hieroglyphe der alten Ägypter spezifische Erörterungen, die er im Zusammenhang mit der theologischen Reflexion über die Schöpfung entwickelt.[82] Dabei privilegiert er ein bestimmtes Zeichen, nämlich »jene berühmte Symbole, die auf allen Aegyptischen Denkmälern nicht oft gnug erscheinen kann«, und die »das allbekannte Zeichen des *Weltalls, Weltgeistes,* der *Schöpfungskraft,* der *Fortpflanzung* alles Lebendigen, all' ihrer *ursprünglichen Götter* war, von der alle jene auch vorkommende Abweichungen nur Varianten sind; es ist die Sym-

77 Fragment Nr. 74.
78 Fragment Nr. 76. Vgl. auch Nr. 175.
79 Fragment Nr. 88.
80 Fragment Nr. 173.
81 Wetzels 1973, S. 89; Specht 2010, S. 202-206.
82 Zu Herders Hieroglyphentheorie in der *Ältesten Urkunde* vgl. Hofe 1989, Nisbet 1989.

bole ⊗ ϴ X ⊗«.[83] Es handelt sich hier um »das Erste Urbild« bzw. »[d]as erste Buchstabenbild«,[84] nämlich die erste Hieroglyphe, die Herder zufolge die göttliche Schöpfung der Natur symbolisiert: »das Bild des Weltalls und der Schöpfung«.[85]

Ritter, der in der Vorrede zu den *Fragmenten* den großen Einfluss erwähnt, den Herder und dessen *Älteste Urkunde* auf ihn hatten,[86] thematisiert in einem Fragment das »Schema der Zustände der Körper«, das er mit einem in einen Kreis eingeschlossenen Kreuz darstellt, und sieht darin eine Wiedergabe der »bekannte[n] Hieroglyphe« (Abb. 29).[87] Und wenn Herder die Zeichen der Planeten und Wochentage wie z. B. ♀ oder ♃, die auch in der Alchemie und im 18. Jahrhundert manchmal auch noch in der Chemie im Gebrauch waren, als »Zerteilungen des Hauptzeichens«, ⊗ X ϴ, erklärt,[88] so sind die Zeichen + bzw. × und O ebenfalls die »*Teilzeichen*«[89] der Hieroglyphe ⊗. Auf Grundlage der Herder'schen Hieroglyphentheorie sind es also nicht + und –, sondern + und O, die für die Bezeichnung der Polarität der Natur geeignet sind, deren Einheit durch das Zeichen ⊗, »das Bild der Allschöpfung, Allbelebung«,[90] symbolisiert wird. Ritter verändert also die Lichtenbergischen Zeichen +E und –E in Hieroglyphen, wenn er in einem Brief an den dänischen Physiker Hans Christian Ørsted ausdrücklich erklärt: »Im System werde ich auch statt ÷*E*, O*E*, u. statt der Indifferenz ⊗ schreiben«.[91] Während man sich um 1800 darum bemühte, die chemischen Zeichen von Reminiszenzen der alchemistisch-hieroglyphischen Symbole zu befreien und ihnen eine für die neu erworbenen Erkenntnisse passende Gestalt zu geben, brachte Ritter mit seinem Zeichensystem + ⊗ O die wissenschaftlichen Zeichen wieder in die Hieroglyphik zurück.

Hieroglyphik und Naturwissenschaft

Während Ritter zur Umgestaltung der Zeichen + und – in die Hieroglyphen + und O von Herder inspiriert wurde, fand er eine überzeugende Begründung dafür auch in den Lichtenbergischen Figuren. Im oben zitierten Brief an Ørsted rechtfertigt Ritter anschließend die Umformulierung von +E/–E in +E/OE folgendermaßen:

83 Herder 1993, S. 319. Hervorhebungen im Original.
84 Ebd.
85 Ebd., S. 360.
86 Ritter 1984, S. 22-25.
87 Fragment Nr. 146. Vgl. auch Nr. 154.
88 Herder 1993, S. 360.
89 Ebd. Hervorhebung im Original.
90 Ebd., S. 330.
91 Brief an Ørsted, 16. u. 17.8.1805. In: Ørsted 1920, Bd. 2, S. 122. Hervorhebungen im Original.

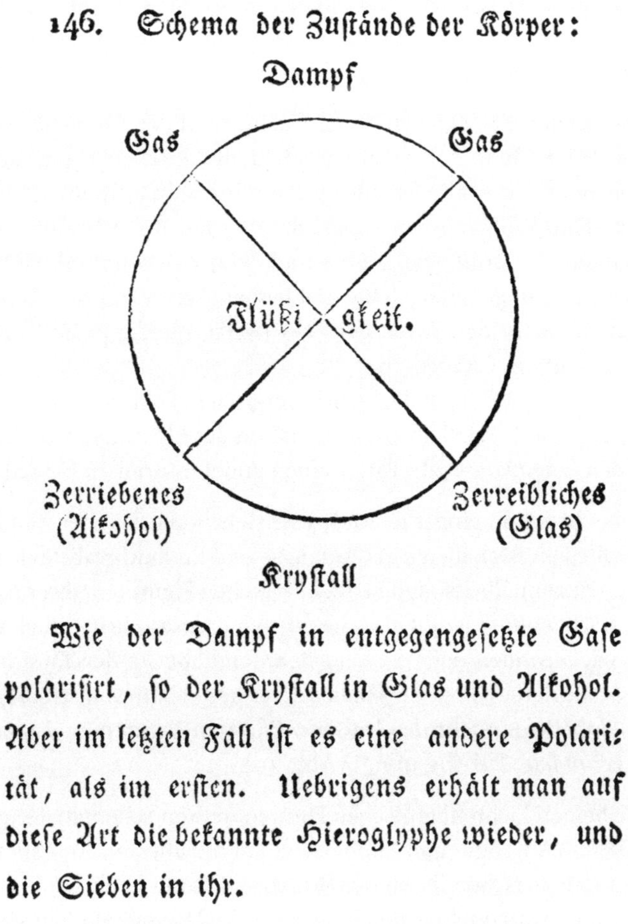
146. Schema der Zustände der Körper:

Wie der Dampf in entgegengesetzte Gase polarisirt, so der Krystall in Glas und Alkohol. Aber im letzten Fall ist es eine andere Polarität, als im ersten. Uebrigens erhält man auf diese Art die bekannte Hieroglyphe wieder, und die Sieben in ihr.

Abb. 29: Ritters Fragment Nr. 146.

> + u. ○ sind Abbreviaturen der *Lichtenberg*'schen Figuren oder die Zeichen, die sich die Electricitäten selber geben. ⊗ ist das Rad der Sphynx. Merkwürdig ist, wie + zugl. Symbol der Evolution, ○ Symbol der Involution seyn kann.[92]

Ritter identifiziert die Zeichen + und ○ aufgrund der Ähnlichkeit der Form mit der positiven bzw. der negativen Lichtenbergischen Figur, die der Entdecker als »eine Figur mit Strahlen« bzw. eine »ohne Strahlen« bezeichnet hat[93] und seine Zeitgenossen sogar als »Stern« und »Zirkel« bzw. »Ring ohne Strahlen«.[94] Damit gewinnen + und ○ als Zeichen für die Polarität der Natur Plausibilität; gelten doch die Lichtenbergischen Figuren als unumstrittene Zeichen der beiden Arten der Elektrizität, die die polare Struktur der Natur repräsentativ verkörpern.

Darüber hinaus scheinen die Lichtenbergischen Figuren bzw. ihre Schematisierungen + und ○ die Selbstrepräsentation der Elektrizität zu sein. Im Anhang zu den *Fragmenten* gibt Ritter einen anderen Brief an Ørsted wieder:

> Ich habe dir schon längst einmal geschrieben, wie + (oder ✳) und ○ sich in den ältesten Alphabeten als Anfangs- und Endbuchstabe derselben vorfinden. Dies sind die beiden *Lichtenberg*schen Figuren in ihrer einfachsten Gestalt; ich wollte hierauf also die *Ur-* oder *Natur*schrift auf elektrischem Wege wiederfinden oder doch suchen, fand aber in der Tat schon von + (Abbreviatur von ✳) bis ⊗ (Theta, Menschen-, Gottesbuchstabe), in jenen alten Alphabeten mehr *dendritische, Pflanzen*-Figuren, und von ⊗ bis ○ mehr *gerundete, Tier*-Figuren.[95] (Abb. 30)

Wenn die beiden Lichtenbergischen Figuren in ihrer schematisierten Gestalt (+ und ○) als »Anfangs- und Endbuchstaben der ältesten Alphabete« gelten und wenn sich zwischen ihnen der Indifferenzpunkt beider Pole (⊗) findet, so werden die Lichtenbergischen Figuren in die Hieroglyphik integriert, und zwar als die Schrift, die die Natur selbst geschrieben hat und die mit dem Bezeichneten identisch ist, nämlich die Naturschrift. Anders gesagt wird den Zeichen + und ○ so die Identität als Naturschrift, die für wissenschaftliche Zeichen zur Verfügung steht, verliehen, weil sie mit den Staubfiguren durch grafische Ähnlichkeit verbunden sind; sie sind ja »die beiden *Lichtenberg*schen Figuren in ihrer einfachsten Gestalt«.

Die Hieroglyphe ist einer der zentralen Begriffe des romantischen Natursprachenkonzepts. Die in der Geistesgeschichte des Abendlandes tief wur-

92 Ebd. Hervorhebung im Original.
93 »figuram radiantem«, »radiis vero carentem negativam«. Lichtenberg 1997a, S. 160f.
94 Z.B. Fischer 1798-1827, 1. Teil, S. 873; Arnim 2007c, S. 238-240.
95 Ritter 1984, S. 269. Hervorhebungen im Original. Vgl. auch den Brief an Ørsted vom 31. März 1809 in Ørsted 1920, Bd. 2, S. 225.

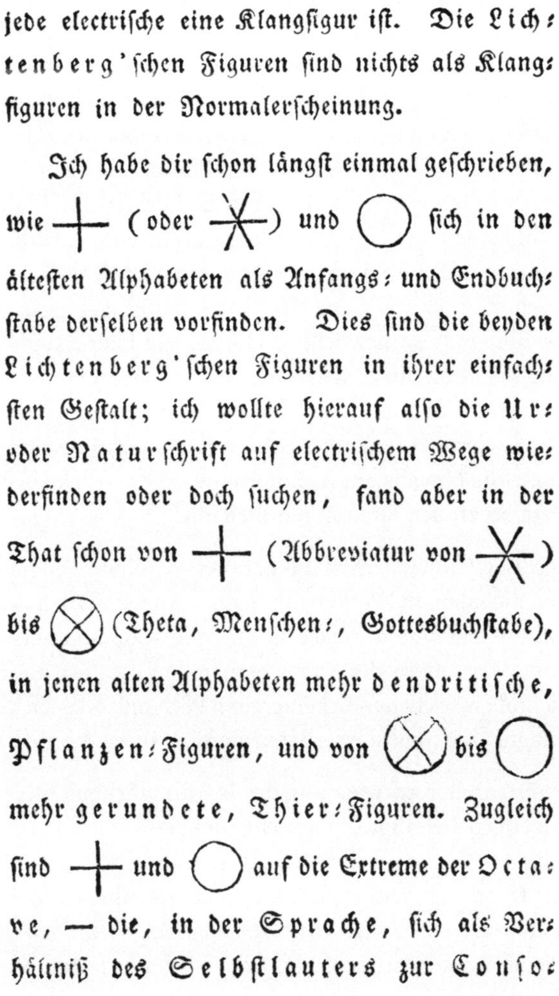

jede electrische eine Klangfigur ist. Die Lich-
tenberg'schen Figuren sind nichts als Klang-
figuren in der Normalerscheinung.

Ich habe dir schon längst einmal geschrieben,
wie + (oder ✳) und ○ sich in den
ältesten Alphabeten als Anfangs- und Endbuch-
stabe derselben vorfinden. Dies sind die beyden
Lichtenberg'schen Figuren in ihrer einfach-
sten Gestalt; ich wollte hierauf also die Ur-
oder Naturschrift auf electrischem Wege wie-
derfinden oder doch suchen, fand aber in der
That schon von + (Abbreviatur von ✳)
bis ⊗ (Theta, Menschen-, Gottesbuchstabe),
in jenen alten Alphabeten mehr dendritische,
Pflanzen-Figuren, und von ⊗ bis ○
mehr gerundete, Thier-Figuren. Zugleich
sind + und ○ auf die Extreme der Octa-
ve, — die, in der Sprache, sich als Ver-
hältniß des Selbstlauters zur Conso-

Abb. 30: Anhang zu den *Fragmenten* von Ritter.

zelnde Vorstellung, dass die Natur eine Sprache ist, durch deren Entzifferung sich etwas Verborgenes und Höheres offenbart, und dass es eine Sprache gibt oder gegeben haben muss, in der das Zeichen und das Bezeichnete identisch sind,[96] erlangt in den sprachphilosophischen, poetologischen und ästhetischen Gedanken der Romantik eine relevante Bedeutung,[97] und die »Hieroglyphe« etabliert sich dabei neben »Chiffre«, »Signatur« oder »Ursprache« als ein Schlüsselbegriff. Die altägyptischen Hieroglyphen, die um 1800 noch nicht entziffert worden waren, faszinierten die Dichter und Philosophen, weil sie für eine Bilderschrift, d.h. für ein nicht arbiträres, natürliches Zeichensystem, gehalten wurden, in dem das Geheimnis der Schöpfung und der ganzen Natur verborgen ist.[98] »Keine *Abstrakta*, lauter gegenwärtige *Dinge*, lebende ganze Bilder«,[99] so bezeichnet Herder die Hieroglyphe, die deshalb die Schöpfung der Welt am anschaulichsten darstellen könne.[100]

In diesem Zusammenhang könnten die Lichtenbergischen Figuren, die Ritter als Naturschrift betrachtet, auch zu jenen »wunderliche[n] Figuren« gezählt werden, die Novalis am Anfang seines Romans *Die Lehrlinge zu Saïs* (1802) beschreibt: zu den Figuren nämlich, die

> zu jener großen Chiffernschrift zu gehören scheinen, die man überall, auf Flügeln, Eierschalen, in Wolken, im Schnee, in Krystallen und in Steinbildungen, auf gefrierenden Wassern, im Innern und Äußern der Gebirge, der Pflanzen, der Thiere, der Menschen, in den Lichtern des Himmels, auf berührten und gestrichenen Scheiben von Pech und Glas, in den Feilspänen um den Magnet her, und sonderbaren Conjuncturen des Zufalls, erblickt.[101]

Novalis, der sich an der Entwicklung des Natursprachenkonzepts in der Romantik maßgeblich beteiligte,[102] spricht hier besonders nachdrücklich von der Bedeutung der Natursprache als Schlüssel zur Erkenntnis der Natur. Die »Wunderschrift«, die in seinem Roman auch als »die ächte Sanscrit«, »die heilige Schrift« oder »die hohe Rune« bezeichnet wird,[103] ist die Schrift der Natur, die sie selbst geschrieben hat, und für deren Entzifferung die Menschen nur den Sinn verloren haben.

Während Novalis nach dem Schlüssel der Naturschrift in der Poesie sucht, glaubt ihn Ritter, für den auch »alle Form und Figur *Schrift* (Natur-Schrift)«

96 Goodbody 1984, bes. S. 9-12.
97 Ebd. Vgl. auch Sørensen 1963.
98 Dieckmann 1955; Wetzels 1973, S. 87f.; Assmann 2003; Assmann/Assmann 2003b; Keiner 2003.
99 Herder 1993, S. 279. Hervorhebungen im Original.
100 Vgl. ebd., S. 277.
101 Novalis 1977, S. 79.
102 Vgl. Goodbody 1984, S. 49-103.
103 Novalis 1977, S. 79.

ist,[104] durch seine Identifikation der Lichtenbergischen Figuren mit der Herder'schen Hieroglyphe auf naturwissenschaftlichem Weg gefunden zu haben.[105] Dabei ist es bemerkenswert, dass er den Natursprachengedanken der Romantik mit dem zeitgenössischen Diskurs über die wissenschaftlichen Zeichen verknüpft, indem er die Zeichen +E und −E von Lichtenberg in +E und ○E umgestaltet, und zwar aufgrund der grafischen Ähnlichkeit der Zeichen + und ○ mit den Lichtenbergischen Figuren. Er aktualisiert somit die Metaphorik vom Buch der Natur, die traditionell die abendländische Vorstellung der Naturerkenntnis geprägt hat, in der zeitgenössischen Naturforschung. Das Wissen der *mathesis*, das für das 17. und 18. Jahrhundert charakteristisch ist und das der Reform der chemischen Zeichen um 1800 und auch den Lichtenbergischen Zeichen der Elektrizität zugrunde liegt, unterscheidet sich Foucault zufolge grundlegend vom Wissen des Mittelalters und der Renaissance. Wie im letzten Kapitel erwähnt wird die Natur bis zum 16. Jahrhundert als ein großes Buch betrachtet, welches mit der Schrift der Dinge geschrieben ist und anhand der Zeichen (Signaturen) an ihrer Oberfläche gelesen wird. Dabei sind nicht nur die Dinge untereinander, sondern auch die Dinge und ihre Bezeichnungen durch Ähnlichkeit verbunden, die zusammen einen großen Text bilden.[106] Diese Tradition brach aber im 17. Jahrhundert ab. »Im klassischen Zeitalter sich der Zeichen zu bedienen«, so Foucault, »heißt nicht, wie in den voraufgehenden Jahrhunderten, zu versuchen, unterhalb ihrer den ursprünglichen Text einer gehaltenen und für immer festgehaltenen Rede wiederzufinden. [...] Das Wissen hat nicht mehr das alte Wort an den unbekannten Orten, an denen es verborgen sein kann, zu entsanden, sondern muß eine Sprache herstellen«,[107] wie sie Lavoisier und seine Kollegen für die chemischen Substanzen und Lichtenberg für die Elektrizität zur Verfügung stellten. Demgegenüber ruft Ritter, wenn er im Einklang mit dem romantischen Natursprachenkonzept, das auch in der frühneuzeitlichen Signaturenlehre Nahrung findet,[108] die wissenschaftlichen Zeichen mit der Naturschrift identifiziert, die Vorstellung des Buches der Natur in die zeitgenössische Naturforschung zurück und verleiht ihr eine neue und wissenschaftliche Substanz. Die Wissenschaft verfügt nun über Zeichen, die die Natur selbst gegeben hat.

104 Ritter 1808, S. 59. Hervorhebung im Original.

105 Vgl. Wetzels 1973, S. 89 f.; Specht 2010, S. 206-208. Weitere Reflexionen über das Konzept der Naturschrift, das Ritter an den Lichtenbergischen Figuren und an Chladnis Klangfiguren entwickelte, finden sich in Müller 1994, S. 282 f.; Welsh 2003, bes. S. 70-81, 226-229.

106 Foucault 1974, S. 64-74. Zur Metapher vom Buch der Natur in der europäischen Geschichte der Erkenntnis vgl. auch Blumenberg 1986.

107 Ebd., S. 97. Vgl. auch oben Kap. I.

108 Vgl. Sørensen 1963, S. 87-92; Goodbody 1984, S. 133-152.

Die Lichtenbergischen Figuren wurden in einem Zeitalter entdeckt, in dem die wissenschaftlichen Zeichen für die Entstehung der modernen Naturwissenschaft von fundamentaler Bedeutung waren. Die um 1800 geführte Diskussion über die wissenschaftlichen Zeichen zeigt, dass man sich um die Etablierung eines Zeichensystems bemühte, welches die Natur nach dem Vorbild der Algebra mittels arbiträrer Zeichen in analytischer Weise erkennbar macht. Die Zeichen +E und –E, die Lichtenberg in die Elektrizitätslehre einführte, gehören diesem Paradigma des Wissens ebenfalls an, und sie ordnen ihm auch die Lichtenbergischen Figuren ein, indem sie sie bezeichnen. Demgegenüber eröffnet Ritter mit den Zeichen +E und ○E eine Alternative, indem er versucht, unter dem Aspekt der Hieroglyphik und des Natursprachenkonzepts in der zeitgenössischen Naturforschung die Lektüre des Buches der Natur im wörtlichen Sinne zu ermöglichen. Dabei sind es wiederum die Lichtenbergischen Figuren, die diesmal die Zeichen + und ○ aufgrund ihrer grafischen Ähnlichkeit als Naturschrift identifizieren. Das Zeichensystem +E und –E von Lichtenberg und das +E und ○E von Ritter vertreten zwei gegensätzliche Paradigmen der Naturerkenntnis, die um 1800 existierten. Während das erstere die Lichtenbergischen Figuren zum Gegenstand der Naturwissenschaft bestimmt, ermöglicht das letztere mithilfe der Staubfiguren die Neubelebung der Hieroglyphik in der Naturforschung und stellt ihr so eine neue Vorstellung vom Buch der Natur zur Verfügung. Die Lichtenbergischen Figuren, die durch die Elektrizität hervorgebracht werden und die bei der positiven und der negativen Elektrizität deutlich verschiedene Formen annehmen, stehen im Brennpunkt der epistemologischen Diskurse zu ihrer Entdeckungszeit.

Schluss

Wissenschaftsgeschichte der Lichtenbergischen Figuren um 1800

Die Lichtenbergischen Figuren waren um 1800 wie die Wolken ein Gegenstand ausführlicher Beschreibung; bei der Abbildung erforderten sie wie die Farben die Wahrnehmung subtiler tonaler Abstufungen und beanspruchten wie der Mond einen ihnen angemessenen Darstellungsstil; sie wurden auch wie die Pflanzen unmittelbar abgedruckt, wie die elektrischen Funken für die Erklärung meteorologischer Phänomene eingesetzt und wie die chemischen Substanzen mit neu entworfenen Zeichen bezeichnet. Die Rekonstruktion des wissenschaftshistorischen Kontexts der frühen Forschung zu den Lichtenbergischen Figuren hat gezeigt, dass sie ihre Themen nicht nur mit der Elektrizitätslehre, sondern auch mit verschiedenen anderen Disziplinen der Zeit teilte. Die Erforschung der Lichtenbergischen Figuren hatte erstens eine Parallele in der zeitgenössischen Meteorologie der Wolken, da beide vor dem Problem der Beschreibung eines schwer zu beschreibenden Gegenstandes standen. Die Aufmerksamkeit für den Darstellungsstil der Abbildung der Staubfiguren hatte ein Vorbild in der Astronomie, die sich schon lange mit der Frage der bildlichen Darstellung ihrer Beobachtungen auseinandergesetzt hatte. Die Differenzierung der Tonalität war eines der wichtigsten Themen der Farbentheorie in der zweiten Hälfte des 18. Jahrhunderts. Sowohl der Abdruck der Lichtenbergischen Figuren als auch der Naturselbstdruck, der in der Botanik seit mehreren Jahrhunderten praktiziert worden war und im 18. und frühen 19. Jahrhundert im deutschsprachigen Raum eine Blütezeit erlebte, waren auf das Thema der wissenschaftlichen Objektivität negativ bezogen; negativ in dem Sinne, dass beide nicht als objektive Bilder anerkannt wurden. Bei der Anwendung der Lichtenbergischen Figuren als Schrift- und Bildmedium tauchte die Frage der Analogie als epistemisches Prinzip auf – die Frage, die für die zeitgenössische Meteorologie, diesmal die elektrische Meteorologie, fundamental war. Und schließlich legte Lichtenberg bei der Einführung der Zeichen + und – für die positive bzw. negative Elektrizität, die die Staubfiguren verkörpern, die gleiche Auffassung von den wissenschaftlichen Zeichen zugrunde wie die zeitgenössische Chemie, die damals ihrerseits die Nomenklatur und das Zeichensystem für die Substanzen reformierte.

Die Lichtenbergischen Figuren beschäftigten also in der frühen Phase ihrer Erforschung die Naturforscher mit verschiedenen Fragen, die zwar kaum mit der Erklärung ihrer physikalischen Eigenschaften und nur zu einem kleinen Teil mit der Elektrizitätsforschung überhaupt zu tun hatten, die aber damals auch für die anderen Disziplinen relevant waren. Lichtenberg und seine Zeitgenossen näherten sich dieser vollkommen neuen elektrischen Erscheinung mit Methodologien und Fragestellungen, die um 1800 auch anderen Forschungsgegenständen galten. Die epistemische Bedeutung der Lichtenbergischen Figuren um 1800 ist deshalb nicht in erster Linie in ihrem (unmittelbaren) Beitrag zur Elektrizitätsforschung zu finden. Mit anderen Worten werden die wissenschaftlichen Erträge der Untersuchung der Lichtenbergischen Figuren zu ihrer Entdeckungszeit erst erkennbar, wenn man sie zu den damals aktuellen Themen anderer Disziplinen in Beziehung setzt, statt sie ausschließlich im Rahmen der Elektrizitätsforschung zu betrachten.

Dieser Zusammenhang bestätigt auch, dass die Beschäftigung der Naturforscher um 1800 mit den Lichtenbergischen Figuren, auch wenn sie heute nicht immer wissenschaftlich erscheinen mag, damals eine bedeutungsvolle wissenschaftliche Tätigkeit war. Beschreiben, Abbilden und Abdrucken der Figuren, Zeichnen und Schreiben mit ihnen sowie Konzipieren der ihnen grafisch ähnlichen wissenschaftlichen Zeichen – diese Betätigungen, die mit dem Wesen der Lichtenbergischen Figuren als Bild eng zusammenhängen, waren um 1800 nichts anderes als Formen der Wissensgenerierung von großer Bedeutung, obwohl sie weder zur physikalischen Erklärung der Staubfiguren noch zur Entwicklung der Elektrizitätsforschung viel beizutragen scheinen. Im Gegenteil ging es damals – so hat aus der vorliegenden Arbeit erhellt – nicht weniger um die Beschäftigung mit der Bildlichkeit der Lichtenbergischen Figuren als um die Erforschung ihrer elektrophysikalischen Eigenschaften, und das Wesentliche der Wissenschaftsgeschichte der Lichtenbergischen Figuren zu ihrer Entdeckungszeit liegt in eben diesem Punkt.

In der Beschäftigung Lichtenbergs und seiner Zeitgenossen mit den Staubfiguren, die in der vorliegenden Arbeit betrachtet worden ist, offenbaren sich einige Aspekte der Bildlichkeit, die Relevanz für die Wissensproduktion über und durch dieses elektrische Phänomen besaßen: Visualität, Schönheit, Ähnlichkeit und Zeichenhaftigkeit der Lichtenbergischen Figuren. Unter diesen Aspekten stellten sich die Staubfiguren ihren ersten Erforschern als Bilder dar und beschäftigten sie, wobei ihre epistemische Bedeutung von den wissenschaftshistorischen Verhältnissen um 1800 geprägt war.

Die Entdeckung der Staubfiguren begeisterte Lichtenberg in erster Linie, weil sie eine neue und verfeinerte Form der Visualisierung der optisch nicht leicht zu erkennenden Elektrizität versprachen. Die Visualität der Staubfiguren erschien ihm als ein neuer wissenschaftlicher Zugang zur Elektrizität, die man jetzt unabhängig vom körperlichen und praktischen Wissen präziser erforschen können sollte. Lichtenbergs Beschäftigung mit den Staubfiguren und die seiner Zeitgenossen zeigt aber, dass die Visualität der Staubfiguren nicht ohne Weiteres zur Erkenntnis ihrer elektrophysikalischen Eigenschaften oder neuer Eigenschaften der Elektrizität führte. Zwar standen die Staubfiguren als Visualisierung der Elektrizität unbeweglich vor den Augen des Betrachters, sie waren aber sowohl hinsichtlich der Form als auch der Tonwerte nicht immer einfach zu erkennen; ihre Visualität allein ermöglichte noch nicht die genauere Erforschung der Elektrizität.

Bei der Untersuchung der Lichtenbergischen Figuren versuchte man zuerst, ihre Form mittels der Sprache zu artikulieren, weil die Beschreibung in der Naturforschung im 18. und in manchen Gegenstandsbereichen noch im frühen 19. Jahrhundert als Basis der Erklärung galt. Aber die Beschreibung der Lichtenbergischen Figuren gelang nicht immer ohne Schwierigkeit; vor allem ließen sich die negativen Figuren, deren Form weniger bestimmbar war als die der positiven, nur schwer beschreiben, was für Lichtenberg gleichbedeutend war mit der Schwierigkeit ihrer Erklärung. Das Problem der Beschreibung wurde aufgehoben, als ein von der Beschreibung unabhängiger Erklärungsversuch der Staubfiguren aufkam und die duale Korrelation von Beschreibung/Naturgeschichte und Erklärung/Naturlehre, die das System des Wissens von der Natur im 18. Jahrhundert gestaltete, sich auflöste.

Die Schwierigkeit der Beschreibung scheint allerdings auch durch die Abbildung überwindbar zu sein. Aber hier sah man sich vor eine neue Aufgabe gestellt, nämlich diejenige der Wahrnehmung und Darstellung der tonalen Verhältnisse der aus feinem Staub bestehenden Lichtenbergischen Figuren. Um die subtilen Tonwerte der Staubfiguren wiederzugeben, wählte Lichtenberg für ihre Abbildung die Mezzotintografik. Die Entwicklung der druckgrafischen Techniken im 18. Jahrhundert einerseits und die Farbsystematik des gleichen Zeitraums andererseits waren mit dem Streben nach der Differenzierung der Tonalität eng verbunden, die ein hochdifferenziertes Sehvermögen voraussetzt. Die Verfeinerung des Sehens, die die Betrachtung der Tonalität der Lichtenbergischen Figuren erfordert, wurde im Fall Lichtenbergs wohl durch seine Arbeit an der Herausgabe von Tobias Mayers Nachlass gefördert. In diesem Zusammenhang beweist das Sehen seinen Konstruktionscharakter: Es entwickelt sich durch theoretische und praktische Erfahrungen.

Dies sind die Bedingungen, unter denen sich die Visualität der Lichtenbergischen Figuren ihren ersten Betrachtern darstellte. Die Lichtenbergischen Figuren waren für sie ein anspruchsvolles Bild, das sich nicht einfach erkennen ließ; es kostete sie Mühe, die Form der Staubfiguren verbal zu artikulieren und ihre Tonwerte optisch zu differenzieren. Unter der Vorherrschaft des Paradigmas der Naturgeschichte und der zunehmenden Aufmerksamkeit für die Tonalität war aber die Erkenntnis der Staubfiguren als Bilder eine aktuelle und relevante Frage, die als nicht weniger beachtenswert galt denn ihre elektrophysikalische Erforschung.

Aber auch soweit es nicht um die Wahrnehmung und Darstellung der Staubfiguren geht, stellen sie als Bilder an die Naturforscher um 1800 noch Fragen, die mit der Erforschung ihrer elektrophysikalischen Eigenschaften unmittelbar wenig zu tun haben. Parallel zum Beschreiben und Abbilden der Staubfiguren entwickelte Lichtenberg auch Anwendungsmöglichkeiten für sie – die Anwendung der Staubfiguren als eine neue Art der Druckkunst, als eine neue Art der Steganografie und als eine neue Art des Elektroskops –, die von seinen Zeitgenossen akzeptiert und weiterentwickelt wurden. Die Anwendungsversuche der Lichtenbergischen Figuren entfalteten aber nicht nur ihr technologisches Potenzial, sondern sie hatten auch in ihrem zeitgenössischen Kontext epistemische Bedeutungen, die sich unter den weiteren Aspekten der Bildlichkeit der Staubfiguren offenbaren.

Das Problem der Erkenntnis der Lichtenbergischen Figuren als Bilder erübrigt sich im Zusammenhang mit ihrem Selbstabdruck. Bei diesem Verfahren ist weder ein differenziertes Sehvermögen erforderlich, noch müssen die Staubfiguren durch Sprache oder Bildmedien artikuliert und vermittelt werden, sondern sie können selbst unmittelbar wiedergegeben werden. Der Abdruck scheint somit die Objektivität der so entstandenen Bilder zu gewährleisten, weil sie ohne Eingriff und Urteil der Forscher und der Künstler hergestellt werden. Aber die Objektivität des Abdrucks der Lichtenbergischen Figuren wurde um 1800 nicht als wissenschaftlicher Wert anerkannt, sondern man richtete das Augenmerk in erster Linie auf die Schönheit ihres Abdrucks und schätzte ihn in ästhetischer Hinsicht; der Anspruch auf ein objektives, d. h. mit einem minimalen Grad von menschlicher Intervention hergestelltes Bild kam in den Wissenschaften erst in der Mitte des 19. Jahrhunderts auf. Die Frage der Schönheit der Bilder in den Wissenschaften, die mit dem Abdruck der Lichtenbergischen Figuren in den Vordergrund tritt, ist also eng mit der Geschichte der wissenschaftlichen Objektivität verknüpft.

Die Anwendung der Lichtenbergischen Figuren als Schrift- und Bildmedium war ihrerseits Teil der bis in die Renaissance zurückreichenden Geschichte der natürlichen Magie und verweist somit auf die Frage der Analogie als epistemisches Prinzip. Während bis zum 16. Jahrhundert die Erkenntnis durch Entzifferung der verborgenen Ähnlichkeiten zwischen den unendlich aufeinander verweisenden Dingen zu gewinnen war, diente im späten 18. Jahrhundert die visuelle Ähnlichkeit der Lichtenbergischen Figuren bzw. der mit ihnen gezeichneten Bilder mit einer bestimmten meteorologischen Erscheinung dazu, letztere als elektrisch verursacht zu erklären. Die Anwendung der

Lichtenbergischen Figuren auf die elektrische Meteorologie im ausgehenden 18. Jahrhundert veranschaulicht den Unterschied zwischen dem Denken der Ähnlichkeit im 16. und dem im 18. Jahrhundert, markiert aber zugleich die Grenze dieser Erkenntnisweise, die zu ihrer Auflösung führte.

Das Prinzip der Ähnlichkeit verlor aber in den Wissenschaften um 1800 seine Gültigkeit nicht gänzlich. Sowohl in der Elektrizitätsforschung als auch in der Chemie bemühte man sich zu dieser Zeit darum, die Natur anhand eines arbiträren Zeichensystems erkennbar zu machen. Die Lichtenbergischen Figuren, die selbst als Zeichen positiver und negativer Elektrizität galten, ordneten sich diesem Paradigma der Naturerkenntnis unter, indem sie sich mit den Zeichen +E und −E darstellen ließen, die sich auf sie nur willkürlich beziehen. Aber die Staubfiguren verliehen andererseits den im Hinblick auf die Hieroglyphik entworfenen Zeichen +E und OE ihre Identität als Naturschrift, indem diese Zeichen durch grafische Ähnlichkeit mit ihnen verbunden sind. Das Prinzip der Ähnlichkeit wurde, wenn auch nur in einem einzigen Fall, in der Naturforschung um 1800 wiederbelebt, was zeigt, dass die Lichtenbergischen Figuren als Bilder aufgrund ihrer Zeichenhaftigkeit einer Alternative zur modernen Naturwissenschaft den Weg hätten bereiten können.

Die epistemische Bedeutung der Bildlichkeit der Lichtenbergischen Figuren um 1800, die in ihrer Visualität, Schönheit, Ähnlichkeit und Zeichenhaftigkeit liegt, ist vom wissenschaftshistorischen Kontext abhängig. Die Tragweite der Bildlichkeit der Staubfiguren ergibt sich aus den epistemologischen Umschichtungen um 1800, die ihre Erforschung gleichzeitig mit anderen Disziplinen durchlief. Die Naturforschung, vor allem die Experimentalphysik, versuchte damals, sich von den körperlich-praktischen Wissensformungen zu lösen und sich als eine visuell-theoretische Erkenntnisweise zu etablieren; die Lichtenbergischen Figuren erwiesen sich als ein geeignetes Beispiel dafür. Das duale Verhältnis von Beschreibung und Erklärung bzw. Naturgeschichte und Naturlehre, das im 18. Jahrhundert die Struktur des Wissenssystems bestimmte, löste sich um 1800 auf, was im Fall der Lichtenbergischen Figuren am Aufkommen einer von der Beschreibung unabhängigen Erklärung zu sehen ist. Auch die natürliche Magie wurde in der Anwendung der Lichtenbergischen Figuren auf die elektrische Meteorologie durch ihr Streben nach einer rationalen Erkenntnisweise dekonstruiert. Und die Naturforschung, der die Ähnlichkeit von Zeichen und Ding zugrunde gelegen hatte, verfügte nun über Zeichen, die sich willkürlich auf das Bezeichnete beziehen, auch auf die Lichtenbergischen Figuren. Die Lichtenbergischen Figuren erlebten also um 1800 als Bilder den Übergang von den Prinzipien und Paradigmen des *Wissens von der Natur*, die bis zum 18. Jahrhundert dominant waren, zu denjenigen der *Naturwissenschaft*.

Die epistemologischen Umschichtungen fanden aber weder plötzlich noch gleichzeitig noch geradlinig oder in nur einer Richtung statt. Die Visualität der Lichtenbergischen Figuren erweist sich als abhängig vom Mitwirken des körperlichen Wissens in der instrumentell-experimentellen Praxis der Herstellung und Untersuchung der Figuren. Neben dem Aufkommen einer von der Beschreibung unabhängigen Erklärung einerseits und der Dekonstruktion des Analogie-Denkens der elektrischen Meteorologie andererseits blieb in der Erforschung der Lichtenbergischen Figuren bis ins 19. Jahrhundert die Beschreibung ein relevantes methodologisches Paradigma, und die Analogie zu den Staubfiguren wurde auch weiterhin als Erklärung der Kristallisation von Wasser oder der Entstehung der Wolken angeführt. Indessen wurde die Objektivität des Abdrucks der Lichtenbergischen Figuren um 1800 nicht anerkannt, und er wurde schließlich in der Mitte des 19. Jahrhunderts durch die Fotografie als Mittel der mechanischen Bildgebung überholt. Und zu den arbiträren Zeichen +E und −E kamen als Alternative die Zeichen +E und OE, die die Hieroglyphik und den Natursprachengedanken in die Naturforschung zurückholten, auch wenn sie keine allgemeine Zustimmung fanden. Die Lichtenbergischen Figuren wurden also in einem Zeitalter entdeckt und den ersten Untersuchungen unterzogen, in dem mehrere epistemologische Diskurse nebeneinander bestanden und sich kreuzten. Sie waren Bilder, die die Pluralität und die Umstrukturierung der epistemologischen Prinzipien spiegeln, welche das Wissen und die Wissenschaft von der Natur um 1800 charakterisierten.

Lichtenbergische Figuren und das subjektive Sehen

Nach einigen Jahren der Arbeit an den Staubfiguren untersuchte Lichtenberg sie nicht mehr intensiv. Das bedeutet aber nicht, dass er das Interesse an ihnen gänzlich verloren hätte. Er thematisierte die Staubfiguren weiterhin gelegentlich in den Briefen an seine Bekannten und Freunde, die auch bezeugen, dass er noch manchmal mit ihnen experimentierte,[1] und er behandelte die Staubfiguren weiterhin in seinen Vorlesungen. Lichtenberg erwähnt die Staubfiguren auch in den Notizen seiner späteren Jahre. Er notiert 1792 in den *Sudelbüchern* eine Bemerkung, in der die Staubfiguren zur Sprache kommen:

1 Er experimentierte z. B. zusammen mit Alessandro Volta mit den Staubfiguren, als ihn der italienische Naturforscher 1784 in Göttingen besuchte. Vgl. Brief an Franz Ferdinand Wolff, 22.11.1784, Bw 2, S. 936. Noch 1796 schreibt er an den Herausgeber des Reichs-Anzeigers über eine Methode, »die sogenannten electrischen Figuren auf Harzplatten in der größten Vollkommenheit hervorzubringen«. Bw 4, S. 655.

> Wenn ich mit meiner Hand auf meine Augen drücke, so sehe ich Sonnen und elektrische Figuren und den schönsten Drell. Wenn ich die Hand weg nehme und die Augenlider öffne, so sehe ich Bäume und Dachziegel, was ist nun das was jetzt tut was meine Hand vorher tat?[2]

Auch in der nächsten Notiz wird »das gedrückte Auge« erwähnt, »das elektrische Figuren und Sonnen und Drellmuster gibt«.[3] In diesen beiden Bemerkungen geht es um eine visuelle Erscheinung, die durch eine physikalische Einwirkung auf die Augen hervorgebracht wird und die sich also auf keinen Gegenstand in der Außenwelt bezieht. Lichtenberg sieht in ihrer Gestalt eine Analogie zu den elektrischen Figuren, d.h. den Staubfiguren.

Es geht in diesen Notizen um das »subjektive Sehen« (»subjective vision«), das Jonathan Crary als das im frühen 19. Jahrhundert aufkommende neue Paradigma des Sehens beschreibt.[4] Das Sehen im 17. und 18. Jahrhundert ist Crary zufolge mit dem Modell der Camera obscura zu erfassen, deren Funktion darin besteht, »den Akt des Sehens vom physikalischen Körper des Betrachters abzutrennen und das Sehen zu entkörperlichen«. Mit der Camera obscura wird der Betrachter als ein autonomes Subjekt von der Außenwelt abgetrennt, und seine körperliche Erfahrung der Sinneswahrnehmung wird durch die Beziehungen zwischen dem Apparat und der vorher gegebenen objektiven Welt ersetzt.[5] Demgegenüber entstand am Anfang des 19. Jahrhunderts ein neues Konzept des Sehens, das »aus den unkörperlichen Beziehungen der Camera obscura herausgenommen und in den Körper des Menschen versetzt« worden ist.[6] In Goethes *Farbenlehre* (1810), die Crary für einen Schlüsseltext des subjektiven Sehens hält, ist am Anfang von den »physiologischen Farben« die Rede, den Farben nämlich, die »dem Auge, teils völlig, teils größtens zugehören«.[7] Somit definiert Goethe die vormals für Täuschungen oder Schäden gehaltenen visuellen Erlebnisse neu als die fundamentale Gesichts- und Sinneserscheinung – als die visuelle Erscheinung, bei der »der subjektive Inhalt des Sehens von einer objektiven Welt getrennt wird und der Körper selber Phänomene produziert, die kein äußerliches Korrelat haben«.[8]

Die subjektive Gesichtserscheinung etablierte sich in der ersten Hälfte des 19. Jahrhunderts als ein für die entstehende Disziplin der Sinnesphysiologie bedeutender Forschungsgegenstand. Der böhmische Physiologe Jan Evan-

2 SB 2, J 1817.
3 SB 2, J 1818.
4 Crary 1990. Übersetzung der Zitate aus Crary 1990 hier und im Folgenden von H. H.
5 Crary 1990, S. 38-40. Zitat S. 39.
6 Ebd., S. 16.
7 Goethe 1991, S. 31.
8 Crary 1990, S. 71.

gelista Purkinje, einer der wichtigsten Forscher auf diesem Feld, befasst sich in seinen beiden Werken *Beiträge zur Kenntniß des Sehens in subjectiver Hinsicht* (1819) und *Neue Beiträge zur Kenntniß des Sehens in subjectiver Hinsicht* (1825) mit den subjektiven Gesichtserscheinungen, die er klassifiziert und einzeln untersucht. Was Lichtenberg in seiner Notiz mit den Staubfiguren vergleicht, gehört nach der Klassifikation Purkinjes zu den »Druckfiguren«, die »durch einen etwas anhaltenden Druck des Augapfels hervor gebracht werden«, und deren Lichtquelle »ganz innerhalb der Gränzen des Organismus liegt«.[9] Unter den Abbildungen der Druckfiguren in seinem Werk sind tatsächlich einige Figuren zu sehen, die den Lichtenbergischen Figuren nicht unähnlich sind (Abb. 31). Darüber hinaus vergleicht Purkinje die Druckfiguren mit den Chladni'schen Klangfiguren und versucht, sie aufgrund der Analogie zu diesen zu erklären.[10] Ernst Florens Friedrich Chladni wurde aber, worauf er selbst hinwies, durch die Lichtenbergischen Figuren zur Idee der Klangfiguren inspiriert.[11] Die Tragweite der Analogie einer subjektiven Gesichtserscheinung zu den Staubfiguren reicht also über den persönlichen Einfall von Lichtenberg hinaus und über Chladnis Forschung bis zur Sinnesphysiologie des frühen 19. Jahrhunderts.[12]

Die Physiologie der subjektiven Gesichtserscheinung im frühen 19. Jahrhundert enthält aber ein Moment, das die Voraussetzungen der Entdeckung und Untersuchung der Lichtenbergischen Figuren um 1800, die in der vorliegenden Arbeit betrachtet worden sind, relativiert und auf eine neue Dimension der Bildlichkeit in der Wissensgenerierung hinweist. In der sinnesphysiologischen Forschung in der ersten Hälfte des 19. Jahrhunderts spielt die Elektrizität eine relevante Rolle. Sie gilt dort als einer der hauptsächlichen äußeren Reize auf die Sinne, die verschiedene Empfindungen, u.a. die subjektive Gesichtserscheinung erregen. Johannes Müller zählt in seinem *Handbuch der Physiologie des Menschen für Vorlesungen* (1833-40) Ursachen auf, durch die die Lichtempfindung im Auge erregt wird, wobei er neben den mechanischen Einflüssen wie Stoß oder Schlag und den chemischen wie Narkotika oder Digitalis auch die Elektrizität nennt.[13] Die Wirkung der Elektrizität auf den Gesichtssinn wird von ihm eingehender dargestellt, wenn er nach Purkinje verschiedene Typen der subjektiven Gesichtserscheinung klassifiziert. Dabei spricht er außer von den »Druckfiguren« und anderen subjektiven Gesichtserscheinungen auch von »Electrische[n] Figuren im Auge«:

9 Purkinje 1819, S. 22-35, Zitat S. 22; Purkinje 1825, S. 111-116.

10 Ebd., S. 37-47. Er weist bei manchen subjektiven Gesichtserscheinungen auch auf die Analogie zur elektrischen Entladung hin. Ebd., S. 47 f., 69, 81 f.

11 Chladni 1802, S. XVII.

12 Zu Lichtenbergs Interesse an subjektiven Gesichtserscheinungen vgl. Müller-Tamm 2005, S. 109 f.

13 Müller 1838-40, Bd. 2, S. 254. Auch Crary zitiert diese Stelle. Crary 1990, S. 90 f.

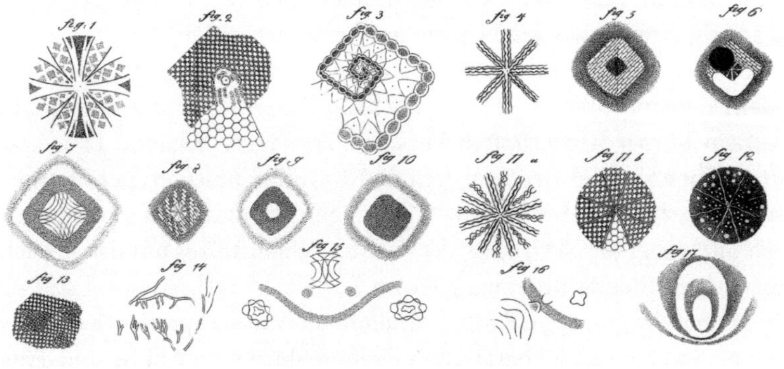

Abb. 31: Abbildung der Druckfiguren bei Purkinje (Fig. 5-14).

> Liegt das Auge innerhalb eines galvanischen Stromes, indem z.B. beide Pole an der Conjunctiva beider Augenlieder applicirt werden, so wird beim Schliessen oder Oeffnen der Kette, ein blitzartiger Schein gesehen. Die Erscheinung erfolgt auch, wenn das Auge nicht direct in dem Strome zwischen beiden Polen liegt, nämlich durch Ableitung eines Theils der Electricität, z. B. wenn die Pole das untere Augenlied und die Schleimhaut des Mundes berühren. Schon ein einfaches Plattenpaar von Kupfer und Zink reicht am dunkeln Ort zur Erregung des blitzartigen Scheines hin. Lebhaftere Phänomene erhält man durch eine kleine Säule. Dann zeigt sich nach PURKINJE's Versuchen beim Zinkpole der Schein als gelblicher Dunst, beim Kupferpol hell violet. Unter bestimmten Bedingungen, welche PURKINJE angegeben, treten noch specielle örtliche Erscheinungen im Sehfelde, der Eintrittsstelle des Sehnerven und dem Achsenpunct der Retina entsprechend auf.[14]

Purkinje beschreibt in den beiden genannten Werken ausführlich die Experimente mit subjektiven Gesichtserscheinungen aufgrund von galvanischer Elektrizität, die er an seinem eigenen Körper durchgeführt hat.[15] Er ist keineswegs der Einzige, der um 1800 Selbstexperimente mit Elektrizität anstellte. Wie im ersten Teil dieser Arbeit gesehen, wurde die Wirkung der Elektrizität im 18. Jahrhundert mit den fünf Sinnen erfahren, wobei auch der Körper des Experimentators als Versuchsobjekt diente. Das Selbstexperiment hatte aber um 1800 für die Erforschung des Galvanismus eine spezifische epistemische Bedeutung, weil dabei von Anfang an die physikalischen Fragestellungen mit den physiologischen eng verbunden waren, und es wurde bald unerläss-

14 Müller 1838-40, Bd. 2, S. 391.
15 Purkinje 1819, S. 50-56; Purkinje 1825, S. 31-50.

lich, die Versuche nicht nur an Tieren, insbesondere an Fröschen, sondern auch am eigenen Körper anzustellen, um die Wirkung der galvanischen Elektrizität differenzierter zu untersuchen. Unter den Selbstexperimentatoren mit dem Galvanismus war Johann Wilhelm Ritter wegen der Intensität der an seinem Körper wiederholten Versuche besonders bekannt. Er wie auch mehrere Forscher, die sich mit dem Galvanismus beschäftigten, schlossen verschiedene sensible Körperteile wie Zunge, Ohr und Haut an galvanische Ketten an, wobei die »Wirkung des Galvanischen Reizes auf das Gesichtsorgan« zu den Standardthemen gehörte.[16]

Es ist aber diese sich im Körper fundierende Wissensproduktion, von der man um 1800 die Lichtenbergischen Figuren abtrennen wollte, und eben in der Entkörperlichung der Erkenntnis und in ihrer Spezialisierung auf das Visuelle behaupteten die Staubfiguren ihre Neuheit und Wissenschaftlichkeit. Lichtenberg begeisterte sich für die Entdeckung der Staubfiguren, weil sie eine ausschließlich visuelle Erkenntnis der Elektrizität versprachen, und zwar stabiler und differenzierter als bei den bisher bekannten Erscheinungen. Dabei galt das Sehen als ein entkörperlichter Akt, der die Existenz einer stabilen Außenwelt und eines autonomen Betrachters voraussetzt und die Trennung von Subjekt und Objekt stützt. Lichtenberg und seine Zeitgenossen betrachteten – wie in der vorliegenden Arbeit gesehen – stets die Staubfiguren als einen Gegenstand, der unabhängig von der körperlichen Erfahrung in der objektiven Welt steht. Insofern legten sie das von Crary mit dem Modell der Camera obscura beschriebene Konzept des Sehens zugrunde.

Demgegenüber brachte das galvanische und sinnesphysiologische Selbstexperiment von Purkinje oder Ritter durch Elektrizität eine vollkommen andere Art von Bildern hervor: das subjektive, in den Sinnesorganen selbst gründende visuelle Phänomen. Bei den »Electrische[n] Figuren im Auge«, die Müller in seinem Werk darstellt, handelt es sich nicht mehr um die Visualisierung der Elektrizität durch die Lichtenbergischen Figuren, die der Betrachter als ein äußeres Objekt vor Augen hat, sondern um die Visualität, die nach der Theorie der Physiologen des frühen 19. Jahrhunderts durch einen elektrischen Reiz im Körper des Betrachters hervorgebracht wird. Mit der physiologischen Untersuchung der subjektiven Gesichtserscheinung werden

16 Ritter 1798, S. 84-95. Zitat S. 84. Vgl. auch Pfaff 1795, S. 142-146. Zum elektrischen Selbstexperiment um 1800 und zu demjenigen von Ritter vgl. Hüffmeier-von Hagen 1964; Schaffer 1992; Daiber 1998; Strickland 1998; Wiesenfeldt 2005; Gamper 2009, S. 167-177. Ritter stellt die Versuche an den Augen auch sonst in mehreren Aufsätzen dar, die er später in den Sammelbänden *Physisch-Chemische Abhandlungen* (1806) wiederabdruckt. Er experimentierte auch an den Nachbildern, die durch das Blicken in die Sonne hervorgebracht werden. Ritter: Neue Versuche und Bemerkungen über den Galvanismus; – in Briefen an L. W. Gilbert. Zweyter Brief. In: Ritter 1806, Bd. 3, S. 344-388, hier S. 355-362. Vgl. dazu auch Wiesenfeldt 2005, S. 214.

die Voraussetzungen, unter denen die Lichtenbergischen Figuren um 1800 entdeckt und untersucht wurden, relativiert.[17] Lichtenbergs Vergleich der subjektiven Gesichtserscheinung mit den Staubfiguren, den er in den *Sudelbüchern* verwendet, bezeichnet also den Schnittpunkt von zwei Paradigmen des Sehens, die um 1800 zusammentrafen: Visualität der Elektrizität und Visualität durch Elektrizität bzw. das objektive und das subjektive Sehen. Er eröffnet damit eine neue Perspektive für das Themenfeld von Bild und Visualisierung in den Wissenschaften.

17 Die epistemologische Unsicherheit, die sich durch das Selbstexperiment mit dem Galvanismus ergab, erörtert Gamper 2009, S. 169-177.

Bibliografie

Siglen

Bw Lichtenberg, Georg Christoph (1983-2004): Briefwechsel. 5 Bde. Hg. von Ulrich Joost u. Albrecht Schöne. München: C. H. Beck.
LS Lichtenberg, Georg Christoph (1997): Observationes. Die lateinischen Schriften. Hg. von Dag Nikolaus Hasse. Göttingen: Wallstein.
SB Lichtenberg, Georg Christoph (1967-1992): Schriften und Briefe. 4 Bde. mit 2 Kommentarbdn. Hg. von Wolfgang Promies. München: C. H. Beck.

Literatur zu den Lichtenbergischen Figuren um 1800

(Band- und Seitenzahlen in Klammern am Ende mancher bibliografischen Angaben zeigen die Stellen in der betreffenden Literatur, wo es um die Lichtenbergischen Figuren geht.)

Achard, Franz Carl (1791): Vorlesungen über die Experimentalphysik. Im Druck gegeben zum Gebrauch seiner Zuhörer. 3. Teil. Berlin: Verlag des Verfassers. (S. 67)

Adams, George (1784): An Essay on Electricity. London: Printed for and sold by the author. (S. 179)

– (1792): An Essay on Electricity. 4. Aufl. London: R. Hindmarsh. (S. 364 f., 367-372)

Aldini, Giovanni (1797): Memoria intorno ad alcune elettriche esperienze. In: Annali di Chimica e Storia Naturale. Bd. 14, S. 174-210.

[Aldini, Giovanni] (1800): Electrische Versuche von Aldini. In: Annalen der Physik. Bd. 4, 4. St., S. 419-427.

Arnim, Achim von (1800a): Anmerkungen zur Geschichte der von Aldini und Fabroni in den vorhergehenden Aufsätzen beschriebenen Versuche. In: Annalen der Physik. Bd. 4, 4. St., S. 434-437.

– (1800b): Electrische Versuche. In: Annalen der Physik, Bd. 5, 1. St., S. 33-78.

– (2007a): Electrische Versuche von Aldini. In: Ders.: Naturwissenschaftliche Schriften I. Hg. von Roswitha Burwick. Tübingen: Max Niemeyer (= Werke und Briefwechsel. Historisch-kritische Ausgabe. Bd. 2, Teil 1), S. 224-228.

– (2007b): Anmerkungen zur Geschichte der von Aldini und Fabroni in den vorhergehenden Aufsätzen beschriebenen Versuche. Ebd., S. 233-235.

– (2007c): Electrische Versuche. Ebd., S. 237-263.

Batsch, August Johann Georg Carl (1791): Versuch einer Historischen Naturlehre oder einer allgemeinen und besondern Geschichte der cörperlichen Grundstoffe.

Für Naturfreunde entworfen. 2. physicalischer Theil. Halle: Johann Jacob Gebauer. (S. 343)

Baumgartner, Andreas (1824): Die Naturlehre nach ihrem gegenwärtigen Zustande mit Rücksicht auf mathematische Begründung. 2. Teil. Wien: J. G. Heubner. (S. 192 f.)

Bennet, Abraham (1789): New Experiments on Electricity. Derby: John Drewry. (S. 34-56)

Bergmann, Torbern (1782): Kleine Physische und Chymische Werke. Bd. 2. Aus dem Lateinischen übersezt von Heinrich Tabor. Frankfurt a. M.: Johann Gottlieb Garbe. (S. 18)

Berzelius, Jöns Jacob (1823): Lehrbuch der Chemie. Aus dem Schwedischen übersetzt von K. A. Blöde und K. Palmstedt. 1. Bd. 2., verbesserte Aufl. Dresden: Arnold. (S. 61, 71 f.)

Biot, Jean Baptiste (1824): Lehrbuch der Experimental-Physik oder Erfahrungs-Naturlehre. 3. Aufl. Übersetzt von M. Gustav Theodor Fechner. 2. Bd. Leipzig: Leopold Voß. (S. 233 f.)

Böckmann, Johann Lorenz (1789): Versuche über dendritische Figuren auf Glasbomben[,] über die Figuren auf gefrohrnen Fensterscheiben und über electrische Sterne auf flüßigen Körpern. In: Ders.: Kleine Schriften physischen Innhalts. Bd. 1. Stuttgart: Johann Benedikt Mezler, S. 145-174.

Bourguet, David Ludwig (1798): Grundriß der Naturlehre. Ein Leitfaden bei Vorlesungen. Berlin: Carl Ludwig Hartmann. (S. 283)

– (1801): Versuche mit sehr verstärkter galvanischer Electricität. In: Annalen der Physik. Bd. 7, 4. St., S. 485-497. (S. 495-497)

Brandes, Heinrich Wilhelm (1832): Vorlesungen über die Naturlehre zur Belehrung derer, denen es an mathematischen Vorkenntnissen fehlt. 3. Teil. Leipzig: Georg Joachim Göschen. (S. 262-265)

Brandis, Joachim Dietrich (1795): Versuch über die Lebenskraft. Hannover: Hahn. (S. 112)

Bruchausen, Anton (1790): Anweisung zur Physik. Aus dem Lateinischen mit Zusätzen und Anmerkungen von Joseph Bergmann. 2. Teil. Mainz: Universitätsbuchhandlung. (S. 260)

Buchner, Johann Andreas (1833): Grundriß der Physik, als Vorbereitung zur Chemie, Naturgeschichte und Physiologie. 2., vermehrte u. verbesserte Aufl. Nürnberg: Johann Leonhard Schrag. (S. 398 f.)

Cavallo, Tiberius (1780): An Account of some new Experiments in Electricity, with the Description and Use of two new Electrical Instruments. In: Philosophical Transactions of the Royal Society of London. Bd. 70, Teil I, S. 15-29.

[Cavallo, Tiberius] (1781): Cavallo von der Elektricität des Harzstaubes. In: Magazin für das Neueste aus der Physik und Naturgeschichte. 1. Bd., 2. St., S. 21 f.

Cavallo, Tiberius (1782): A Complete Treatise on Electricity, in Theory and Practice; with Original Experiments. 2. Aufl. London: C. Dilly u. J. Bowen. (S. 427-434)

– (1783): Vollständige Abhandlung der theoretischen und praktischen Lehre von der Elektricität nebst eignen Versuchen. Aus dem Englischen übersetzt. 2., mit einigen Zusätzen des Uebersetzers vermehrte Aufl. Leipzig: Weidmanns Erben u. Reich. (S. 314 f.)

– (1786): A Complete Treatise on Electricity, in Theory and Practice; with Original Experiments. 3. Aufl. London: C. Dilly. Bd. 2. (S. 72-79)

– (1795): A Complete Treatise on Electricity, in Theory and Practice; with Original Experiments. 4. Aufl. London: C. Dilly. (Bd. 2, S. 72-79; Bd. 3, S. 140-157)
– (1797): Vollständige Abhandlung der theoretischen und praktischen Lehre von der Elektricität nebst eignen Versuchen. Aus dem Englischen übersetzt und mit einigen Anmerkungen und Zusätzen begleitet. 4., sehr vermehrte und verbesserte Aufl. in zwei Bdn. Leipzig: Weidmann. Bd. 2. (S. 1-19)
Deluc, Jean André (1786-87): Ideés sur la météorologie. 2 Bde. London: T. Spilsbury. (Bd. 1, S. 490-517)
– (1787-88): Neue Ideen über die Meteorologie. 2 Teile. Berlin/Stettin: Friedrich Nicolai. (1. Teil, S. 390-411)
Donndorff, Johann August (1784): Die Lehre von der Elektricität theoretisch und praktisch aus einander gesezt zum gemeinnützigen Gebrauch, auch für solche die keine Gelehrte sind. Bd. 1. Erfurt: Georg Adam Keyser. (S. 239-241)
Dyckerhoff, Jakob Friedrich (2011): Collegium über Naturlehre und Astronomie bei Georg Christoph Lichtenberg, Göttingen 1796/1797. Ein Skizzenbuch der Experimentalphysik. Herausgegeben, eingeleitet und kommentiert von Gunhild Berg. Göttingen: Wallstein. (S. 118 f.)
Ekmark, Lars (1806): Neuer Beweis für die Theorie zweier electrischer Materien. In: Annalen der Physik. Bd. 23, 4. St., S. 431-440.
Encyclopædia Britannica (1797). 3. Aufl. 18 Bde. Edinburgh: A. Bell u. C. Macfarquhar. (Bd. 5, S. 588; Bd. 6, S. 537)
– (1791-97). Nachdruck der 3. Aufl. 18 Bde. Dublin: James Moore. (Bd. 5, S. 588; Bd. 6, S. 537)
– (1810). 4. Aufl. 20 Bde. Edinburgh: Andrew Bell. (Bd. 7, S. 738 f.)
– (1815). 5. Aufl. 20 Bde. Edinburgh: Andrew Bell. (Bd. 7, S. 738 f.)
– (1823). 6. Aufl. 20 Bde. Edinburgh: Andrew Bell. (Bd. 7, S. 738 f.)
– (1842). 7. Aufl. 21 Bde. Edinburgh: Adam and Charles Black. (Bd. 8, S. 644)
Erman, Paul (1809): Wahrnehmungen über das gleichzeitige Entstehen von mechanischer Cohärenz und chemischer Verwandtschaft. In: Annalen der Physik. Bd. 32, 3. St., S. 261-292. (S. 277)
Erxleben, Johann Christian Polykarp (1784): Anfangsgründe der Naturlehre. 3. Aufl. Mit Zusätzen von G. C. Lichtenberg. Göttingen: Johann Christian Dieterich. (S. 464)
– (1787): Anfangsgründe der Naturlehre. 4. Aufl. Mit Zusätzen von G. C. Lichtenberg. Göttingen: Johann Christian Dieterich. (S. 439)
– (1791): Anfangsgründe der Naturlehre. 5. Aufl. Mit Zusätzen von G. C. Lichtenberg. Göttingen: Johann Christian Dieterich. (S. 465)
– (1794): Anfangsgründe der Naturlehre. 6. Aufl. Mit Verbesserungen und vielen Zusätzen von G. C. Lichtenberg. Göttingen: Johann Christian Dieterich. (S. 480)
Fischer, Ernst Gottfried (1805): Lehrbuch der mechanischen Naturlehre. Berlin: G. C. Nauck. (S. 336)
– (1827): Lehrbuch der mechanischen Naturlehre. 1. Teil. 3. sehr vermehrte u. verbesserte Aufl. Berlin/Leipzig: G. C. Nauck. (S. 54)
Fischer, Johann Carl (1797): Anfangsgründe der Physik in ihren mathematischen und chemischen Theile[n] nach den neuesten Entdeckungen. Jena: Johann Michael Mauke. (S. 619)
– (1798-1827): Physikalisches Wörterbuch oder Erklärung der vornehmsten zur

Physik gehörigen Begriffe und Kunstwörter. 10 Bde. Göttingen: Johann Christian Dieterich. (1. Teil, S. 873; 2. Teil, S. 126-142; 6. Teil, S. 360-364, 369f., 374f.; S. 711-714)
– (1808): Geschichte der Physik seit der Wiederherstellung der Künste und Wissenschaften bis auf die neuesten Zeiten (= Geschichte der Künste und Wissenschaften seit der Wiederherstellung derselben bis an das Ende des achtzehnten Jahrhunderts. 8. Abteilung: Geschichte der Naturwissenschaften). 8. Teil. Göttingen: Johann Friedrich Röwer. (S. 250-253, 321-353, 844-848)
Fries, Jakob Friedrich (1826): Lehrbuch der Naturlehre. Zum Gebrauch bey akademischen Vorlesungen. 1. Teil. Jena: Cröker. (S. 471)
Gamauf, Gottlieb (1812): Erinnerungen aus Lichtenbergs Vorlesungen über die Naturlehre. Bd. 3. Wien/Triest: Geistinger. (S. 241-243)
– (2008): Erinnerungen aus Lichtenbergs Vorlesungen. Die Nachschrift eines Hörers. (Georg Christoph Lichtenberg: Vorlesungen zur Naturlehre. Bd. 2.) Hg. von der Akademie der Wissenschaften zu Göttingen. Göttingen: Wallstein. (S. 504)
Gehler, Johann Samuel Traugott (1787-96): Physikalisches Wörterbuch oder Versuch einer Erklärung der vornehmsten Begriffe und Kunstwörter der Naturlehre. 6 Bde. Leipzig: Schwickert. (1. Teil, S. 729, 824; 5. Teil, S. 247, 256f., 348-358)
– (1825-45): Physikalisches Wörterbuch. Neu bearbeitet von Brandes, Gmelin, Horner, Muncke, Pfaff. 21 Bde. Leipzig: E. B. Schwickert. (Bd. 1, S. 1016f., 1020; Bd. 3, S. 243, 754-771)
Gersdorf, Adolf Traugott von (1800): Über einige neue elektrische Versuche. In: Neue Lausizische Monatsschrift 1800. 1. Teil, 2. St., S. 103-116.
– (1804): Eine neue merkwürdige Beobachtung über die verschiedenen Arten der Electricität, welche fein gepulverte färbende Substanzen durchs Durchpudern für sich, und in Verbindung mit einander, als Gemenge, annehmen. In: Annalen der Physik. Bd. 17, 2. St., S. 200-204.
– (1805): Nachricht von einer ganz neuen Bemerkung über die verschiedenen Arten der Elektrizität, welche fein gepülverte färbende Substanzen durchs Durchpudern für sich, so wie auch in Verbindung mit einander, als Gemenge annehmen. In: Neue Lausizische Monatsschrift 1805. 2. Teil, 7. St., S. 1-7.
Gren, Friedrich Albrecht Carl (1793): Grundriß der Naturlehre in seinem mathematischen und chemischen Theile neu bearbeitet. Halle: Hemmerde u. Schwetschke. (S. 678)
– (1797): Grundriß der Naturlehre. 3., ganz umgearbeitete Aufl. Halle: Hemmerde u. Schwetschke. (S. 779f.)
Gütle, Johann Conrad (1791): Versuche[,] Unterhaltungen und Belustigungen aus der natürlichen Magie[,] zur Lehre zum Nutzen und zum Vergnügen bestimmt. Leipzig/Jena: Adam Gottlieb Schneider. (S. 173-182)
Hallaschka, Cassian (1813): Elemente der Naturlehre. Brünn: Joseph Georg Traßler. (S. 139f.)
Halle, Johann Samuel (1783-86): Magie, oder die Zauberkräfte der Natur, so auf den Nutzen und die Belustigung angewandt worden. 4 Teile. Berlin: Joachim Pauli. (1. Teil, S. 27; 2. Teil, S. 17f., 26f., 29; 4. Teil, S. 32f.)
– (1788-1801): Fortgesetzte Magie, oder, die Zauberkräfte der Natur, so auf den Nutzen und die Belustigung angewandt worden. 12 Bde. Berlin: Joachim Pauli. (Bd. 2, S. 541-544; Bd. 5, S. 106f., 126-129; Bd. 7, S. 29-31)

Hauch, Adam Wilhelm (1795): Anfangsgründe der Naturlehre unter eigner Durchsicht des Herrn Verfassers aus dem Dänischen übersetzt von D. Johann Clemens Tode. 2. Teil. Kopenhagen/Leipzig: Johann Heinrich Schubothe. (S. 176)

– (1796): Anfangsgründe der Experimental-Physik. Aus dem Dänischen übersezt, mit wenigen Anmerkungen und einer unter der Aufsicht des Herrn Verfassers entworfenen kurzen Beschreibung der vornehmsten physikalischen Instrumente begleitet von Ludoph Hermann Tobiesen. 2. Teil. Schleswig: Johann Gottlob Röhß. (S. 195)

Heppe, Johann Christoph (1788): Lehrbuch einer Experimental-Naturlehre für junge Personen und Kinder zu eignen Vorlesungen bestimmet. 2. Teil. Gotha: Carl Wilhelm Ettinger. (S. 130-132)

Herz, Marcus (1787): Grundlage zu meinen Vorlesungen über die Experimentalphysik. Berlin: Christian Friedrich Voß u. Sohn. (S. 206)

Hildebrandt, Friedrich (1807): Anfangsgründe der dynamischen Naturlehre. Fortsetzung und Schluß. Erlangen: Walther. (S. 756 f., 806)

Imhof, Maximus (1795): Grundriß der öffentlichen Vorlesungen über die Experimental-Naturlehre. 2. Teil. München: Joseph Lentner. (S. 375)

Inarre, C. F. d' (1784): Anfangsgründe der Naturlehre. Von der Elektrizität. 1. Teil. Frankfurt a.M.: Andreä. (S. 128-139)

[Ingen-Housz, Jan] (1782): Der heilige Schein. Ein electrischer Versuch aus einem Schreiben, an den Hrn. Grafen Max. v. Lamberg. Wien, den 20. Oct. 1781. In: Magazin für das Neueste aus der Physik und Naturgeschichte. Bd. 1, 3. St., S. 76-79.

Karsten, Wenceslaus Johann Gustav (1790): Anfangsgründe der Naturlehre. Mit Anmerkungen vermehrt herausgegeben von Friedrich Albrecht Carl Gren. Halle: Renger. (S. 763)

[Kästner, Abraham Gotthelf] (1777): [Bericht vom Vortrag in der öffentlichen Versammlung der Königlichen Sozietät der Wissenschaften am 3. Mai 1777]. In: Göttingische Anzeigen von gelehrten Sachen 1777. Bd. 1, 72. St., S. 569-572.

Kastner, Karl Wilhelm Gottlob (1810): Grundriss der Experimentalphysik. Bd. 1. Heidelberg: Mohr u. Zimmer. (S. 437 f.)

– (1820): Grundriss der Experimentalphysik. 2., vermehrte u. verbesserte Aufl. Bd. 1. Heidelberg: Mohr u. Zimmer. (S. 478 f.)

– (1833): Grundzüge der Physik und Chemie zum Gebrauch für höhere Lehranstalten und zum Selbstunterrichte für Gewerbtreibende und Freunde der Naturwissenschaft. 2., zeitgemäß vermehrte u. verbesserte Aufl. 2. Abteilung. Nürnberg: Johann Adam Stein. (S. 339 f.)

Klindworth, Johann Andreas (1781): Kurze Beschreibung eines der größten Elektrophore. In: Magazin für das Neueste aus der Physik und Naturgeschichte. Bd. 1, 2. St., S. 35-45. (S. 44 f.)

Klügel, Georg Simon (1792a): Anfangsgründe der Naturlehre, in Verbindung mit der Chemie und Mineralogie. Berlin/Stettin: Friedrich Nicolai. (S. 337 f.)

– (1792b): Encyclopädie, oder zusammenhängender Vortrag der gemeinnützigsten, insbesondere aus der Betrachtung der Natur und des Menschen gesammelten Kenntnisse. 2. Teil. Die Anfangsgründe der Mathematik, und die Naturlehre in Verbindung mit der Chemie und Mineralogie. 2., umgearbeitete u. vermehrte Ausg. Berlin/Stettin: Friedrich Nicolai. (S. 497 f.)

Knoch, August Wilhelm (1806): Bemerkungen über einige electrische Versuche, deren Erklärung schwierig schien. Aus einem Briefe des Herrn Prof. Knoch in Braunschweig an den Herrn Prof. Remer in Helmstädt. In: Annalen der Physik. Bd. 24, 1. St., S. 104-112. (S. 104-106)

Kortum, Karl (1795): Separation verschiedener Pulvergemische durch electrische Affinität, und Untersuchung der Electricität von einer Anzahl Pulver. In: Magazin für das Neueste aus der Physik und Naturgeschichte. Bd. 10, 2. St., S. 1-15.

Kratzenstein, Christian Gottlieb (1781): Vorlesungen über die Experimentalphysik. 4. u. vermehrte Aufl. Kopenhagen: Peter Horrebow. (S. 150)

Krünitz, Johann Georg (1773-1858): Oekonomische Encyklopädie oder allgemeines System der Staats-, Stadt-, Haus- und Landwirthschaft in alphabetischer Ordnung. 242 Bde. Berlin: Pauli. (Bd. 54, S. 225; Bd. 148, S. 440 f., 507)

Langenbucher, Jakob (1780): Beschreibung einer beträchtlich verbesserten Elektrisiermaschine, sammt vielen Versuchen und einer ganz neuen Lehre vom Laden der Verstärkung. Augsburg: Mathäus Riegers sel. Söhne. (S. 214 f., 255 f.)

– (1788): Praktische Electricitätslehre. Ganz neu bearbeitet. Augsburg: Matthäus Riegers sel. Söhne. (S. 179-184, 305)

Lichtenberg, Georg Christoph (1777): De nova methodo naturam ac motum fluidi electrici investigandi. Commentatio prior, experimenta generaliora continens. In: Novi Commentarii Societatis Regiae Scientiarum Gottingensis. Tomus VIII, ad a. MDCCLXXVII, Commentationes physicae et mathematicae classis, S. 168-180.

[Lichtenberg, Georg Christoph] (1778): [Bericht von der Vorlesung in der öffentlichen Versammlung der Königlichen Sozietät der Wissenschaften am 21. Februar 1778]. In: Göttingische Anzeigen von gelehrten Sachen 1778. Bd. 1, 43. St., S. 345-348.

Lichtenberg, Georg Christoph (1778): Commentatio posterior super nova methodo motum ac naturam fluidi electrici investigandi. In: Commentationes Societatis Regiae Scientiarum Gottingensis per annum MDCCLXXVIII. Vol. I, Classis mathematicae, S. 65-79.

[Lichtenberg, Georg Christoph] (1779): [Bericht von der Vorlesung in der öffentlichen Versammlung der Königlichen Sozietät der Wissenschaften am 19. Dezember 1778]. In: Göttingische Anzeigen von gelehrten Sachen 1779. Bd. 1, 39. St., S. 313-316.

Lichtenberg, Georg Christoph (1780): Mémoire de M. Lichtemberg, de l'Académie de Gottingue, sur de nouvelles Expériences électriques. In: Observations sur la physique, sur l'histoire naturelle et sur les arts. Bd. 15, S. 17-24.

– (1781): Anmerkungen über einen Aufsatz des Hrn. Tiberius Cavallo in den Philosoph[ical] Transactions Vol. 70. P. I. p. 15. In: Göttingisches Magazin der Wissenschaften und Litteratur. Jg. 2, 4. St., S. 129-136.

– (1806a): Von einer neuen Art die Natur und Bewegung der elektrischen Materie zu erforschen. Erste Abhandlung. In: Ders.: Vermischte Schriften. Hg. von Ludwig Christian Lichtenberg u. Friedrich Kries. Göttingen: Dieterich. Bd. 9, S. 49-80.

– (1806b): Von einer neuen Art die Natur und Bewegung der elektrischen Materie zu erforschen. Zweyte Abhandlung. Ebd., S. 81-126.

– (1956): Über eine neue Methode, die Natur und die Bewegung der elektrischen Materie zu erforschen. Hg. in neuer deutscher Übersetzung von Herbert Pupke. Leipzig: Akademische Verlagsgesellschaft/Geest & Portig.

– (1992): Von einer neuen Art die Natur und Bewegung der Elektrischen Materie zu erforschen. Erste Abhandlung. In: SB 3, S. 24-34.

– (1997a): De nova methodo naturam ac motum fluidi electrici investigandi. Commentatio prior, experimenta generaliora continens / Über eine neue Methode, die

Natur und Bewegung der elektrischen Materie zu erforschen. Erste Abhandlung, allgemeinere Experimente enthaltend. In: LS, S. 142-167.
– (1997b): Commentatio posterior super nova methodo motum ac naturam fluidi electrici investigandi / Zweite Abhandlung. Über eine neue Methode, die Bewegung und Natur der elektrischen Materie zu erforschen. In: LS, S. 172-201.
– (2005): Vorlesungen zur Naturlehre. Lichtenbergs annotiertes Handexemplar der vierten Auflage von Johann Christian Polykarp Erxleben: »Anfangsgründe der Naturlehre«. Hg. von der Akademie der Wissenschaften zu Göttingen. Göttingen: Wallstein. (S. 547)
– (2010): Vorlesungen zur Naturlehre. Notizen und Materialien zur Experimentalphysik. Teil II. Hg. von der Akademie der Wissenschaften zu Göttingen. Göttingen: Wallstein. (S. 268 f.)
Link, Heinrich Friedrich (1798): Grundriß der Physik für Vorlesungen. Hamburg: Benjamin Gottlieb Hoffmann. (S. 260 f., 262)
Mayer, Johann Christoph Andreas (1795): Merkwürdige Wirkung des Blitzes, der auf den Körpern verschiedener Soldaten, welche er traf, mit ihrem unter der Haut ausgetretenem Blut elektrische Blumen zeichnete, nebst der Geschichte der Heilung dieser verletzten Menschen. In: Theden, Johann Christian Anton: Neue Bemerkungen und Erfahrungen zur Bereicherung der Wundarzneykunst und Arzneygelahrheit. 3. Teil. Berlin/Leipzig: Nicolai, S. 166-176.
Mayer, Johann Tobias (1801): Anfangsgründe der Naturlehre zum Behuf der Vorlesungen über die Experimental-Physik. Göttingen: Heinrich Dieterich. (S. 411 f.)
Muncke, Georg Wilhelm (1819): Anfangsgründe der Naturlehre zum Gebrauche academischer Vorlesungen. 1. Abteilung. Anfangsgründe der Experimentalphysik zum Gebrauche öffentlicher Vorlesungen. Heidelberg: Karl Groos. (S. 239 f.)
– (1829): Handbuch der Naturlehre. 1. Teil, welcher die Experimentalphysik enthält. Heidelberg: C. F. Winter. (S. 720-722, 734 f.)
Neumann, Johann Philipp (1820): Lehrbuch der Physik. 2. Teil. Wien: Carl Gerold. (S. 423)
Ørsted, Hans Christian (1920): Correspondance de H. C. Örsted avec divers savants. 2 Bde. Hg. von M. C. Harding. Kopenhagen: H. Aschehoug.
Parrot, Georg Friedrich (1811): Grundriß der theoretischen Physic zum Gebrauche für Vorlesungen. 2. Teil. Dorpat/Riga: Johann Friedrich Meinshausen. (S. 478-480)
Pfaff, Johann Wilhelm Andreas (1823): Lehrbuch der Physik, physischen Geographie und Astronomie, zum Gebrauch für Gymnasien und Bürgerschulen. Erlangen: Carl Heyder. (S. 80 f.)
Poppe, Johann Heinrich Moritz (1825): Neue und ausführliche Volks-Naturlehre, dem jetzigen Standpunkte der Physik gemäß sowohl zum Selbstunterricht für denkende Bürger, Landleute und andere Liebhaber, als auch zum Gebrauch in Schulen. Tübingen: C. F. Osiander. (S. 489 f.)
Remer, Wilhelm (1801): Beschreibung einiger electrischen Versuche. In: Annalen der Physik. Bd. 8, 3. St., S. 323-341. (S. 326-328)
Ritter, Johann Wilhelm (1801): Versuche und Bemerkungen über den Galvanismus der Voltaischen Batterie. In Briefen an den Herausgeber. Fünfter Brief. In: Annalen der Physik. Bd. 9, 3. Stück, S. 265-352. (S. 347-350)
– (1805): Das Electrische System der Körper. Ein Versuch. Leipzig: C. H. Reclam. (S. 258 f.)

– (1808): Versuch einer Geschichte der Schicksale der chemischen Theorie in den letzten Jahrhunderten. In: Journal für die Chemie, Physik und Mineralogie. Bd. 7, S. 1-66. (S. 52-54, 58)
– (1810): Fragmente aus dem Nachlasse eines jungen Physikers. Ein Taschenbuch für Freunde der Natur. 2 Bdchn. Heidelberg: Mohr u. Zimmer.
– (1984): Fragmente aus dem Nachlasse eines jungen Physikers. Ein Taschenbuch für Freunde der Natur. Hg. von Steffen und Birgit Dietzsch. Hanau: Müller & Kiepenheuer.
Rogier, Gideon Herman de (2004): Verstreute Aufzeichnungen aus Georg Christoph Lichtenbergs Vorlesungen über die Experimental-Physik 1781. Hg. u. kommentiert von Olle Bergquist. Übersetzt aus dem Schwedischen von Anne-Bitt Gerecke. Göttingen: Wallstein. (S. 113-116)
Saxtorph, Friedrich (1803): Darstellung der gesammten, auf Erfahrung und Versuche gegründeten Electricitätslehre, nebst einer vergleichenden Zusammenstellung der bekanntesten Theorien derselben. Aus dem Dänischen übersetzt von Bontius Fangel. 1. Teil. Kopenhagen: Arntzen u. Hartier. (S. 486-491)
Schmidt, Johann August Friedrich (1830): Allgemeinfaßliche Lehren und Experimente der Physik. Ein gemeinnütziges und unterhaltendes Lehrbuch für alle Diejenigen, welche nur wenige oder gar keine mathematischen Kenntnisse besitzen. 1. Teil. Gemeinnützige Naturlehre. Ilmenau: Bernh. Fr. Voigt. (S. 377)
Schneider, Jakob (1840): De figuris electricis. Bonn: Karl Georg.
Scholz, Benjamin (1816): Anfangsgründe der Physik als Vorbereitung zum Studium der Chemie. Wien: Camesina. (S. 325 f.)
Seiferheld, Georg Heinrich (1787-1808): Sammlung Electrischer Spielwerke für junge Electriker. 10 Lieferungen. Nürnberg/Altdorf: Georg Peter Monath. (4. Lieferung, S. 41, 64)
Siber, Thaddä[us] (1815): Anfangsgründe der Physik und angewandten Mathematik. 2., ganz umgearbeitete Aufl. Landshut: Philipp Krüll. (S. 366 f.)
– (1837): Grundlinien der Experimental-Physik. Für seine Zuhörer verfasst. München: Georg Franz. (S. 203)
Sibly, Ebenezer (1794): A Key to Physic, and the Occult Sciences. London: Champante and Whitrow/British Directory-Office. (S. 246 f.)
Sigaud de la Fond, Joseph Aignan (1781): Précis historique et expérimental des phénomènes électriques. Paris. (S. 673-678)
Singer, George John (1819): Elemente der Elektricität und Elektrochemie. Aus dem Englischen übersetzt von C. H. Müller. Breslau: Wilibald August Holäufer 1819. (S. 222-224)
Suckow, Georg Adolph (1813): Anfangsgründe der Physik und Chemie nach den neuesten Entdeckungen. 1. Teil. Augsburg/Leipzig: E. H. Stage. (S. 489 f.)
Troostwyk [= Troostwijk], Adrian Paets van / Cornelis Rudolphus Theodorus Krayenhoff (1790): Ueber die Lichtenbergischen Figuren auf dem Elektrophor. In: Sammlungen zur Physik und Naturgeschichte von einigen Liebhabern dieser Wissenschaften. 4. Bd., 4. St., S. 357-395.
Tscharner, Beat von (1830): Handbuch der Experimental-Physik zur Selbstbelehrung und zum Gebrauche bei Vorlesungen. Neue, vermehrte Aufl. Frankfurt a. M.: Joh. Christ. Hermann. (S. 358)
[Villarsy, Charles de] (1788): [Anzeige über ein neues elektrisches Experiment]. In: Journal Général de France. Nr. 9, S. 34 f.

– (1789) [wieder angezeigt] In: Magazin für das Neueste aus der Physik und Naturgeschichte. Bd. 5, 4. St., S. 176 f. (= Deutsche Übersetzung von [Villarsy] (1788))

Voigt, Johann Heinrich (1793): Versuch einer neuen Theorie des Feuers, der Verbrennung, der künstlichen Luftarten, des Athmens, der Gährung, der Electricität, der Meteoren, des Lichts und des Magnetismus. Aus Analogien hergeleitet und durch Versuche bestätiget. Jena: Akademische Buchhandlung. (S. 348-353)

Weber, Joseph (1791): Vorlesungen aus der Naturlehre. Sechste Abhandlung: Vollständige Lehre von den Gesetzen der Elektricität und Anwendung derselben. Landshut: Weber. (S. 31 f.)

– (1808): Lehrbuch der Naturwissenschaft. IV. Heft. Von dem Lichte. (In empirischer Hinsicht). Zweite Abhandlung. Von der Elektricität. Landshut: Weber. (S. 123-126)

Wiegleb, Johann Christian / Gottfried Erich Rosenthal [ab 3. Bd.] (1779-1805): Die natürliche Magie, aus allerhand belustigenden und nützlichen Kunststücken bestehend. 20 Bde. Berlin/Stettin: Friedrich Nicolai. (Bd. 5, S. 7 f., 32; Bd. 7, S. 67-74)

Wolff, Franz Ferdinand (1791): Kompendium zum Vortrage über die Experimentalnaturlehre, für die höhern Klassen der Schulen. Göttingen: Johann Christian Dieterich. (S. 110 f.)

Andere Quellen

Anonymus (1787-88): [Rezension.] Neueste Anweisung, Pflanzen nach dem Leben abzudrucken, von Ernst. Wilh. Martius. In: Magazin für die Botanik. Bd. 1, S. 143-147.

Batsch, August Johann Georg Carl (1787-88): Versuch einer Anleitung zur Kenntniß und Geschichte der Pflanzen. 2 Teile. Halle: Johann Jacob Gebauer.

Beckmann, Johann (1782-1805): Beyträge zur Geschichte der Erfindungen. 5 Bde. Leipzig: Paul Gotthelf Kummer.

Bennet, Abraham (1787): Description of a new Electrometer. In: Philosophical Transactions of the Royal Society of London. Bd. 77, Teil I, S. 26-34.

Bertholon, Pierre (1787): De l'électricité des météores. 2 Bde. Paris: Croullebois 1787.

– (1792): Die Elektricität der Lufterscheinungen. 2 Bde. Liegnitz: David Siegert.

Bianchini, Francesco (1728): Hesperi et phosphori nova phaenomena sive observationes circa planetam Veneris. Rom: Salvioni.

Borckhausen, Moritz Balthasar (1797): Botanisches Wörterbuch oder Versuch einer Erklärung der vornehmsten Begriffe und Kunstwörter in der Botanik. Gießen: Georg Friedrich Heyer.

Bosse, Abraham (1765): Die Kunst in Kupfer zu stechen, sowohl vermittelst des Aetzwaßers als mit dem Grabstichel; ingleichen die sogenannte schwarze Kunst, und wie die Kupferdrucker-Preße nach ietziger Art zu bauen und die Kupfer abzudrucken sind. Ehemals durch Abraham Boße, gewesenen Königl. Kupferstecher in Paris davon heraus gegeben. Jetzo aber aufs neue durchgesehen, verbeßert und um die Hälfte vermehret, auch mit neunzehn Kupfertafeln versehen. Aus dem Französischen ins Deutsche übersetzt. Dresden: bei dem Verleger, und in der Gröllischen Handlung.

Brückmann, Franz Ernst (1733): Send-Schreiben, an Tit. Herrn Joh. Hieron. Kniphof, gelehrten und berühmten Med. Doct. in Erfurt und der Kayserl. Acad. Caes. Leopold. Carolin. Nat. Cur. Colleg. &c. die bequeme und nützliche Art, die Kräuter nach dem Leben abzudrucken und dieselbe nach ihrer natürlichen Gestalt und Grösse sauber abgebildet darzulegen, und also sehr compendiös Herbaria picta zu machen, vorstellend. Wolfenbüttel.

Chladni, Ernst Florens Friedrich (1802): Die Akustik. Leipzig: Breitkopf u. Härtel.

Condillac, Étienne Bonnot de (1948): La logique ou les premiers développemens de l'art de penser. In: Œuvres philosophiques de Condillac. Hg. von Georges le Roy. Bd. 2, S. 369-416.

Davy, Humphry (1903): An Account of a Method of Copying Paintings upon Glass, and of Making Profiles, by the Agency of Light upon Nitrate of Silver. Invented by T. Wedgwood, Esq. With Observations by H. Davy. In: Litchfield, Richard Buckley: Tom Wedgwood. The First Photographer. London: Duckworth, S. 188-194.

Domart, Yves / Emmanuel Garet (2000): Lichtenberg Figures Due to a Lightning Strike. In: The New England Journal of Medicine, 343 (21), S. 1536.

Dufay, Charles François (1733): Quatrième mémoire sur l'électricité. De l'Attraction et Répulsion des Corps Électriques. In: Histoire de l'Académie Royale des Sciences. Année 1733, Mémoires de Mathématique et de Physique, S. 457-476.

– (1745): Versuche und Abhandlungen von der Electricität derer Cörper. [...] Aus dem Frantzösischen ins Teutsche übersetzt. Erfurt: Johann Friedrich Weber.

Forster, R. (1784): [Auszug aus einem Brief an den Herausgeber.] In: Die neuesten Entdeckungen in der Chemie. 12. Teil, S. 154-158.

Franklin, Benjamin (1751): Experiments and Observations on Electricity. London: E. Cave.

– (1983): Briefe von der Elektrizität. Übersetzt und mit Anmerkungen versehen von Carl Wilcke. Nachdruck der Ausgabe Leipzig 1758. Eingeleitet und erläutert von John Heilbron. Braunschweig/Wiesbaden: Friedr. Vieweg & Sohn.

Goethe, Johann Wolfgang (1989): Schriften zur allgemeinen Naturlehre, Geologie und Mineralogie. Hg. von Wolf von Engelhardt u. Manfred Wenzel. Frankfurt a.M.: Deutscher Klassiker Verlag (= Sämtliche Werke. Briefe, Tagebücher und Gespräche. I. Abt., Bd. 25).

– (1991): Zur Farbenlehre. Hg. von Manfred Wenzel. Frankfurt a.M.: Deutscher Klassiker Verlag (= Sämtliche Werke. Briefe, Tagebücher und Gespräche. I. Abt., Bd. 23/1).

Guyot, [Edme Gilles od. Guillaume Germain] (1772-75): Nouvelles récréations physiques et mathématiques. Nouvelle édition. 4 Bde. in 8 Teilbdn. Paris: L'Auteur/Gueffier.

– (1772-77): Neue physikalische und mathematische Belustigungen. 7 Teile. Augsburg: Eberhard Kletts sel. Wittwe.

Hassenfratz, Jean Henri / Pierre August Adet (1787): Mémoire sur de nouveaux Caractères à employer en Chimie. In: Morveau/Lavoisier/Berthollet/Fourcroy 1787, S. 253-[270].

– (1978): Abhandlung über die neue in der Chemie anzuwendende Zeichen. In: Morveau/Lavoisier/Berthollet/Fourcroy 1978, S. 313-325.

Herder, Johann Gottfried (1993): Älteste Urkunde des Menschengeschlechts. 2 Bde. In: Ders.: Schriften zum Alten Testament. Hg. von Rudolf Smend. Frankfurt a.M.: Deutscher Klassiker Verlag (= Werke. Bd. 5), S. 179-660.

Howard, Luke (1803): On the Modifications of Clouds, and on the Principles of their Production, Suspension, and Destruction. In: The Philosophical Magazine. Bd. 16, S. 97-107, 344-357; Bd. 17, S. 5-11.

– (1811): The Natural History of Clouds. In: A Journal of Natural Philosophy, Chemistry, and the Arts. Bd. 30, S. 35-62.
– (1815): Versuch einer Naturgeschichte und Physik der Wolken. Frei bearbeitet von [Ludwig Wilhelm] Gilbert. In: Annalen der Physik. Bd. 51, 9. St., S. 1-48.
– (1818-20): The Climate of London, Deduced from Meteorological Observations, Made at Different Places in the Neighbourhood of the Metropolis. 2 Bde. London: W. Phillips.
Kästner, Abraham Gotthelf (1758): Anfangsgründe der Arithmetik, Geometrie, ebenen und sphärischen Trigonometrie und Perspectiv. Göttingen: Verlag der Witwe Vandenhoeck.
– (1783): Ueber die Verbindung der Mathematik und Naturlehre. In: Ders.: Vermischte Schriften. 2. Teil. Neue vermehrte Aufl. Altenburg: Richter, S. 358-364.
Kniphof, Johann Hieronymus (1729): Von einer sehr bequehmen und nützlichen Art, die Kräuter abzudrucken, und nach ihrer natürlichen Gestalt abgebildet vorzustellen. In: Miscellanea Physico-Medico-Mathematica, oder angenehme, curieuse und nützliche Nachrichten von Physical- und Medicinischen auch dahin gehörigen Kunst- und Literatur-Geschichten, in denen Winter- und Frühlings-Monaten des Jahres 1729, S. 779-782.
Lambert, Johann Heinrich (1772): Beschreibung einer mit dem Calauschen Wachse ausgemalten Farbenpyramide. Berlin: Haude u. Spener.
Lamarck, Jean-Baptiste (1802): Sur la forme des nuages. In: Annuaire météorologique, pour l'an X de l'ère de la République française. Nr. 3, S. 149-164.
– (1805): Nouvelle définition des termes que j'emploie pour exprimer certaines formes de nuages qu'il importe de distinguer dans l'annotation de l'état du ciel. In: Annuaire météorologique, pour l'an XIII de l'ère de la République française. Nr. 6, S. 112-133.
Lavoisier, Antoine-Laurent (1787): Mémoire sur la nécessité de réformer & de perfectionner la nomenclature de la Chimie. In: Morveau/Lavoisier/Berthollet/Fourcroy 1787, S. 1-25.
– (1978): Abhandlung über die Nothwendigkeit, die chemische Nomenklatur umzuändern und zu vervollkommnen. In: Morveau/Lavoisier/Berthollet/Fourcroy 1978, S. 15-32.
[Lavoisier, Antoine-Laurent / Claude Louis Berthollet / Antoine François de Fourcroy] (1787): Rapport sur les nouveaux Caractères chimiques. In: Morveau/Lavoisier/Berthollet/Fourcroy 1787, S. 288-312.
– (1978): Bericht über die neuen chemischen Zeichen. In: Morveau/Lavoisier/Berthollet/Fourcroy 1978, S. 339-361.
Le Blon, Jacques Christophe (1756): L'art d'imprimer les tableaux. Traité D'après les Ecrits, les Opérations et les Instructions verbales. Paris: P. G. le Mercier, Jean-Lucnyon, Michel Lambert.
Lichtenberg, Georg Christoph (1997c): Tobiae Mayeri Opera Inedita. Vol. 1. Ad comment. IV. / Unveröffentlichte Werke von Tobias Mayer. Zur vierten Abhandlung. In: LS, S. 90-121.
– (1997d): Tobiae Mayeri Opera Inedita. Vol. 1. Ad tabulam selenographicam animadversiones. / Unveröffentlichte Werke von Tobias Mayer. Anmerkungen zur selenographischen Tafel. In: LS, S. 122-139.
Martius, Ernst Wilhelm (1784): Neueste Anweisung, Pflanzen nach dem Leben abzudrucken nebst einigen abgedrukten Pflanzen. Wezlar: Winkler.

Mayer, Tobias (1750): Bericht von den Mondskugeln, welche bey der kosmographischen Gesellschaft in Nürnberg, aus neuen Beobachtungen verfertiget werden. Nürnberg: Homannische Erben.

– (1775): Opera Inedita. Hg. von Georg Christoph Lichtenberg. Vol. 1. Göttingen: Johann Christian Dieterich.

– (1971): Tobias Mayer's *Opera Inedita*. The first translation of the Lichtenberg edition of 1775. Hg. von Eric G. Forbes. New York: American Elsevier Publishing Company.

Meister, Albrecht Ludwig Friedrich (1780): Beobachtungen merkwürdiger Gestalten der Wolken. 1779. In: Göttingisches Magazin der Wissenschaften und Litteratur. Jg. 1, 1. St., S. 38-68.

Merrill, Fred H. / Arthur von Hippel (1939): The Atomphysical Interpretation of Lichtenberg Figures and Their Application to the Study of Gas Discharge Phenomena. In: Journal of Applied Physics 10, S. 873-887.

Morveau, Louis Bernard Guyton de / Antoine Laurent Lavoisier / Claude Louis Berthollet / Antoine François de Fourcroy (1787): Méthode de nomenclature chimique. Paris: Cuchet.

– (1978): Methode der chemischen Nomenklatur für das antiphlogistische System. Aus dem Französischen von Karl Freyherrn von Meidinger. Nachdruck der Ausgabe Wien 1793. Hildesheim/New York: Georg Olms.

Müller, Johannes (1838-40): Handbuch der Physiologie des Menschen für Vorlesungen. 2 Bde. 3. verbesserte Aufl. Koblenz: J. Hölscher.

Nollet, Jean Antoine (1753-67): Lettres sur l'électricité. 3 Teile. Paris: Durand.

– (1769): Application curieuse de quelques phénomènes d'électricité. In: Histoire de l'Academie Royale des Sciences. Année 1766, Mémoires de Mathématique et de Physique, S. 323-337.

Novalis (1977): Die Lehrlinge zu Saïs. In: Ders.: Schriften. Bd. 1. Hg. von Paul Kluckhohn u. Richard Samuel. 3., nach den Handschriften ergänzte, erweiterte u. verbesserte Aufl. Stuttgart: W. Kohlhammer, S. 69-112.

Porta, Johann Baptista (1680): Magia Naturalis, oder Haus-Kunst- und Wunder-Buch. Hg. von Christian Peganium, sonst Rautner genannt. 2 Teile. Nürnberg: Johann Zieger.

Pfaff, Christoph Heinrich (1795): Über thierische Elektricität und Reizbarkeit. Ein Beytrag zu den neuesten Entdeckungen über diese Gegenstände. Leipzig: Siegfried Lebrecht Crusius.

Priestley, Joseph (1772): Geschichte und gegenwärtiger Zustand der Elektricität, nebst eigenthümlichen Versuchen. Nach der zweyten vermehrten und verbesserten Ausgabe aus dem Englischen übersetzt und mit Anmerkungen begleitet von D. Johann Georg Krünitz. Berlin/Stralsund: Gottlieb August Lange.

– (1775): The History and Present State of Electricity, with Original Experiments. 2 Bde. 3. Aufl. London: C. Bathurst u. a.

Purkinje, Johann (1819): Beiträge zur Kenntniß des Sehens in subjectiver Hinsicht. Prag: Johann Gottfried Calve.

– (1825): Beobachtungen und Versuche zur Physiologie der Sinne. 2. Bändchen. Neue Beiträge zur Kenntniß des Sehens in subjectiver Hinsicht. Berlin: G. Reimer.

Ritter, Johann Wilhelm (1798): Beweis, daß ein beständiger Galvanismus den Lebensproceß in dem Thierreich begleite. Nebst neuen Versuchen und Bemerkungen über den Galvanismus. Weimar: Verlag der Industrie Comptoirs.

– (1806): Physisch-Chemische Abhandlungen in chronologischer Folge. 3 Bde. Leipzig: C. H. Reclam.
Sieben, G. (1889): Experimentaluntersuchungen über elektrische Figuren auf lichtempfindlichen Platten. In: Sitzungsberichte der Königlich Preußischen Akademie der Wissenschaften zu Berlin. Jg. 1889, 1. Halbbd., S. 395-401.
Suckow, Georg Adolph (1786): Anfangsgründe der theoretischen und angewandten Botanik. Leipzig: Weidmanns Erben und Reich.
Symmer, Robert (1759): New Experiments and Observations concerning Electricity. In: Philosophical Transactions. Bd. 51, Nr. 1, S. 340-389.
Talbot, William Henry Fox (1969): The Pencil of Nature. Nachdruck der Ausgabe London 1844-46. New York: Da Capo.
– (1980): Some Account of the Art of Photogenic Drawing, or, The Process by Which Natural Objects May Be Made to Delineate Themselves without the Aid of the Artist's Pencil. In: Photography: Essays & Images. Illustrated Readings in the History of Photography. Hg. von Beaumont Newhall. New York: The Museum of Modern Art, S. 23-31.
Volta, Alessandro (1775): Articolo di una Lettera del Signor D. Alessandro Volta al Signor Dottore Giuseppe Priestley. In: Scelta di opuscoli interessanti tradotti da varie lingue. Bd. 9, S. 91-107; Bd. 10, S. 87-113.
– (1777): Des Herrn Alexander Volta Beschreibung einer neuen elektrischen Geräthschaft: Elektrophor genannt. Aus dem Italiänischen übersetzet von J.T.K. Prag: Felician Mangoldt und Sohn.
Walker, Adam (1799): A System of Familiar Philosophy. London: Printed for the author, at his house.
Wilcke, Johann Carl (1777): Untersuchung der bey Herrn Voltas neuen *Electrophoro perpetuo* vorkommenden elektrischen Erscheinungen. In: Der Königlichen Schwedischen Akademie der Wissenschaften Abhandlungen, aus der Naturlehre, Haushaltungskunst und Mechanik, auf das Jahr 1777. Aus dem Schwedischen übersetzt von Abraham Gotthelf Kästner. Bd. 39 [erschien 1782], S. 54-78.
Willdenow, Carl Ludwig (1798): Grundriss der Kräuterkunde. 2 Teile. 2., verbesserte u. vermehrte Ausg. Berlin: Haude und Spener.
Winkler, Johann Heinrich (1745): Die Eigenschaften der electrischen Materie und des electrischen Feuers. Leipzig: Breitkopf.
Wrisberg, Heinrich August (1782): Observationes anatomico-obstetriciae de structura ovi et secundinarum humanar[um] in partu maturo et perfecto collectae. In: Commentationes Societatis Regiae Scientiarum Gottingensis per annum MDCCLXXXII. Vol. V, Commentationes physicae, S. 74-102.

Forschungsliteratur

Achenbach, Bernd / Ulrich Joost (1999): Nachlese zu Rudolf Jungs Lichtenberg-Bibliographie von 1972. III. Literatur zum Leben und Werk, 1. Hälfte: 1-4. In: Lichtenberg-Jahrbuch 1999, S. 324-354.
Alewyn, Richard / Karl Sälzle (1959): Das große Welttheater. Die Epoche der höfischen Feste in Dokument und Deutung. Hamburg: Rowohlt.

Anders, André (1988): Lichtenberg-Figuren im Vakuum – ein Hochdruckphänomen. In: Lichtenberg-Jahrbuch 1988, S. 201-206.

Anderson, Wilda C. (1984): Between the Library and the Laboratory. The Language of Chemistry in Eighteenth-Century France. Baltimore/London: The Johns Hopkins University Press.

Arnold, Harry John Philip (1977): William Henry Fox Talbot. Pioneer of Photography and Man of Science. London: Hutchinson Benham.

Assmann, Aleida (2003): Alte und neue Voraussetzungen der Hieroglyphen-Faszination. In: Assmann/Assmann 2003a, S. 261-280.

Assmann, Aleida / Jan Assmann (Hg.) (2003a): Hieroglyphen. Stationen einer anderen abendländischen Grammatologie. München: Wilhelm Fink.

– (2003b): Hieroglyphen: altägyptische Ursprünge abendländischer Grammatologie. In: Assmann/Assmann 2003a, S. 9-25.

Baasner, Rainer (1992): Georg Christoph Lichtenberg. Darmstadt: Wissenschaftliche Buchgesellschaft.

Bachmann-Medick, Doris (2006): Cultural Turns. Neuorientierungen in den Kulturwissenschaften. Reinbek bei Hamburg: Rowohlt.

Badt, Kurt (1960): Wolkenbilder und Wolkengedichte der Romantik. Berlin: Walter de Gruyter.

Baigrie, Brian S. (Hg.) (1996): Picturing Knowledge. Historical and Philosophical Problems Concerning the Use of Art in Science. Toronto u.a.: University of Toronto Press.

Baird, Davis (2004): Thing Knowledge. A Philosophy of Scientific Instruments. Berkeley u.a.: University of California Press.

Batchen, Geoffrey (1999): Burning with Desire. The Conception of Photography. Paperbackausgabe. Cambridge, Mass./London: MIT Press.

Bayer, Eberhard (1993): Von den Lichtenbergschen Figuren zur Elektrophotographie. In: Lichtenberg-Jahrbuch 1993, S. 175-179.

Behrendsen, Otto (1907): Zur Geschichte der Entwicklung der mechanischen Kunst. Neue Beiträge zur Geschichte der Mechaniker Göttingens im 18. und in der ersten Hälfte des 19. Jahrhunderts. In: Deutsche Mechaniker-Zeitung, H. 10, S. 93-96; H. 11, S. 101-107; H. 12, S. 115-121; H. 13, S. 129-137; H. 15, S. 160-165.

Beretta, Marco (1993): The Enlightenment of Matter. The Definition of Chemistry from Agricola to Lavoisier. Canton: Watson.

Beuermann, Gustav / Gunther von Minnigerode (2001): Die Sammlung historischer physikalischer Apparate im I. Physikalischen Institut. In: »Ganz für das Studium angelegt«: Die Museen, Sammlungen und Gärten der Universität Göttingen. Hg. von Dietrich Hoffmann u. Kathrin Maack-Rheinländer. Göttingen: Wallstein, S. 182-187.

Beyer, Andreas / Markus Lohoff (Hg.) (2005): Bild und Erkenntnis. Formen und Funktionen des Bildes in Wissenschaft und Technik. München/Berlin: Deutscher Kunstverlag.

Biagioli, Mario (1995): Tacit Knowledge, Courtliness, and the Scientist's Body. In: Choreographing History. Hg. von Susan Leigh Foster. Bloomington/Indianapolis: Indiana University Press, S. 69-81.

Bildwelten des Wissens (2003 ff.). Kunsthistorisches Jahrbuch für Bildkritik. Hg. von Horst Bredekamp u. Gabriele Werner. Berlin: Akademie Verlag.

Blumenberg, Hans (1986): Die Lesbarkeit der Welt. Frankfurt a.M.: Suhrkamp.

Blunt, Wilfrid / William T. Stearn (1994): The Art of Botanical Illustration. New Edition. Woodbridge: Antique Collectors' Club.

Boehm, Gottfried (1994): Die Wiederkehr der Bilder. In: Ders. (Hg.): Was ist ein Bild? München: Wilhelm Fink, S. 11-38.

Borgards, Roland (2005): ›Allerneuester Erziehungsplan‹. Ein Beitrag Heinrich von Kleists zur Experimentalkultur um 1800 (Literatur, Physik). In: Literarische Experimentalkulturen. Poetologien des Experiments im 19. Jahrhundert. Hg. von Marcus Krause u. Nicolas Pethes. Würzburg: Königshausen & Neumann, S. 75-101.

Bredekamp, Horst (2009): Galilei der Künstler. Der Mond. Die Sonne. Die Hand. 2., korrigierte Aufl. Berlin: Akademie Verlag.

– (2010): Theorie des Bildakts. Berlin: Suhrkamp.

Bredekamp, Horst / Gabriele Werner (2003): Bildunterschätzung – Bildüberschätzung. Ein Gespräch der »Bilder des Wissens« mit Michael Hagner. In: Bildwelten des Wissens 1, 1, S. 103-111.

Bredekamp, Horst / Birgit Schneider / Vera Dünkel (Hg.) (2008): Das Technische Bild. Kompendium zu einer Stilgeschichte wissenschaftlicher Bilder. Berlin: Akademie Verlag.

Breidbach, Olaf (2005): Bilder des Wissens. Zur Kulturgeschichte der wissenschaftlichen Wahrnehmung. München: Wilhelm Fink.

Breidbach, Olaf / Roswitha Burwick (Hg.) (2012): Physik um 1800 – Kunst, Wissenschaft oder Philosophie? München: Wilhelm Fink.

Breidbach, Olaf / Paul Ziche (Hg.) (2001): Naturwissenschaften um 1800. Wissenschaftskultur in Jena-Weimar. Weimar: Hermann Böhlaus Nachfolger.

Brix, Peter (1992): »Der unvergeßliche Name unseres viel zu früh verewigten großen Naturforschers Lichtenberg«. Mondkrater und elektrische Figuren. In: Wagnis der Aufklärung 1992, S. 405-409.

– (1999): Nachruhm und Wirkungen des Physikers Lichtenberg. In: Lichtenberg-Jahrbuch 1999, S. 161-167.

Busch, Werner (2009): Das unklassische Bild. Von Tizian bis Constable und Turner. München: C. H. Beck.

Carlson, Chester F. (1965): History of Electrostatic Recording. In: Xerography and Related Processes. Hg. von John H. Dessauer u. Harold E. Clark. London/New York: The Focal Press, S. 15-49.

Carrier, Martin (2009): Antoine Laurent de Lavoisier und die Chemische Revolution. In: Das bunte Gewand der Theorie. Vierzehn Begegnungen mit philosophierenden Forschern. Hg. von Astrid Schwarz u. Alfred Nordmann. Freiburg i. Br./München: Karl Alber, S. 12-42.

Cassidy, David C. (1985): Meteorology in Mannheim: The Palatine Meteorological Society, 1780-1795. In: Sudhoffs Archiv 69, S. 8-25.

Cave, Roderick (2010): Impressions of Nature. A History of Nature Printing. London: The British Library/New York: Mark Batty.

Clark, William (1997): German Physics Textbooks in the *Goethezeit*. In: History of Science 35, S. 219-239 (Part 1), 295-363 (Part 2).

Clark, William / Jan Golinski / Simon Schaffer (Hg.) (1999): The Sciences in Enlightened Europe. Chicago/London: The University of Chicago Press.

Crary, Jonathan (1990): Technique of the Observer. On Vision and Modernity in the Nineteenth Century. Cambridge, Mass./London: MIT Press.

Crosland, Maurice P. (1978): Historical Studies in the Language of Chemistry. [Erstausgabe 1962.] Mineola, NY: Dover.

Cunningham, Andrew / Perry Williams (1993): De-centring the ›big picture‹: *The Origins of Modern Science* and the modern origins of science. In: British Journal for the History of Science 26, S. 407-432.

Daiber, Jürgen (1998): Selbstexperimentation: Von der empirisch-aufklärerischen zu einer spezifisch romantischen Versuchspraxis. In: Aurora 58, S. 49-68.

Das Flora Danica-Service 1790-1802 (1999). Höhepunkt der Botanischen Porzellanmalerei. Ausstellungskatalog. Kopenhagen: Den Kongelige Udstillingsfond København.

Daston, Lorraine / Peter Galison (2007): Objectivity. New York: Zone Books.

Debus, Allen G. (1982): Scientific Truth and Occult Tradition: The Medical World of Ebenezer Sibly (1751-1799). In: Medical History 26, S. 259-278.

Die historische Sammlung (1986): Die historische Sammlung des I. Physikalischen Institutes der Georg-August-Universität Göttingen. Ausstellungskatalog. Göttingen: Akademie der Wissenschaften.

Dieckmann, Liselotte (1955): The Metaphor of Hieroglyphics in German Romanticism. In: Comparative Literature 7, S. 306-312.

Dolan, Brian (2005): Josiah Wedgwood. Entrepreneur to the Enlightenment. London u.a.: Harper Perennial.

Dürbeck, Gabriele / Bettina Gockel / Susanne B. Keller / Monika Renneberg / Jutta Schickore / Gerhard Wiesenfeldt / Anja Wolkenhauer (Hg.) (2001): Wahrnehmung der Natur, Natur der Wahrnehmung. Studien zur Geschichte visueller Kultur um 1800. Amsterdam/Dresden: Verlag der Kunst.

Durner, Manfred (1994): Theorien der Chemie. In: Schelling 1994, S. 1-161.

Eamon, William (1994): Science and the Secrets of Nature. Books of Secrets in Medieval and Early Modern Culture. Princeton, NJ: Princeton University Press.

einfach komplex (2005). Bildbäume und Baumbilder in der Wissenschaft. Ausstellungskatalog. Hg. von Barbara Bader, Andres Janser, Marius Kwint. Zürich: Museum für Gestaltung Zürich.

Elliot, Paul (1999): Abraham Bennet, F.R.S. (1749-1799): A Provincial Electrician in Eighteenth-Century England. In: Notes and Records of the Royal Society of London 53 (1), S. 59-78.

Engelhardt, Wolf von (1988): »Wenn auch meine Philosophie nicht hinreicht, etwas Neues auszufinden, so hat sie doch Herz genug, das längst Geglaubte für unausgemacht zu halten«. Georg Christoph Lichtenberg und die Naturwissenschaft seiner Zeit. In: Zimmermann 1988, S. 132-156.

Fierz, Markus (1951): Die Entwicklung der Elektrizitätslehre als Beispiel der physikalischen Theorienbildung. Basel: Buchdruckerei zum Basler Berichthaus.

Fischer, Ernst (1933): Zweihundert Jahre Naturselbstdruck. In: Gutenberg-Jahrbuch 1933, S. 186-213.

Fleck, Ludwig (1980): Entstehung und Entwicklung einer wissenschaftlichen Tatsache. Einführung in die Lehre vom Denkstil und Denkkollektiv. [Erstausgabe 1935.] Mit einer Einleitung hg. von Lothar Schäfer u. Thomas Schnelle. Frankfurt a.M.: Suhrkamp.

Forbes, Eric G. (1969): Tobias Mayers Mondkarten. In: Sterne und Weltraum 8, S. 3639.

– (1980): Tobias Mayer (1723-62). Pioneer of enlightened science in Germany. Göttingen: Vandenhoeck & Ruprecht.

Ford, Brian J. (2003): Scientific Illustration in the Eighteenth Century. In: Porter 2003, S. 561-583.
Foucault, Michel (1974): Die Ordnung der Dinge. Eine Archäologie der Humanwissenschaften. Aus dem Französischen von Ulrich Köppen. Frankfurt a.M.: Suhrkamp.
Frängsmyr, Tore / John L. Heilbron / Robin E. Rider (Hg.) (1990): The Quantifying Spirit in the Eighteenth Century. Berkeley u.a.: University of California Press.
Francesco, Grete de (1937): Die Macht des Charlatans. Basel: Benno Schwabe.
Franzen, Winfried (1996): Etienne Bonnot de Condillac (1714-1780). In: Klassiker der Sprachphilosophie. Von Platon bis Noam Chomsky. Hg. von Tilman Borsche. München: C. H. Beck, S. 179-195.
Fraunberger, Fritz (1967): Elektrische Spielereien im Barock und Rokoko. München: R. Oldenbourg/Düsseldorf: VDI.
Gamper, Michael (2009): Elektropoetologie. Fiktionen der Elektrizität 1740-1870. Göttingen: Wallstein.
Geimer, Peter (2001): Photographie und was sie nicht gewesen ist. Photogenic Drawings 1834-1844. In: Dürbeck u.a. 2001, S. 135-149.
– (Hg.) (2002): Ordnungen der Sichtbarkeit. Fotografie in Wissenschaft, Kunst und Technologie. Frankfurt a.M.: Suhrkamp.
Gernsheim, Helmut (1982): The Origins of Photography. New York: Thames and Hudson.
Geus, Armin (2000): Nature Self-Prints as a Methodological Instrument in the History of Botany. In: Natura-cultura. L'interpretazione del mondo fisico nei testi e nelle immagini. Hg. von Giuseppe Olmi, Lucia Tongiorgi Tomasi, Attilio Zanca. Florenz: Leo S. Olschki, S. 245-254.
Goetz, Dorothea (1967a): Die Beziehungen zwischen Georg Christoph Lichtenberg und Adolf Traugott von Gersdorf. In: Wissenschaftliche Zeitschrift der pädagogischen Hochschule Potsdam. Jg. 11, H. 4, S. 417-422.
– (1967b): Adolf Traugott von Gersdorf – ein Naturforscher der Oberlausitz. In: NTM. Schriftenreihe für Geschichte der Naturwissenschaften, Technik und Medizin. Jg. 4, H. 10, S. 87-94.
Goldt, Verena (1999): Zentralbegriffe der Elektrizitätsforscher im 17. und 18. Jahrhundert. Frankfurt a.M.: Peter Lang.
Golinski, Jan (2003): Chemistry. In: Porter 2003, S. 375-396.
– (2005): Making Natural Knowledge. Constructivism and the History of Science. With a new Preface. Chicago/London: The University of Chicago Press.
Goodbody, Axel (1984): Natursprache. Ein dichtungstheoretisches Konzept der Romantik und seine Wiederaufnahme in der modernen Naturlyrik (Novalis – Eichendorff – Lehmann – Eich). Neumünster: Karl Wachholtz.
Gooding, David / Trevor Pinch / Simon Schaffer (Hg.) (1989): The Uses of Experiment. Studies in the Natural Sciences. Cambridge u.a.: Cambridge University Press.
Graczyk, Annette (2004): Das literarische Tableau zwischen Kunst und Wissenschaft. München: Wilhelm Fink.
Gravenkamp, Horst (2007): »Den 12ten nov. 1769 brachte Herr Ljungberg den Gedanken auf die Bahn«. Ljungberg, Lichtenberg und die Vorgeschichte der Photographie. In: Lichtenberg-Jahrbuch 2007, S. 55-64.
Grimm, Jacob / Wilhelm Grimm (1984-91): Deutsches Wörterbuch. Nachdruck der Ausgabe Leipzig 1854-1971. München: Deutscher Taschenbuch Verlag.

Grosser, Hartmut (1998): Historische Gegenstände an der Universitäts-Sternwarte Göttingen. Göttingen: Akademie der Wissenschaften zu Göttingen.

Guldin, Rainer (2006): Die Sprache des Himmels. Eine Geschichte der Wolken. Berlin: Kulturverlag Kadmos.

Hackmann, Willem Dirk (1974): An Early Attempt to Oxidise Gold. Van Marum's Electrostatic Generator and the Swan Song of Phlogiston. In: Gold Bulletin 7, S. 80-83.

– (1978): Eighteenth Century Electrostatic Measuring Devices. In: Annali dell'instituto e museo di storia delle scienza di Firenze 3, S. 3-58.

– (1979): The Relationship Between Concept and Instrument Design in Eighteenth-century Experimental Science. In: Annals of Science 36, S. 205-224.

Hahn, Paul (1927): Georg Christoph Lichtenberg und die exakten Wissenschaften. Materialien zu seiner Biographie. Göttingen: Vandenhoeck & Ruprecht.

Hamblyn, Richard (2001): The Invention of Clouds. How an Amateur Meteorologist Forged the Language of the Skies. London: Picador.

Hamilton, Edward (1973): The Engraved Works, of Sir Joshua Reynolds. Nachdruck der Ausgabe London 1884. Amsterdam: G. W. Hissink.

Hanebutt-Benz, Eva-Maria (2009): Mit Stichel und Nadel – Die Bemühung um Linie und Fläche in der Tiefdruckgraphik. In: Hanebutt-Benz/Fehle 2009, S. 27-32.

Hanebutt-Benz, Eva-Maria / Isabella Fehle (Hg.) (2009): »Die also genannte Schwarze Kunst in Kupfer zu arbeiten«. Technik und Entwicklung des Mezzotintos. Katalog zur Ausstellung. Berlin/München: Deutscher Kunstverlag.

Haß, Ulrike (Hg.) (2012): Große Lexika und Wörterbücher Europas. Europäische Enzyklopädien und Wörterbücher in historischen Porträts. Berlin/Boston: Walter de Gruyter.

Heilbron, John L. (1979): Electricity in the 17th and 18th Centuries. A Study of Early Modern Physics. Berkeley u. a.: University of California Press.

– (2000): Domesticating Science in the Eighteenth Century. In: Shea 2000, S. 1-24.

– (2005): Wit and wisdom. In: Nature 438, S. 29.

Heintz, Bettina / Jörg Huber (Hg.) (2001): Mit dem Auge denken. Strategien der Sichtbarmachung in wissenschaftlichen und virtuellen Welten. Zürich: Edition Voldemeer/Wien u. New York: Springer.

Henry, John (2008): The Scientific Revolution and the Origins of Modern Science. 3. Aufl. Basingstoke/New York: Palgrave Macmillan.

Hentschel, Klaus (2000): Historiographische Anmerkungen zum Verhältnis von Experiment, Instrumentation und Theorie. In: Meinel 2000, S. 13-51.

Hentschel, Klaus / Axel D. Wittmann (Hg.) (2000): The Role of Visual Representations in Astronomy: History and Research Practice. Thun/Frankfurt a. M.: Harri Deutsch.

Herbster, Rainer (1992): »Die Astronomie ist vielleicht diejenige Wissenschaft, worin das wenigste durch Zufall entdeckt worden ist, wo der menschliche Verstand in seiner ganzen Größe erscheint und wo der Mensch am besten lernen kann, wie klein er ist«. Lichtenbergs astronomisches Werk. In: Wagnis der Aufklärung 1992, S. 132-140.

Herrmann, Constanze ([2007]): Das Physikalische Kabinett in Görlitz. Die Sammlung des Adolf Traugott von Gersdorf. Görlitz: Gunter Oettel.

Herrmann, Dieter (1963): Georg Christoph Lichtenberg und die Mondkarte von Tobias Mayer. Eine historische Betrachtung. In: Blick in das Weltall 4, S. 29-34.

Heßler, Martina (2005): Bilder zwischen Kunst und Wissenschaft. Neue Herausforderungen für die Forschung. In: Geschichte und Gesellschaft 31, S. 266-292.

– (Hg.) (2006): Konstruierte Sichtbarkeiten. Wissenschafts- und Technikbilder seit der Frühen Neuzeit. München: Wilhelm Fink.

Heßler, Martina / Dieter Mersch (Hg.) (2009): Logik des Bildlichen. Zur Kritik der ikonischen Vernunft. Bielefeld: transcript.

Hine, William L. (1984): Marin Mersenne: Renaissance naturalism and Renaissance magic. In: Vickers 1984a, S. 165-176.

Hinrichs, Wiard / Ulrich Joost (1989): Lichtenbergs Bücherwelt. Ein Bücherfreund und Benutzer der Göttinger Bibliothek. Göttingen: Wallstein.

Hochadel, Oliver (2000): Nur Taschenspieler und Scharlatane? ›Wissenschaftliche‹ Schausteller in der deutschen Aufklärung. In: Lügen und Betrügen. Das Falsche in der Geschichte von der Antike bis zur Moderne. Hg. von Oliver Hochadel u. Ursula Kocher. Köln u. a.: Böhlau, S. 113-131.

– (2003): Öffentliche Wissenschaft. Elektrizität in der deutschen Aufklärung. Göttingen: Wallstein.

– (2004): Aufklärung durch Täuschung. Die Natürliche Magie im 18. Jahrhundert. In: Berichte zur Wissenschaftsgeschichte 27, S. 137-147.

Hofe, Gerhard vom (1989): Herders »Hieroglyphen«-Poetik. In: Poschmann 1989, S. 190-209.

Holländer, Hans (Hg.) (2000): Erkenntnis, Erfindung, Konstruktion. Studien zur Bildgeschichte von Naturwissenschaften und Technik vom 16. bis zum 19. Jahrhundert. Berlin: Gebr. Mann.

Holtz, Wilhelm (1905): Über die Lichtenbergschen Figuren und ihre Entstehung. In: Physikalische Zeitschrift. 6. Jg., Nr. 10, S. 319-328.

Hübner, Marita (2010): Jean André Deluc (1727-1817). Protestantische Kultur und moderne Naturforschung. Göttingen: Vandenhoeck & Ruprecht.

Hüffmeier-von Hagen, Dorothee (1964): J. W. Ritter und die Anfänge der Elektrophysiologie. In: Von Boerhaave bis Berger. Die Entwicklung der kontinentalen Physiologie im 18. und 19. Jahrhundert mit besonderer Berücksichtigung der Neurophysiologie. Hg. von K. E. Rothschuh. Stuttgart: Gustav Fischer, S. 48-61.

Hüppauf, Bernd / Peter Weingart (Hg.) (2009): Frosch und Frankenstein. Bilder als Medium der Popularisierung von Wissenschaft. Bielefeld: transcript.

Hüttermann, Armin (2012): Mondkarten und Mondglobus. In: Tobias Mayer 1723-1762. Mathematiker, Kartograph und Astronom der Aufklärungszeit. Begleitband zur Ausstellung. Hg. von Armin Hüttermann. Marbach am Neckar: Tobias-Mayer-Verein e. V., S. 103-123.

Janković, Vladimir (2000): Reading the Skies. A Cultural History of English Weather, 1650-1820. Chicago/London: The University of Chicago Press.

Jones, Caroline A. / Peter Galison (Hg.) (1998): Picturing Science, Producing Art. New York/London: Routledge.

Joost, Ulrich (1993) : Neue Anwartschaft auf das Erstgeburtsrecht bei den Lichtenbergschen Figuren. In: Lichtenberg-Jahrbuch 1993, S. 179.

– (2000) : Georg Christoph Lichtenberg. In: Spektrum der Wissenschaft 7, S. 80-87.

Jütte, Robert (2000): Geschichte der Sinne. Von der Antike bis zum Cyberspace. München: C. H. Beck.

Jung, Rudolf (Hg.) (1972): Lichtenberg-Bibliographie. Heidelberg: Lothar Stiehm.

Kahn, David (1966): The Codebreakers. The Story of Secret Writing. London: Weidenfeld and Nicolson.

Kafker, Frank (1997): Introduction. In: Encyclopædia Britannica or, a Dictionary of Arts and Sciences. Preceded by The Prospectus for the First Edition. Bd. I. London: Routledge/Thoemmes Press, S. v-xiii.

Keiner, Astrid (2003): Hieroglyphenromantik. Zur Genese und Destruktion eines Bilderschriftmodells und zu seiner Überforderung in Friedrich Schlegels Spätphilosophie. Würzburg: Königshausen & Neumann.

Keller, Corey (Hg.) (2008): Brought to Light. Photography and the Invisible 1840-1900. San Francisco: San Francisco Museum of Modern Art.

Kemp, Martin (2004): Visualizations. The *Nature* Book of Art and Science. Oxford/New York: Oxford University Press.

– (2005): Trees of knowledge. In: Nature 435, S. 888.

Kett, Siegfried (2009): Er brachte den Blitzableiter nach Nürnberg: Johann Conrad Gütle – Mechanicus, Schausteller, Elektrisierer und Wunderheiler, Physiker, Chemiker, Lehrer, Buchautor und Versandhändler. In: Mitteilungen des Vereins für Geschichte der Stadt Nürnberg 96, S. 177-228.

Klammt, Annerose (2007): Der verschollene Briefwechsel zwischen A. T. von Gersdorf und G. Ch. Lichtenberg. Versuch einer Rekonstruktion. In: Görlitzer Magazin 20, S. 32-41.

Klein, Ursula (1999): Paper Tools in Experiment Cultures – The Cases of Berzelian Formulas. Berlin: Max-Planck-Institut für Wissenschaftsgeschichte.

Kleinert, Andreas (1998): Die deutschsprachigen physikalischen Wörterbücher des 18. Jahrhunderts – Johann Samuel Traugott Gehler und Johann Carl Fischer. In: Das achtzehnte Jahrhundert 22, H. 1, S. 129-138.

Kliche, Dieter (2003): Lichtenbergische Figuren: Physik und Ästhetik. In: Trajekte 6, S. 35-37.

Klinger, Kerrin (2010): Ectypa Plantarum und Dilettantismus um 1800. Zur Naturtreue botanischer Pflanzenselbstdrucke. In: Natur im Kasten. Lichtbild, Schattenriss, Umzeichnung und Naturselbstdruck um 1800. Hg. von Olaf Breidbach, Kerrin Klinger u. André Karliczek. Jena: Ernst-Haeckel-Haus, S. 80-96.

Klosa, Achim M. (2009): Johann Christian Wiegleb (1732-1800). Eine Ergobiographie der Aufklärung. Stuttgart: Wissenschaftliche Verlagsgesellschaft.

Köchy, Kristian (2005): Zur Funktion des Bildes in den Biowissenschaften. In: Bild-Zeichen. Perspektiven einer Wissenschaft vom Bild. Hg. von Stefan Majetschak. München: Wilhelm Fink, S. 215-239.

Kopal, Zdeněk / Robert W. Carder (1974): Mapping of the Moon. Past and Present. Dordrecht/Boston: D. Reidel.

Koschatzky, Walter (1975): Die Kunst der Graphik. Technik, Geschichte, Meisterwerke. München: Deutscher Taschenbuch Verlag.

Krämer, Sybille (2007): Was also ist eine Spur? Und worin besteht ihre epistemologische Rolle? Eine Bestandsaufnahme. In: Krämer/Kogge/Grube (2007), S. 11-33.

Krämer, Sybille / Werner Kogge / Gernot Grube (Hg.) (2007): Spur. Spurenlesen als Orientierungstechnik und Wissenskunst. Frankfurt a. M.: Suhrkamp.

Kümmel, Fritz (2012): Die hallesche Ausgabe des Werkes »Botanica in originali« (Naturselbstdrucke) von J. H. Kniphof. In: Schlechtendalia 24, S. 53-71.

Kuhn, Thomas S. (1961): The Function of Measurement in Modern Physical Science. In: Isis 52, S. 161-193.

Kunze, Horst (1993): Geschichte der Buchillustration in Deutschland. Das 16. und 17. Jahrhundert. Textband. Frankfurt a.M./Leipzig: Insel.

Kusukawa, Sachiko (2012): Picturing the Book of Nature. Image, Text, and Argument in Sixteenth-Century Human Anatomy and Medical Botany. Chicago/London: The University of Chicago Press.

Kutschmann, Werner (1986): Der Naturwissenschaftler und sein Körper. Die Rolle der ›inneren Natur‹ in der experimentellen Naturwissenschaft der frühen Neuzeit. Frankfurt a.M.: Suhrkamp.

Lack, H. Walter (2008): Ein Garten Eden. Meisterwerke der botanischen Illustration. Köln: Taschen.

Lang, Heinwig (1980a): Tobias Mayers Abhandlung über die Verwandtschaft der Farben 1758. In: Die Farbe 28, S. 1-34.

– (1980b): Drei Farbsysteme des 18. Jahrhunderts von Mayer, Lambert und Lichtenberg. In: Farbe + Design 15/16, S. 50-59.

Latour, Bruno (1986): Visualization and Cognition: Thinking with Eyes and Hands. In: Knowledge and Society: Studies in the Sociology of Culture Past and Present 6, S. 1-40. (Wiederabgedruckt in: Lynch/Woolgar 1990, S. 19-68.)

Lawrence, Christopher / Steven Shapin (Hg.) (1998): Science Incarnate. Historical Embodiments of Natural Knowledge. Chicago/London: The University of Chicago Press.

Lemper, Ernst-Heinz (1974): Adolf Traugott von Gersdorf (1744-1807). Naturforschung und soziale Reformen im Dienste der Humanität. Berlin: VEB Deutscher Verlag der Wissenschaften.

Leonhard, Karin / Robert Felfe (2006): Lochmuster und Linienspiel. Überlegungen zur Druckgrafik des 17. Jahrhunderts. Freiburg i. Br./Berlin: Rombach.

Lepenies, Wolf (1976): Das Ende der Naturgeschichte. Wandel kultureller Selbstverständlichkeiten in den Wissenschaften des 18. und 19. Jahrhunderts. München: Carl Hanser.

– (1986): Johann Joachim Winckelmann. Kunst- und Naturgeschichte im achtzehnten Jahrhundert. In: Johann Joachim Winckelmann 1717-1768. Hg. von Thomas W. Gaehtgens. Hamburg: Felix Meiner, S. 221-237.

Levere, Trevor H. (1990): Lavoisier: Language, Instruments, and the Chemical Revolution. In: Nature, Experiment, and the Sciences. Essays on Galileo and the History of Science in Honour of Stillman Drake. Hg. von Trevor H. Levere u. William R. Shea. Dordrecht u.a.: Kluwer Academic Publishers, S. 207-223.

Lilien, Otto M. / Claus W. Gerhardt (1978): Geschichte der Druckverfahren. Teil III. Der Tiefdruck. Die kleineren Druckverfahren. Stuttgart: Anton Hiersemann.

Lind, Gunter (1992): Physik im Lehrbuch 1700-1850. Zur Geschichte der Physik und ihrer Didaktik in Deutschland. Berlin u.a.: Springer.

Lynch, Michael / Steve Woolgar (Hg.) (1990): Representation in Scientific Practice. Cambridge, Mass./London: MIT Press.

Maar, Christa / Hubert Burda (Hg.) (2005): Iconic Turn. Die neue Macht der Bilder. 3. Aufl. Köln: DuMont.

Mazzolini, Renato G. (Hg.) (1993): Non-verbal Communication in Science Prior to 1900. Florenz: Leo S. Olschki.

McClellan III, James E. (1979): The Scientific Press in Transition: Rozier's Journal and the Scientific Societies in the 1770s. In: Annals of Science 36, S. 425-449.

McKie, Douglas (1957): The »Observations« of the Abbé François Rozier (1734-93), I. In: Annals of Science 13, S. 73-89.

Meinel, Christoph (Hg.) (2000): Instrument – Experiment. Historische Studien. Berlin/Diepholz: Verlag für Geschichte der Naturwissenschaften und der Technik.

Metzger, Stefan (2002): Guter Rat. Konsensualismus, Autorisierung und Experiment bei Lichtenberg. In: Deutsche Vierteljahrsschrift für Literaturwissenschaft und Geistesgeschichte 76, S. 608-642.

Meya, Jörg / Heinz Otto Sibum (1987): Das fünfte Element. Wirkungen und Deutungen der Elektrizität. Reinbek bei Hamburg: Rowohlt.

Middleton, W. E. Knowles (1965): A History of the Theories of Rain and other Forms of Precipitation. London: Oldbourne.

Millburn, John R. (2000): Adams of Fleet Street, Instrument Makers to King George III. Aldershot u.a.: Ashgate.

Mitchell, W.J.T. (1992): The Pictorial Turn. In: Artforum, March 1992, S. 89-94. (Wiederabgedruckt in: Ders. (1994): Picture Theory. Chicago/London: The University of Chicago Press, S. 11-34.)

Moiso, Francesco (1994): Magnetismus, Elektrizität, Galvanismus. In: Schelling 1994, S. 165-372.

Mülder-Bach, Inka (2001): Kommunizierende Monaden. Herders literarisches Universum. In: Welsh/Dongowski/Lulé 2001, S. 41-52.

Müller, Lothar (1994): Die ›Feuerwissenschaft‹. Romantische Naturwissenschaft und Anthropologie bei Johann Wilhelm Ritter. In: Der ganze Mensch. Anthropologie und Literatur im 18. Jahrhundert. Hg. von Hans-Jürgen Schings. Stuttgart/Weimar: J. B. Metzler, S. 260-183.

Müller-Tamm, Jutta (2005): Abstraktion als Einfühlung. Zur Denkfigur der Projektion in Psychophysiologie, Kulturtheorie, Ästhetik und Literatur der frühen Moderne. Freiburg i. Br.: Rombach.

Natur im Druck (1995). Eine Ausstellung zur Geschichte und Technik des Naturselbstdrucks. Hg. von Armin Geus. Marburg: Basilisken-Presse.

Nickelsen, Kärin (2000): Wissenschaftliche Pflanzenzeichnungen – Spiegelbilder der Natur? Botanische Abbildungen aus dem 18. und frühen 19. Jahrhundert. Bern: Bern Studies in the History and Philosophy of Science.

Nielsen, Hans Toftlund (2000): The Diana Tree and Electromagnetism. In: Intersections. Art and Science in the Golden Age. Hg. von Mogens Bencard. Kopenhagen: Gyldendal, S. 48-59.

Nikolow, Sybilla / Lars Bluma (2002): Bilder zwischen Öffentlichkeit und wissenschaftlicher Praxis. Neue Perspektiven für die Geschichte der Medizin, Naturwissenschaften und Technik. In: NTM. Internationale Zeitschrift für Geschichte und Ethik der Naturwissenschaften, Technik und Medizin 10, S. 201-208.

Nisbet, H. B. (1989): Die Naturphilosophische Bedeutung von Herders »Aeltester Urkunde des Menschengeschlechts«. In: Poschmann 1989, S. 210-226.

Nissen, Claus (1966): Die botanische Buchillustration. Ihre Geschichte und Bibliographie. 2. Aufl. Stuttgart: Anton Hiersemann.

Nordmann, Alfred (2003): From »Electricity Minus« to »–E«: Attempts to Introduce the Concept of Negative Magnitude into Worldly Wisdom. In: Nuova Voltiana. Studies on Volta and his Times 5, S. 1-13.

– (2005): The Passion for Truth. Lavoisier's and Lichtenberg's Enlightenments. In:

Lavoisier in Perspective. Hg. von Marco Beretta. München: Deutsches Museum, S. 109-128.
– (2006): Vor-Schrift. Signaturen der Visualisierungskunst. In: Ästhetik in der Wissenschaft. Interdisziplinärer Diskurs über das Gestalten und Darstellen von Wissen. Hg. von Wolfgang Krohn. Hamburg: Felix Meiner, S. 117-129.
Nortmann, Ulrich / Christoph Wagner (Hg.) (2010): In Bildern denken? Kognitive Potentiale von Visualisierung in Kunst und Wissenschaft. München: Wilhelm Fink.
November 1777: Discovery of Lichtenberg Figures (2012). In: APS News, Bd. 21, Nr. 10 (This Month in Physics History). http://www.aps.org/publications/apsnews/201211/physicshistory.cfm (Stand: 6.5.2014).
Nye, Mary Jo (1993): From Chemical Philosophy to Theoretical Chemistry. Dynamics of Matter and Dynamics of Disciplines, 1800-1950. Berkeley u.a.: University of California Press.
Oberbeck, Hermann (1894): Über elektrische Figuren. Wissenschaftliche Beigabe zum zwölften Jahresbericht des Herzoglichen Karls-Realgymnasiums zu Bernburg. Ostern 1894. Bernburg: A. Meyer.
Oestmann, Günther (2011): Zur Rekonstruktion und Publikation des Mondglobus Tobias Mayers. In: Tobias Mayers Mondglobus. Hg. vom Tobias Mayer Verein Marbach. Marbach am Neckar: Tobias-Mayer-Verein e.V., S. 7-21.
Pang, Alex Soojung-Kim (1994-95): Victorian Observing Practices, Printing Technology, and Representations of the Solar Corona. In: Journal for the History of Astronomy 25, S. 249-274; 26, S. 63-75.
– (1997): Visual representation and post-constructivist history of science. In: Historical Studies in the Physical and Biological Sciences 28, S. 139-171.
Pauwels, Luc (Hg.) (2006): Visual Cultures of Science. Rethinking Representational Practices in Knowledge Building and Science Communication. Hanover, NH: Dartmouth College Press.
Peitgen, Heinz-Otto / Hartmut Jürgens / Dietmar Saupe (1992): Bausteine des Chaos: Fraktale. Aus dem Amerikanischen übersetzt von Ernst F. Gucker. Berlin: Springer/Stuttgart: Klett-Cotta.
Pfannkuchen, Antje (2009): »– ob man nicht vielleicht dereinst würde ein Mittel erfinden, die Bilder der Camera obscura auf dem Papier stehen bleiben zu machen« (A 220) – von Lichtenbergischen Figuren und der Erfindung der Fotografie. In: Lichtenberg-Jahrbuch 2009, S. 77-90.
Pflanzen auf Porzellan (1979). Ausstellung zum 300jährigen Bestehen des Botanischen Gartens Berlin. Hg. von Winfried Baer u. H. Walter Lack. Berlin: Botanischer Garten und Botanisches Museum Berlin-Dahlem.
Pickering, Andrew (1992): From Science as Knowledge to Science as Practice. In: Science as Practice and Culture. Hg. von A. Pickering. Chicago/London: The University of Chicago Press, S. 1-26.
Pörksen, Uwe (1988): Lichtenberg, das Phlogiston und die neue Chemie Lavoisiers. In: Lichtenberg-Jahrbuch 1988, S. 86-104.
Polanyi, Michael (1958): Personal Knowledge. Towards a Post-Critical Philosophy. Chicago: The University of Chicago Press.
– (1966): The Tacit Dimension. Garden City, New York: Doubleday.
Porter, Roy (Hg.) (2003): The Cambridge History of Science. Vol. 4. Eighteenth-Century Science. Cambridge u.a.: Cambridge University Press.

Poschmann, Brigitte (Hg.) (1989): Bückeburger Gespräche über Johann Gottfried Herder 1988. Älteste Urkunde des Menschengeschlechts. Rinteln: C. Bösendahl.

Promies, Wolfgang (1999): Georg Christoph Lichtenberg. 5. Aufl. Reinbek bei Hamburg: Rowohlt.

Przibram, Karl (1927): Die elektrischen Figuren. In: Handbuch der Physik. Hg. von Hans Geiger u. Karl Scheel. Bd. 14. Elektrizitätsbewegung in Gasen. Redigiert von Wilhelm Westphal. Berlin: Julius Springer, S. 391-404.

Rebel, Ernst (2009): Druckgrafik. Geschichte und Fachbegriffe. 2., durchgesehene und aktualisierte Aufl. Stuttgart: Reclam.

Reeds, Karen M. (2006): Leonardo da Vinci and Botanical Illustration: Nature Prints, Drawings, and Woodcuts ca. 1500. In: Visualizing Medieval Medicine and Natural History, 1200-1550. Hg. von Jean A. Givens, Karen M. Reeds, Alain Touwaide. Aldershot: Ashgate, S. 205-237.

Reilly, Robin (1992): Josiah Wedgwood 1730-1795. London: Macmillan.

– (1995): Wedgwood. The New Illustrated Dictionary. Woodbridge: Antique Collectors' Club.

Reinstein, Hagen (2012): Die *Oeconomische Encyclopädie* von Johann Georg Krünitz. In: Haß 2012, S. 106-116.

Rheinberger, Hans-Jörg (2007): Spurenlesen im Experimentalsystem. In: Krämer/Kogge/Grube (2007), S. 293-308.

Rider, Robin E. (1990): Measure of Ideas, Rule of Language: Mathematics and Language in the 18th Century. In: Frängsmyr/Heilbron/Rider 1990, S. 113-140.

Roberts, Lissa (1992): Condillac, Lavoisier, and the Instrumentalization of Science. In: The Eighteenth Century. Theory and Interpretation 33, S. 252-271.

Rossi, Paolo (1968): Francis Bacon. From Magic to Science. Translated from the Italian by Sacha Rabinovitch. London: Routledge & Kegan Paul.

Roth, Erwin (1993): Tobias Mayers Mondkarten und Mondkugel. Marbach am Neckar: Tobias-Mayer-Museum-Verein.

Rousseau, George Sebastian / Roy Porter (1980): The Ferment of Knowledge. Studies in the Historiography of Eighteenth-Century Science. Cambridge u.a.: Cambridge University Press.

Rudwick, Martin J. S. (1976): The Emergence of a Visual Language for Geological Science 1760-1840. In: History of Science 14, S. 149-195.

Rüger, Alexander (1982): Populäre Naturwissenschaft in Nürnberg am Ende des 18. Jahrhunderts. Reisende Experimentatoren, öffentliche Vorlesungen und physikalisches Spielzeug. In: Berichte zur Wissenschaftsgeschichte 5, S. 173-191.

Runte, Maren / Julia C. Steube (2012): Encyclopædia Britannica. In: Haß 2012, S. 79-104.

Saunders, Gill (1995): Picturing Plants. An Analytical History of Botanical Illustration. Berkeley/Los Angeles: University of California Press.

Schade, Sigrid / Silke Wenk (2011): Studien zur visuellen Kultur. Einführung in ein transdisziplinäres Forschungsfeld. Bielefeld: transcript.

Schäfer, Bernd / Martina AltSchäfer (2009): Aus dunklem Grund – Die künstlerische Praxis des Mezzotintos. In: Hanebutt-Benz/Fehle 2009, S. 33-48.

Schaffer, Simon (1983): Natural Philosophy and Public Spectacle in the Eighteenth Century. In: History of Science 21, S. 1-43.

– (1992): Self Evidence. In: Critical Inquiry 18, S. 327-362.

– (1993): The consuming flame: electrical showmen and Tory mystics in the world of goods. In: Consumption and the World of Goods. Hg. von John Brewer u. Roy Porter. London/New York: Routledge, S. 489-526.
– (1997): Experimenters' Techniques, Dyers' Hands, and the Electric Planetarium. In: Isis 88, S. 456-483.
Schalldach, Ilsabe (1985): Johann Hieronymus Kniphof – Sohn unserer Stadt und Partner Reicharts bei der Herausgabe seltener Kräuterbücher. In: Veröffentlichungen des Naturkundemuseums Erfurt. Sonderheft aus Anlaß des 300. Geburtstages von Christian Reichart, S. 34-46.
– (1988): Johannes Hieronymus Kniphof's »Botanica in originali« – ein frühes Zeugnis der Gartenbauwissenschaft in Deutschland. In: Archiv für Gartenbau 36, Nr. 6, S. 387-393.
Schelling, Friedrich Wilhelm Joseph (1994): Historisch-kritische Ausgabe. Ergänzungsband zu Werke Bd. 5 bis 9. Wissenschaftshistorischer Bericht zu Schellings naturphilosophischen Schriften 1797-1800. Stuttgart: Frommann-Holzboog.
Schiffer, Michael Brian (2003): Draw the Lightning Down. Benjamin Franklin and Electrical Technology in the Age of Enlightenment. Berkeley u.a.: University of California Press.
Schimank, Hans (1968): Stand und Entwicklung der Naturwissenschaften im Zeitalter der Aufklärung. In: Lessing und die Zeit der Aufklärung. Göttingen: Vandenhoeck & Ruprecht, S. 30-76.
Schmeh, Klaus (2009): Versteckte Botschaften. Die faszinierende Geschichte der Steganografie. Hannover: Heise.
Schnettler, Bernt / Frederik S. Pötzsch (2007): Visuelles Wissen. In: Handbuch Wissenssoziologie und Wissensforschung. Hg. von Rainer Schützeichel. Konstanz: UVK, S. 472-484.
Schöne, Albrecht (1970): Über Goethes Wolkenlehre. In: Der Berliner Germanistentag 1968. Vorträge und Berichte. Hg. von Karl Heinz Borck u. Rudolf Henss. Heidelberg: Carl Winter, S. 24-41.
Sennett, Richard (2008): The Craftsman. London: Penguin Books.
Shapin, Steven / Christopher Lawrence (1998): Introduction. The Body of Knowledge. In: Lawrence/Shapin 1998, S. 1-19.
Shea, William R. (Hg.) (2000): Science and the Visual Image in the Enlightenment. Canton, Mass.: Science History Publications/USA.
Sibum, Heinz Otto (1995a): Reworking the Mechanical Value of Heat: Instruments of Precision and Gestures of Accuracy in Early Victorian England. In: Studies in History and Philosophy of Science 26, S. 73-106
– (1995b): Working Experiments: A history of Gestural Knowledge. In: The Cambridge Review, May 1995, S. 25-37.
– (2000): Experimentelle Wissenschaftsgeschichte. In: Meinel 2000, S. 61-73.
– (2003): Experimentalists in the Republic of Letters. In: Science in Context 16, S. 89-120.
Smith, Graham (1993): Talbot and Botany. The Bertoloni Album. In: History of Photography 17 (1), S. 33-48.
Sørensen, Bengt Algot (1963): Symbol und Symbolismus in den ästhetischen Theorien des 18. Jahrhunderts und der deutschen Romantik. Kopenhagen: Munksgaard.
Specht, Benjamin (2010): Physik als Kunst. Die Poetisierung der Elektrizität um 1800. Berlin/New York: Walter de Gruyter.

Stafford, Barbara Maria (1991): Body Criticism. Imaging the Unseen in Enlightenment Art and Medicine. Cambridge, Mass./London: The MIT Press.

– (1994): Artful Science. Enlightenment Entertainment and the Eclipse of Visual Education. Cambridge, Mass./London: MIT Press.

Stichweh, Rudolf (1984): Zur Entstehung des modernen Systems wissenschaftlicher Disziplinen. Physik in Deutschland 1740-1890. Frankfurt a.M.: Suhrkamp

Strickland, Stuart Walker (1998): The Ideology of Self-Knowledge and the Practice of Self-Experimentation. In: Eighteenth-Century Studies 31, S. 453-471.

Stromer, Klaus (Hg.) (1998): Farbsysteme in Kunst und Wissenschaft. Köln: Dumont.

Takahashi, Yuzo (1979): Two hundred years of Lichtenberg figures. In: Journal of Electrostatics 6, S. 1-13.

Thieme, Ulrich / Felix Becker (Hg.) (1907-50): Allgemeines Lexikon der bildenden Künstler von der Antike bis zur Gegenwart. Leipzig: Engelmann/Seemann.

Traumüller, Friedrich (1885): Die Mannheimer meteorologische Gesellschaft (1780-1795). Ein Beitrag zur Geschichte der Meteorologie. Leipzig: Dürr.

Troitzsch, Ulrich (1999): Naturwissenschaft und Technik in Journalen. In: Von Almanach bis Zeitung. Ein Handbuch der Medien in Deutschland 1700-1800. Hg. von Ernst Fischer, Wilhelm Haefs u. York-Gothart Mix. München: C. H. Beck, S. 248-265.

Turner, G. L'E. (2003): Eighteenth-Century Scientific Instruments and Their Makers. In: Porter 2003, S. 511-535.

Turner, R. Steven (1987): The Great Transition and the Social Patterns of German Science. In: Minerva 25, S. 56-76.

Uglow, Jenny (2002): The Lunar Men. The Friends Who Made the Future 1730-1810. London: Faber and Faber.

Utz, Peter (1990): Das Auge und das Ohr im Text. Literarische Sinneswahrnehmung in der Goethezeit. München: Wilhelm Fink.

Vickers, Brian (Hg.) (1984a): Occult and Scientific Mentalities in the Renaissance. Cambridge u. a.: Cambridge University Press.

– (1984b): Analogy versus identity: The rejection of occult symbolism, 1580-1680. In: Vickers 1984a, S. 95-163.

Vyver, O. van de (1971): Lunar maps of the XIIth century. In: Vatican Observatory Publications 1, Nr. 2, S. 69-83.

Wagnis der Aufklärung (1992). Georg Christoph Lichtenberg 1742-1799. Ausstellungskatalog. [Hg. v. Ulrich Joost u. a.] München/Wien: Carl Hanser.

Walden, Paul (1927): Zur Entwicklungsgeschichte der chemischen Zeichen. In: Studien zur Geschichte der Chemie. Festgabe Edmund O. v. Lippmann zum siebzigsten Geburtstage. Hg. von Julius Ruska. Berlin: Julius Springer, S. 80-105.

Wax, Caroll (1990): The Mezzotint. History and Technique. New York: Harry N. Abrams.

Weber, Otto (1992): »Ich habe ihn zu erst zur Mechanik gebracht, welches er mir schon tausendmal gedanckt hat«. Mechaniker im Umkreis Lichtenbergs. In: Wagnis der Aufklärung 1992, S. 338-345.

Weigl, Engelhard (1990): Instrumente der Neuzeit. Die Entdeckung der modernen Wirklichkeit. Stuttgart: J. B. Metzler.

Welsh, Caroline (2003): Hirnhöhlenpoetiken. Theorien zur Wahrnehmung in Wissenschaft, Ästhetik und Literatur um 1800. Freiburg i. Br.: Rombach.

Welsh, Caroline / Christina Dongowski / Susanna Lulé (Hg.) (2001): Sinne und

Verstand. Ästhetische Modellierungen der Wahrnehmung um 1800. Würzburg: Königshausen & Neumann.

Welsh, Caroline / Christina Dongowski (2001): Sinne und Verstand. Ästhetische Modellierungen der Wahrnehmung um 1800. Einleitung. In: Welsh/Dongowski/Lulé 2001, S. 7-19.

Weltzien, Friedrich (2007): Elektrische Gemälde. Christoph Nathe und die Naturwissenschaft. In: »Mit der Natur innig vertraut«. Christoph Nathe – Landschaftszeichner der Vorromantik. Ausstellungskatalog. Hg. von Norbert Michels u. Marius Winzeler. Görlitz: Kulturhistorische Museum Görlitz/Dessau: Anhaltische Gemäldegalerie Dessau, S. 32-41.

– (2011): Stillgestelltes Leben. Die Übersetzung von Natur ins Bild. In: Vom Objekt zum Bild. Piktorale Prozesse in Kunst und Wissenschaft, 1600-2000. Hg. von Bettina Gockel. Berlin: Akademie Verlag, S. 188-213.

Werrett, Simon (2010): Fireworks. Pyrotechnic Arts and Sciences in European History. Chicago/London: The University of Chicago Press.

Wetzels, Walter D. (1973): Johann Wilhelm Ritter: Physik im Wirkungsfeld der deutschen Romantik. Berlin/New York: Walter de Gruyter.

Whitaker, Ewen A. (1989): Selenography in the seventeenth century. In: The General History of Astronomy. Vol. 2. Planetary Astronomy from the Renaissance to the Rise of Astrophysics. Part A: Tycho Brahe to Newton. Hg. von René Taton u. Curtis Wilson. Cambridge u. a.: Cambridge University Press, S. 119-143.

– (1999): Mapping and Naming the Moon. A History of Lunar Cartography and Nomenclature. Cambridge u. a.: Cambridge University Press.

Wiebel, Christian (2007): Aquatinta oder »Die Kunst mit dem Pinsel in Kupfer zu stechen«. Das druckgraphische Verfahren von seinen Anfängen bis zu Goya. Begleitband zur Ausstellung. Coburg: Kunstsammlungen der Veste Coburg/München u. Berlin: Deutscher Kunstverlag.

Wiesenfeldt, Gerhard (2001): Säkularisierung der Naturerkenntnis. Zur bildlichen Darstellung von Experimenten in Lehrbüchern des 18. Jahrhunderts. In: Dürbeck u. a. 2001, S. 103-116.

– (2005): Eigenrezeption und Fremdrezeption: Die galvanischen Selbstexperimente Johann Wilhelm Ritters (1776-1810). In: Jahrbuch für Europäische Wissenschaftskultur 1, S. 207-232.

– (2006): Was demonstriert ein Experiment? Überlegungen zum Verhältnis von Erkenntnisgewinn und Wissensvermittlung in der Frühen Neuzeit. In: Spektakuläre Experimente. Praktiken der Evidenzproduktion im 17. Jahrhundert. Hg. von Helmar Schramm, Ludger Schwarte, Jan Lazardzig. Berlin/New York: Walter de Gruyter, S. 260-278.

Wilder, Kelly (2009): Photography and Science. London: Reaction Books.

Winkler, Mary G. / Albert van Helden (1992): Representing the Heavens. Galileo and Visual Astronomy. In: Isis 83, S. 195-217.

– (1993): Johannes Hevelius and the visual language of astronomy. In: Renaissance and Revolution. Humanists, scholars, craftsmen and natural philosophers in early modern Europe. Hg. von J. V. Field u. Frank A. J. L. James. Cambridge u. a.: Cambridge University Press, S. 97-116.

Winthrop-Young, Geoffrey (1997): Terminology and Terror: Lichtenberg, Lavoisier and the Revolution of Signs in France and in Chemistry. In: Recherches Sémiotiques / Semiotic Inquiry 17, S. 19-39.

Wolf-Czapek, Karl Wilhelm (Hg.) (1911): Angewandte Photographie in Wissenschaft und Technik. 4 Teile. Berlin: Union Deutsche Verlagsgesellschaft.

Yamaguchi, Hiroyuki (2002): Kondiyakku no shiso. Tetsugaku to kagaku no hazama de [Condillacs Gedanken. Zwischen Philosophie und Wissenschaft]. Tokyo: Keisoshobo.

Zimmermann, Jörg (Hg.) (1988): Lichtenberg. Streifzüge der Phantasie. Hamburg: Dölling und Galitz.

Abbildungen

Abb. 1 Priestleysche Ringe. Aus: Priestley 1772, Taf. 1.

Abb. 2 Lichtenbergs Zeichnung der Reibungsart des Harzkuchens des Elektrophors. Niedersächsische Staats- und Universitätsbibliothek Göttingen, Cod. Ms. Licht. I, 27.2.1777.

Abb. 3 Abbildung zur ersten Abhandlung von Lichtenberg. Aus: Lichtenberg 1777, Taf. IV.

Abb. 4 Abbildung zur Beschreibung des Elektrophors von Volta. Aus: Volta 1775, Bd. 10, Taf. II.

Abb. 5 Abbildung der Lichtenbergischen Figuren in der *Encyclopædia Britannica*. Aus: Encyclopædia Britannica 1797, Bd. 6, Taf. CLXXIX.

Abb. 6 Abbildung der Staubfiguren in Lichtenbergs erster Abhandlung. Aus: Lichtenberg 1777, Taf. I.

Abb. 7 Untersuchung der Elektrizität des Pulvers von Cavallo. Aus: Cavallo 1780, Taf. I.

Abb. 8 Tabelle der Elektrizität der Pulver von Kortum. Aus: Kortum 1795.

Abb. 9 Tabelle der Trennung der Pulvergemische von Arnim. Aus: Arnim 1800b, S. 35.

Abb. 10 Abbildungen der Lichtenbergischen Figuren in der ersten Abhandlung. Aus: Lichtenberg 1777, Taf. II u. III.

Abb. 11 Tobias Mayers Mondkarte. Aus: Mayer 1775.

Abb. 12 Zeichnung der Staubfiguren von Lichtenberg. Aus: Brief an Schernhagen, 10.9.1778. SUB Göttingen, Cod. Ms. Licht. I, 10.9.1778 (Bl. 48r).

Abb. 13 Nachdruck von Lichtenbergs Abbildungen in Radierung. Aus: Lichtenberg 1780, Taf. 1 u. 2.

Abb. 14 Nachdruck von Lichtenbergs Abbildungen in Aquatinta. Aus: Lichtenberg 1806a, Taf. II u. III.

Abb. 15 Nachdruck von Lichtenbergs Abbildungen in Punktiermanier. Aus: Gehler 1825-45, Kupfertafeln zu Bd. 3, Taf. XIII, Fig. 160 u. 161.

Abb. 16 Tobias Mayers Schema des Farbendreiecks. Aus: Mayer 1775, Taf. II.

Abb. 17 Abdruck der Lichtenbergischen Figuren von Adolf Traugott von Gersdorf. Kulturhistorisches Museum Görlitz, Lichtenbergische Figur LF 734 (Fotografiert von H. H.).

Abb. 18 Abbildung einer strahlenförmigen Lichtenbergischen Figur. Aus: Kastner 1810, Bd. 1, Taf. 1, Fig. 15.

Abb. 19 Fotografische Lichtenbergische Figuren. Aus: Sieben 1889, Taf. II.

Abb. 20 Anweisung für Lichtenbergs »Steganographie«. Aus: Lichtenberg 1777, Taf. IV.

Abb. 21 Abdruck des mit den Lichtenbergischen Figuren hergestellten Buchstabens »A« von Adolf Traugott von Gersdorf. Kulturhistorisches Museum Görlitz, Lichtenbergische Figur LF 846 (Fotografiert von H. H.).

Abb. 22 Elektrische Illumination. Aus: Wiegleb/Rosenthal 1779-1805, Bd. 2, Taf. I.
Abb. 23 Metallene Formen für die Darstellung von Buchstaben und Figuren mit den Lichtenbergischen Figuren. Aus: Ebd., Bd. 7, Taf. II.
Abb. 24 Abdruck eines mit den Lichtenbergischen Figuren hergestellten Kopfprofils, gefertigt von Adolf Traugott von Gersdorf. Kulturhistorisches Museum Görlitz, Lichtenbergische Figur LF 381 (Fotografiert von H. H.).
Abb. 25 Nachahmung der Eisblumen mit den Lichtenbergischen Figuren. Aus: Halle 1783-86, 1. Teil, Taf. II.
Abb. 26 Zahl der Strahlen der Lichtenbergischen Figuren in Arnims Versuch. Aus: Arnim 1800b, S. 75.
Abb. 27 Die erste Abbildung zur ersten Abhandlung von Lichtenberg und die von Arnim gezählte Strahlenzahl der Staubfiguren darauf. Aus: Lichtenberg 1777, Taf. I; Arnim 1800b, S. 76.
Abb. 28 Ritters Fragment Nr. 74. Aus: Ritter 1810, 1. Bdch., S. 45.
Abb. 29 Ritters Fragment Nr. 146. Aus: Ebd., 1. Bdch., S. 90.
Abb. 30 Anhang zu den *Fragmenten* von Ritter. Aus: Ebd., 2. Bdch., S. 230.
Abb. 31 Abbildung der Druckfiguren bei Purkinje. Aus: Purkinje 1819, Tafel.

Dank

Das vorliegende Buch ist ein Ergebnis meines Forschungsaufenthalts in Göttingen 2011-2012, der durch das Forschungsstipendium für erfahrene Wissenschaftler der Alexander von Humboldt-Stiftung gefördert wurde. Ich danke zuallererst meinem Gastgeber an der Universität Göttingen, Prof. Heinrich Detering, für seine vielfältige Unterstützung und stete Ermutigung herzlich. Die Humboldt-Stiftung hat nicht nur meinen Aufenthalt in Göttingen, sondern auch die Druckkosten des Buches finanziert. Die Hosei-Universität (Tokyo) hat mir die Gelegenheit zum einjährigen Forschungsaufenthalt in Deutschland gegeben; auch ein Teil der Druckkosten des Buches wurde von der Hosei-Universität finanziert. Beiden Institutionen sei ebenfalls herzlich gedankt.

Diese Studie hat von der Hilfsbereitschaft verschiedener Personen profitiert, die ich in Göttingen kennengelernt habe. Nennen möchte ich Ingrid Rosenberg-Harbaum vom grafischen Kabinett der Universität Göttingen, die mich in die Druckgrafik eingeführt hat. Auch die Unterstützung der Mitarbeiter der Niedersächsischen Staats- und Universitätsbibliothek Göttingen war mir eine große Hilfe.

Stefan Brüdermann und Ulrich Joost danke ich für die Aufnahme des Titels in die Reihe *Lichtenberg-Studien*, Thedel v. Wallmoden und Diane Coleman Brandt vom Wallstein Verlag für die Betreuung der Publikation.

Mein besonderer Dank gilt Nadja Nitsche, die nicht nur meinen Text sprachlich und stilistisch präzis korrigiert, sondern auch durch aufschlussreiche Anmerkungen und Hinweise Anlass zu seiner inhaltlichen Verbesserung gegeben hat. Ohne ihre Hilfe wäre das Buch nicht möglich gewesen.

Register

Seitenzahlen in kursiver Type verweisen auf Angaben in den Anmerkungen.

Bibliografische Information der Deutschen Nationalbibliothek
Die Deutsche Nationalbibliothek verzeichnet diese Publikation
in der Deutschen Nationalbibliografie;
detaillierte bibliografische Daten
sind im Internet über http://dnb.d-nb.de abrufbar.

www.wallstein-verlag.de
Vom Verlag gesetzt aus der Aldus
Umschlaggestaltung: Susanne Gerhards, Düsseldorf, unter Verwendung
einer Abbildung der Staubfiguren in Lichtenbergs erster Abhandlung
sowie einer Abbildung einer strahlenförmigen Lichtenbergischen Figur
(s. Angaben zu den Abb. 6, 18 und 27, S. 217 f.)
Druck und Verarbeitung: Hubert & Co, Göttingen
ISBN 978-3-8353-1627-0